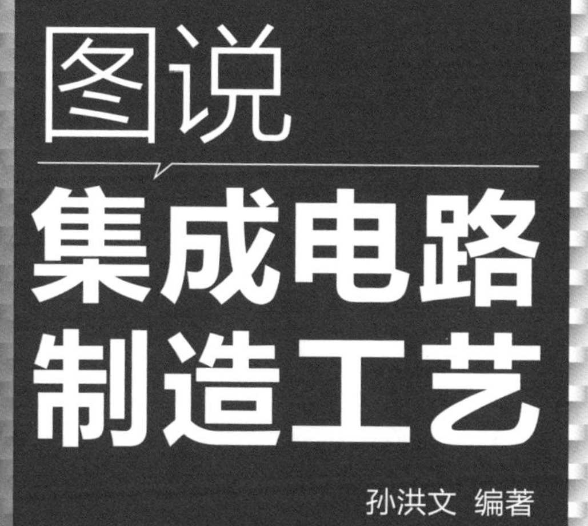

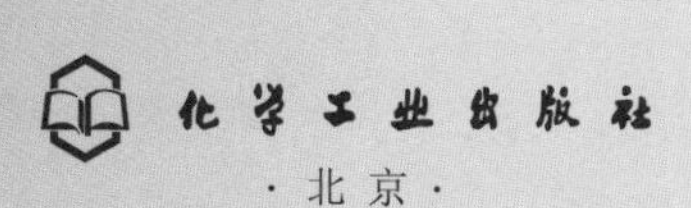

· 北京 ·

内容简介

芯片是用管壳封装好的集成电路。现代生活中随处可见的电子产品，都离不开各式各样的芯片。那么，功能强大的芯片到底是怎样制造而成的？让我们跟着本书一探究竟吧！

《图说集成电路制造工艺》首先用轻松有趣的语言介绍了半导体行业的发展史；接着将整个芯片制造流程分为“加”“减”“乘”“除”四类，用图说的形式，全面细致地讲解了氧化、化学气相淀积、物理法沉积薄膜、扩散、离子注入、清洗硅片、刻蚀、化学机械抛光、离子注入退火、回流、制备合金、光刻等核心工艺，同时对半导体材料、净化间、化学试剂、气体、半导体设备、掩膜版等必需条件也做了介绍。

《图说集成电路制造工艺》一书内容全面，语言凝练，图文并茂，是一本“硬核”科普书，非常适合集成电路行业人员、对集成电路及前沿科技感兴趣的读者阅读，也可用作高等院校微电子、电子科学与技术等相关专业的教材及参考书。

图书在版编目（CIP）数据

图说集成电路制造工艺 / 孙洪文编著．—北京：化学工业出版社，2023.6

ISBN 978-7-122-43290-2

Ⅰ.①图…　Ⅱ.①孙…　Ⅲ.①集成电路工艺－图解　Ⅳ.①TN405-64

中国国家版本馆 CIP 数据核字（2023）第 065095 号

责任编辑：耍利娜　　文字编辑：袁玉玉　袁　宁
责任校对：李雨晴　　装帧设计：王晓宇

出版发行：化学工业出版社
（北京市东城区青年湖南街13号　邮政编码100011）
印　　装：中煤（北京）印务有限公司
710mm×1000mm　1/16　印张$17^3/_4$　字数304千字
2023 年 8 月北京第 1 版第 1 次印刷

购书咨询：010-64518888
售后服务：010-64518899
网　　址：http://www.cip.com.cn
凡购买本书，如有缺损质量问题，本社销售中心负责调换。

定　　价：99.00元

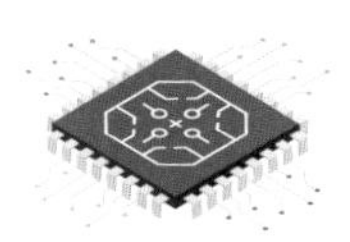

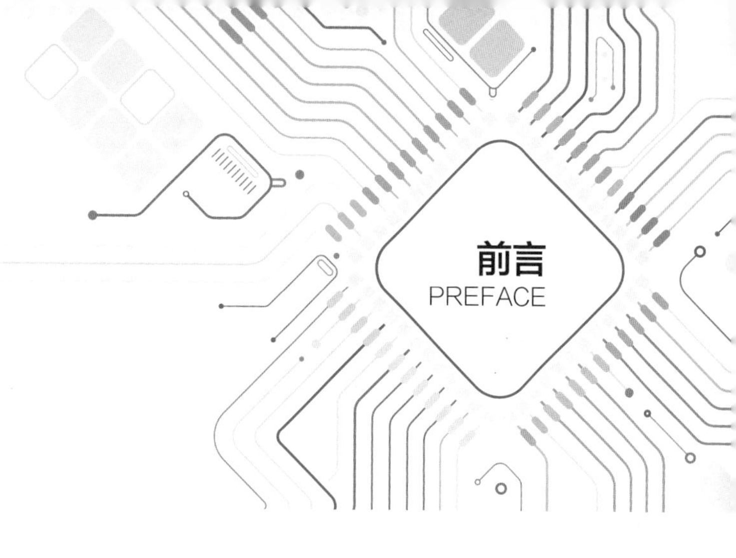

前言
PREFACE

集成电路是国家的支柱性产业，是信息社会运转的基础，也是引领新一轮科技革命和产业变革的关键因素。现代经济发展数据表明：1 ~ 2 元集成电路的产值将带动 10 元左右电子产品产值和 100 元国民经济的增长，国民经济总产值增长部分的 65% 与微电子产业有关。

近年来我国先后推出一系列政策，支持集成电路产业发展，让半导体产业迎来了加速成长的新阶段。我们国家也十分重视人才培养，已将“集成电路科学与工程”设置为一级学科。清华大学、北京大学、华中科技大学等相继成立集成电路学院，江苏还专门成立了南京集成电路大学。

集成电路专业正变得热门，学习集成电路专业的学生不断增加。如何为对集成电路制造感兴趣或初次接触集成电路行业的人员提供一本通俗易懂的入门读物是编著者一直思考的问题。本书根据编著者多年教学经验编撰而成，在编写过程中以“面向读者友好”为基本原则，内容具有如下六个特点：

第一，采用通俗易懂的语言深入浅出地讲解集成电路工艺，用日常生活中的例子打比方来讨论集成电路工艺。

第二，配以大量彩图和三维图形进行说明，以便读者理解、加深印象，并对集成电路的制备产生兴趣。

第三，别出心裁地将集成电路工艺归纳为“加”（给硅晶圆“加”东西）、“减”（从硅晶圆上“减”去物质）、“乘”（“乘”了热后能量增加）、“除”（主要指光刻，掩膜版的图案尺寸“除”以 4 得到光刻胶上的图案）四部分，便于读者迅速理解并掌握集成电路相关工艺。

第四，既讲解了传统微电子芯片制备中的基本工艺原理，也增加了先进纳米集成电路工艺相关的讨论，如应变硅技术、绝缘体上硅技术、鳍式晶体管、超低 k（介电常数）材料、毫秒级退火、多重曝光技术、极紫外曝光技术、纳米压印技术等。

第五，在注重基础理论知识的同时，也加强了工艺实践操作相关的介绍，如工艺实施之后质量如何？有可能出现哪些问题？如何解决这些问题？同时，也加强了工艺安全方面的讲解。

第六，本书满足课程思政的需求，在讲述集成电路工艺的过程中融入了一些积极向上的价值观，通过中国集成电路产业历史发展和当前面临的“卡脖子”困境，鼓励读者树立民族自信，为中华振兴而努力学习。

全书共分为6篇21章。第1篇　集成电路制备前的准备工作，主要讲述微电子行业的历史、现状与特点；电子产业的基石——硅，包括硅材料的“脾性”及由硅材料构成的基本半导体器件；芯片制造顺利进行所必需的支撑条件，如净化间、化学试剂、气体、半导体设备、掩膜版等；集成电路工艺概述，重点给出了典型CMOS的制备流程。第2篇　集成电路工艺中的“加法”，讲述氧化、化学气相淀积、物理法沉积薄膜、扩散、离子注入这五种需要向基底“加料”的工艺，其中前三种都是制备薄膜的方法，后两种是掺杂的手段。第3篇　集成电路工艺中的“减法”，讲述硅片清洗工艺、用来转移图案结构的刻蚀工艺及化学机械抛光工艺。第4篇　集成电路工艺中的“乘法”，讲述和加热退火相关的工艺，包括离子注入之后的退火工艺，用于局部平坦化表面的回流工艺，通过退火制备硅合金的工艺。第5篇　集成电路工艺中的“除法”，主要讲述各种光刻工艺，包括深紫外（DUV）光刻，极紫外（EUV）光刻，下一代光刻技术——纳米压印技术，以及电子束光刻、离子束光刻、X射线光刻、定向自组装等其他光刻技术。第6篇　未来的集成电路工艺，从宏观角度描绘了未来集成电路工艺的发展趋势，并探讨了我国目前面临的“卡脖子”问题及发展现状与应对之策。

值得注意的是，由于器件、材料、工艺之间互相关联以及集成电路各项工艺之间联系紧密，因此读者在使用本书时，可以按照自己的需要或兴趣灵活安排学习顺序。例如在学习第4章的CMOS流程时对某一项工艺感兴趣或感到困惑，完全可以跳到对应章节先行学习。

本书在编写时参考了大量文献，尤其是张汝京、萧宏等行业大咖的经典著作，在此对他们及所有参考文献作者表示深深的感谢！本书的出版离不开化学工业出版社各位编辑的辛勤工作，对此表示由衷的感谢！感谢俞圣鑫、包婷婷为本书绘制了大量插图！感谢家人全力支持我的写作！

希望本书的出版能够为广大集成电路专业学生、爱好者和从业人员普及集成电路工艺相关知识，为我国的集成电路产业发展贡献绵薄之力。

鉴于编著者水平有限，书中如有不妥之处，恳请广大读者批评指正。

编著者

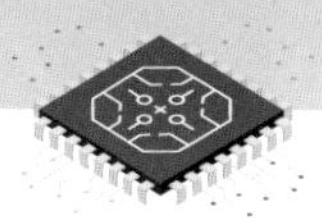

目录
CONTENTS

第1篇 集成电路制备前的准备工作

第 2 篇 集成电路工艺中的“加法”

第3篇 集成电路工艺中的“减法”

第 4 篇 集成电路工艺中的“乘法”

第 5 篇 集成电路工艺中的“除法”

6 第 6 篇　未来的集成电路工艺

第1篇

集成电路制备前的准备工作

第1章 点石成金的神奇行业

《列仙传》记载，在晋国有一个神仙县令许逊。有一年，当地粮食歉收，老百姓无法按时上缴赋税。于是，许逊让欠税的百姓每个人挑些石头过来，然后许逊使用道法，将石头都变成了金子，从而补齐了所欠的赋税。这就是典故“点石成金”的来历。

当年的神话传说，在两千多年后的现在，正在变成现实，只不过“点石成金”靠的不是道法，而是人类的高科技能力。如今，电脑、手机等电子产品里不可或缺的芯片，可以说是现代信息社会的基石，在一个指甲盖见方的狭小空间里竟能容下数十亿个晶体管，这样的工业成就足以让我们自豪，芯片堪比黄金般珍贵。可是你知道吗，代表了人类高科技制造水平的芯片，其原材料竟是普普通通的沙子，所以毫不夸张地说，集成电路制造行业是真正的“点石成金”的行业。本书试图带领大家一起揭秘这个“点石成金”的神奇行业，一起探索工程师们是通过哪些技术手段将砂石一点一点地变成作用巨大的芯片的。

本章先让我们一起回顾一下有趣的微电子产业历史，然后带领大家了解微电子工业的行业现状，最后介绍芯片炼成方法，以及集成电路芯片诞生所经历的主要流程。

1.1 有趣的半导体产业历史

人类工业皇冠上的明珠——半导体行业的发展不是一蹴而就的，而要讲清楚它的前世今生，我们要从一百多年前说起。半导体产业的发展大致经历了三个阶段：电子管时代、晶体管时代、集成电路时代。

1.1.1 电子管时代

尽管人类发现电已有两千多年的历史，但真正了解电的本质并控制电子却只有一百多年的历史。我们知道电子是在原子内部围绕原子核旋转的微小粒子，其带负电，是电量的最小单位。当你用一个功率为 500W 的电熨斗烫平衣服时，每秒就有高达 1418 亿亿个电子浩浩荡荡地通过电熨斗。

我们知道电子的定向流动形成电流，金属导线可以为电子的流动提供媒介，但导线本身并不能控制电子的运动。为了让电子乖乖"听话"，我们必须创造出一种能驾驭电子的装置，这就是电子器件。人类驯服电子的历史要从电子管（也叫真空管）的发明说起。

早在 1833 年，英国人法拉第在一次实验中就发现了半导体现象。之后，陆续有欧洲科学家发现了半导体的其他特征。1874 年，德国科学家布劳恩在研究天线时，制作了第一个晶体二极管，因为连接半导体晶体的导线很像猫须，布劳恩称它为"猫须晶体管"。只是当时人们将研究的重点放在了无线电上，接下来的半个世纪并不是真正属于半导体的时代。1876 年，美国发明家爱迪生建立了世界上第一个工业实验室——爱迪生实验室，致力于进行白炽灯泡及电力研究。1883 年 5 月 13 日，他像往常一样继续进行电灯丝材料实验，无意间突然发现在真空电灯泡内，没有接入电路的铜丝与发热的碳丝之间竟然有微弱的电流。尽管爱迪生搞不清楚这个现象背后的原因，敏锐的他还是为这个新发现申请了一个专利，并称其为"爱迪生效应"。后来的历史发展证明，正是这个爱迪生效应孕育了第一代电子器件——电子管的种子。

虽然爱迪生发现了爱迪生效应，但是他并没有深入研究下去，因此错失了发明电子管的大好机会。这个机会留给了英国人弗莱明。弗莱明曾担任过爱迪生电光公司的技术顾问，后来受雇于马可尼无线电报公司。1904 年，弗莱明制造了一个装置，两片金属片被封装在一个真空玻璃管内，当正极被加电后，就出现了"爱迪生效应"，正负极间产生了稳定的电流，弗莱明将其命名为"真空二极管"（亦称电子二极管），如图 1.1 所示。1906 年，为了筹集研究经费，美国人李•德•福雷斯特在研究电报高速传送时，对弗莱明发明的真空二极管稍加改进，增加了一个电极，使得无线电报机的灵敏度得以大幅提升，这就是"电子三极管"，如图 1.2 所示。相比于"猫须晶体管"，电子管其优越的稳定性和可重复性使得其成为了当时应用的首选，没过多久电子管产业规模就发展到了 900 亿美元，而晶体整流管就暂时淡出了当时的工业界。

图1.1　弗莱明发明的真空二极管

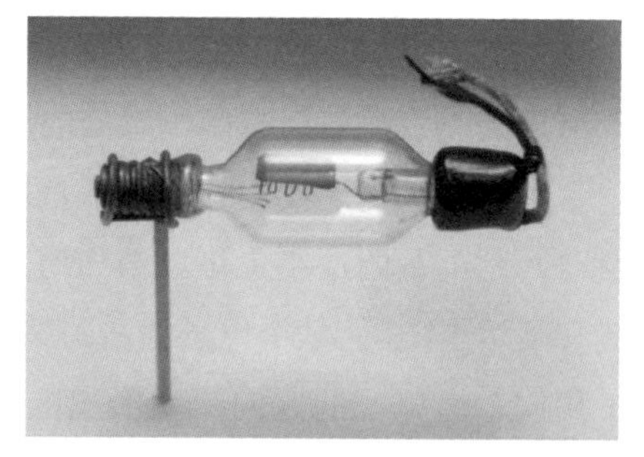

图1.2　福雷斯特发明的真空三极管

1.1.2　晶体管时代

1941年，太平洋战争爆发，美国正式参加了第二次世界大战，雷达开始被大量使用，但里面用到的电子管却存在着体积大、功耗高、发热严重等诸多问题，这使得美国军方想寻求一种替代电子管的方案。为了赢得战争，美国军方资助了许多科研机构，包括贝尔实验室。1945年秋，贝尔实验室建立了固体物理研究小组，如图1.3所示，组长是威廉•肖克利。肖克利曾在麻省理工学院学习量子物理，1936年获得博士学位后，进入贝尔实验室工作。固体物理研究小组的另外两名得力干将是约翰•巴丁和沃尔特•布拉顿。巴丁相继于1928年和1929年在威斯康星大学分别获得物理学士学位和硕士学位，后又转入普林斯顿大学攻读固体物理专业，并在1936年获得博士学位，1945年加入贝尔实验室。布拉顿也是美国人，不过由于他的父亲在中国任教，他出生在厦门，1929年获得明尼苏达大学博士学位后，加入贝尔实验室。

在研究期间，巴丁提出了表面态理论，肖克利提出了实现放大器的基本设想，布拉顿设计了实验。1947年12月23日，经过不懈努力，固体物理研究小组终于得到了期盼已久的宝贝。在这一天，巴丁和布拉顿把两根触丝放在锗半导体晶体的表面上，当两根触丝靠得很近时，放大作用发生了，世界上首个固体放大器——晶体管随之诞生，如图1.4所示。布拉顿怀着激动的心情，在实验笔记中记录道："电压增益100，功率增益40……目睹并亲耳听闻音频的人有……"。

1948年6月底，晶体管发明半年以后，贝尔实验室举行了新闻发布会，首次向公众展示了晶体管。尽管这个伟大的发明使许多专家非常惊讶，但是对它的实际应用价值，人们大都表示怀疑。颇具讽刺意味的是，后来被称为"硅谷之父"、半导体产业的灵魂人物、英特尔创始人之一的罗伯特•诺伊斯，此时正在距离发布会几个街区外的公平人寿学习年金知识。《纽约时报》在第二天仅以8个句子、201个文字的短讯方式报道了晶体管发明的新闻。

图1.3　晶体管发明小组

左起：约翰·巴丁、威廉·肖克利、沃尔特·布拉顿

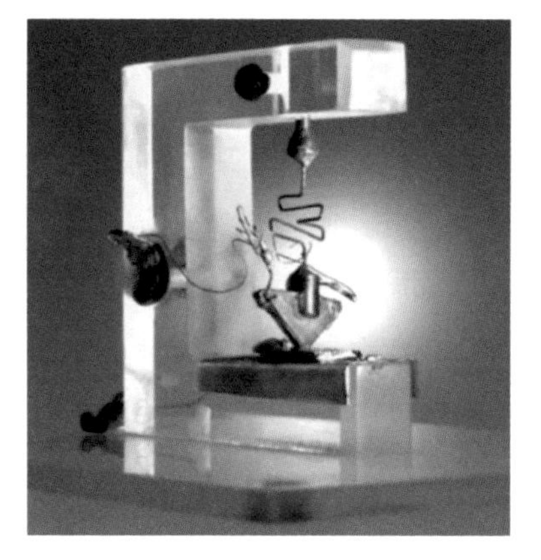

图1.4　贝尔实验室诞生的第一个锗半导体晶体管

不过，随时半导体产业的迅速发展，约翰·巴丁、威廉·肖克利、沃尔特·布拉顿的成果很快得到认可，在1956年他们便因为发明晶体管而获得诺贝尔物理学奖，能在如此短的时间内就获得诺贝尔奖足以证明了他们的光辉成就。晶体管是一种代替真空管的电子信号放大器件，是电子工业的引擎，被科学界称为“20世纪最重要的发明”。因此有人说，“没有贝尔实验室，就没有硅谷。”

1.1.3　集成电路时代

威廉·肖克利对半导体产业的贡献，不仅仅在于他领导发明了晶体管，他最大的贡献，其实是他出走贝尔实验室之后的故事。那么他为什么要离开贝尔实验室呢？因为贝尔实验室对晶体管的态度是开放的，所有对晶体管感兴趣的公司都可以通过授权获得相关技术。这虽然促进了半导体产业的发展，但却动了肖克利的奶酪。1953年，肖克利看到别的公司拿着自己的专利获得商业成功，便开始策划如何让自己名利双收。终于，在1955年，肖克利在加州的圣克拉拉成立他自己的实验室，肖克利半导体实验室的成立是半导体历史上的重要事件。

肖克利成立实验室之初，试图招募他在老东家的同事，但因其糟糕的为人处世风格，没人愿意与他再次共事。于是，他放出话来，要寻找全美最优秀、最聪明的年轻科学家，制造最先进的晶体管来改变世界。不久，因求职者敬仰“晶体管之父”的大名，求职信便像雪片般飞到肖克利的办公桌上。1956年，以罗伯特·诺伊斯为首的八位年轻科学家陆续加盟肖克利的实验室。他们非常年轻，都在30岁以下，处于创造能力的巅峰，且学有所成，他们或来自著名大学或研究院，或是来自大公司的工程师，有的拥有双博士学位。

诺伊斯在大学期间同时学习数学和物理两个专业。1949 年秋，诺伊斯考取了麻省理工学院的博士研究生，他的论文题目是《对绝缘体表面光电现象的研究》。毕业后，诺伊斯并没有像大多数人那样选择大公司，而是去了一家叫菲尔科的小公司。他对物质非常淡漠，他曾经说过："我唯一的梦想是能同时买两双鞋，因为我是穿着哥几个的旧鞋子长大的。"1956 年，在华盛顿的一次技术交流会上，肖克利被他的报告深深吸引。一个月后，肖克利就给他打来电话。肖克利告诉他，自己打算到美国西海岸开一家公司，并邀请他加盟。

招齐员工后，肖克利让实验室大量生产晶体管，并把晶体管的成本降低到每只 5 分钱。尽管肖克利对技术富有远见，但他对管理一窍不通，把实验室的生产指挥得一塌糊涂，完全听不进别人的规劝。他性格偏执，蔑视下属，傲慢无礼。当时，八位青年才俊都认为"集成电路"是以后半导体发展的方向，应该加大研究力度，但肖克利却否决了他们的方案。这使得年轻人非常失望，一年过去了，实验室没有任何拿得出手的产品。1957 年，八位青年中的七人偷偷聚在一起，瞒着肖克利策划"叛逃"的方法，思来想去，他们想自己创办一家公司，可是他们自己也不懂生产管理。于是，大家一致决定策反具有领导才能的诺伊斯。罗伯特·诺依斯、戈登·摩尔、朱利亚斯·布兰克、尤金·克莱尔、金·赫尔尼、杰伊·拉斯特、谢尔顿·罗伯茨和维克多·格里尼克集体递交了辞职信。对此，肖克利火冒三丈，指着诺伊斯的鼻子怒不可遏，大骂他们为"叛逆八人帮（the traitorous eight）"（图 1.5）。这就是半导体历史上著名的"八叛逆"的故事。肖克利的实验室因为骨干成员的离开而一蹶不振，最后他只好又回到了大学教书。

图1.5 "八叛逆"在仙童半导体公司

"八叛逆"辞职后惊天动地的事迹，可以说是半导体和集成电路发展的真正开端，而这些事迹要从"仙童半导体公司（Fairchild Semiconductor）"说起。1957 年 9 月，"八叛逆"拿着《华尔街日报》，按纽约股票栏目逐个公司寻找合作伙伴，最后圈定了 35 家公司。1957 年 10 月，在被誉为“风险投资”之父的阿瑟·洛克的帮助下，生产照相器材和设备的仙童公司老板费尔柴尔德为“八叛逆”投资了 150 万美元种子资金，也就是现在流行的为初创科技企业进行融资的“风险投资”。他们最终组建了一家以诺伊斯为首的仙童半导体公司。他们打算制造一种双扩散基型晶体管，以便用硅来取代传统的锗。他们获得了成功，不久，仙童半导体就拿到了 IBM 的 100 个硅管的订单，每个晶体管的报价是 150 美元，用于美军超音速轰炸机项目上。这一订单意义重大，凭借业界最新的双扩散硅管，仙童在当时的半导体行业中确立了领先地位。到 1958 年底，仙童的销售额达到 50 万美元，员工也增加到 100 人。

诺伊斯等人首创的晶体管制造方法与众不同，他们先在透明材料上绘制晶体管结构，然后用拍照的方法，把图案结构显影到硅片表面的氧化层上，腐蚀掉不需要的图形后，再把改变半导体性质的杂质扩散到硅片上。这一套半导体平面处理技术仿佛为“仙童”们打开了一扇神奇的大门：用这种方法既然能做一个晶体管，为什么不能在硅片上同时制备几十个、上千个呢？就在仙童公司的诺伊斯等人还在大胆设想的时候，晶体管的集成化试验却已经在德州仪器（Texas Instruments, TI）公司悄悄地进行了。

TI 的青年研究人员杰克·基尔比从英国科学家达默那里获得了思想启发，达默早在 1952 年就指出：由半导体构成的晶体管，可以把它们组装在一块平板上而去掉它们之间的连线。1958 年 7 月，TI 公司因天气炎热宣布放一次长假，绝大多数员工兴高采烈地离开了工作岗位。在 TI 公司任职不到两个月的基尔比无权享受假期。安静的环境反而给他提供了绝佳的思考和实验机会。基尔比想到，别看晶体管较大，其中真正起作用的只是很小的晶体，尺寸不到 0.01mm，而无用的支架和管壳却占去了太多体积。终于，他成功地在一块锗基底上集成了若干个晶体管、电阻和电容，并用热焊工艺将它们用极细的导线连接起来。就这样，基尔比在一块不到 $4mm^2$ 的基底上大约集成了 12 个元器件，世界上第一块集成的固体电路就此诞生，如图 1.6 所示。1959 年 2 月 6 日，基尔比申报了专利，将这种由元件组合而成的微型固体称为“半导体集成电路”。

图1.6　杰克·基尔比和他的第一块集成电路

1959 年，仙童半导体的管理层去纽约参加当时最大的产业贸易展览会，当他们看到德州仪器的杰克·基尔比在2月份就已经申请了专利时，惊呆了。回去后，仙童当即召开会议商量对策。诺伊斯提出，可以用蒸发沉积金属的工艺代替热焊技术，这样就可以用平面处理技术来实现集成电路的批量生产。很快，到7月30日，他们采用这种平面处理技术研制的集成电路问世了，他们也申请了一项专利，命名为“半导体器件——导线结构”，这一天也成为一场争执的开始。为了争夺“集成电路”的发明权，两家公司开始了旷日持久的诉讼。基尔比拥有第一个专利，但他的设计不够实用；诺伊斯的平面处理设计成了后来微电子革命的基础，但他在专利申请上落后了半年。最后，法庭只好一分为二，将集成电路的发明专利授予了基尔比，而将关键的内部连接技术专利授予了诺伊斯。两人成了集成电路的共同发明人。1966年，基尔比和诺伊斯同时被富兰克林学会授予了巴兰丁奖章，基尔比被誉为“第一块集成电路的发明家”，而诺伊斯则被誉为“提出了适合工业生产的集成电路理论的人”。2000年，基尔比因发明了第一块集成电路获得了诺贝尔物理学奖。遗憾的是诺伊斯已经去世10年，与诺贝尔奖擦肩而过。

1964年，时任仙童半导体研发主管的戈登·摩尔（“八叛逆”之一），在为《电子学》期刊撰写未来集成电路发展的论文时，探讨了半导体行业中晶体管小型化的趋势，他当时认为集成的晶体管和电阻数量每24个月翻一番，如图1.7所示，后来又将其修改为每18个月翻一番，这就是微电子领域著名的“摩尔定律”。

图1.7　戈登·摩尔与摩尔定律

在“八叛逆”的领导下，仙童半导体用了不到10年时间就成了当时半导体行业的翘楚。然而，盛极而衰，多方面的因素使得仙童的辉煌没有持续下去。主要原因是仙童半导体的绝大多数利润被源源不断地转移到其母公司仙童摄影器材公司，而不是像现代高科技企业那样，将更多的股票期权分配给管理层及员工，这使得“仙童”们十分气愤。于是，不断有核心员工提出辞职。“叛逆”的喜剧故事再次上演。正如已故苹果公司联合创始人史蒂夫·乔布斯所言，仙童半导体公司就像个成熟了的蒲公英，你一吹它，这种创业精神的种子就随风四处飘扬了。辞职的风波对仙童是一场灾难，但对整个半导体产业的发展却起到了巨大的促进作用。仙童半导体俨然成了半导体产业界的“西点军校”。

首先是以技术骨干赫尔尼为首的四人离职，创办了阿内尔科公司，据说赫尔尼后来创办的新公司多达 12 家。销售主管桑德斯则创立了 AMD（超微半导体）公司，AMD 公司以研发和生产微处理器著称。罗伯茨、拉斯特和赫尔尼离开仙童创办了泰瑞达的子公司阿梅尔科半导体。1967 年，仙童的总经理斯波克也带领四名员工离开仙童，投奔国民半导体，主攻存储器市场。对于斯波克的辞职，最受震惊的莫过于诺伊斯，毕竟斯波克是他的左膀右臂。诺伊斯认为公司应该放弃其他业务，专门做半导体产业，但他的愿望落空了。于是乎，诺伊斯和摩尔也决定重新成立一家专业半导体公司，继续在半导体产业创造他们的价值。两人决定将 Integrated Electronics（集成电子）合并成一个词 Intel，这就是现在大名鼎鼎的英特尔。

硅谷里的半导体公司，有半数以上是仙童公司的直接或间接“后裔”。1969 年，在一次半导体产业头面人物会议上，有人计算发现，参会的 400 人中，只有 24 人没有在仙童工作的履历。

1969 年末，在风景如画的塔希提岛上，Intel 的设计师霍夫突发奇想，能不能将此前一直分离的核心存储器和逻辑存储器结合起来，做到同一块芯片上？于是，他找到诺伊斯，诺伊斯的回答就一个字：干。两年后，世界上第一款 CPU——Intel 4004 诞生了。20 世纪 80 年代，随着个人计算机（PC）崛起，英特尔放弃了内存产业，专注于微处理器领域，从此业绩起飞，成为全球在 PC 领域最有利可图的硬件供应商。到 90 年代，垄断了全球 PC 芯片超过 90% 的市场份额。

1985 年，美国加州大学圣地亚哥分校的两位教授创立了高通公司，一开始他们主要专注于无线电通信技术的研发，积累了非常多这方面的专利。随着智能手机的兴起，高通公司开始了手机 CPU 的研发。2007 年，高通发布了第一款骁龙芯片，随后骁龙芯片被迅速应用于各种智能手机、平板电脑和智能手表。到 2017 年底，高通在智能手机芯片的市场份额达到了 42%。

接下来，让我们把目光从西方转移到东方，来简略回顾下亚洲的半导体产业发展史。

冷战期间，为了对抗苏联阵营，美国开始对日本进行大规模援助，日本以极低廉的价格获得了美国大量技术授权，其中就包括晶体管技术。于是，日本晶体管产业得到了迅速发展。1959 年，包括索尼、NEC、东芝、三洋在内的企业一年就生产了8650万只晶体管，这一规模已经超过了技术发源地美国。1960年，在美国刚发明集成电路不久，日本就利用逆向工程的方式研发了日本第一块集成电路。1962年，NEC公司从仙童半导体公司以技术授权的方式学会了集成电路的批量制造工艺。在日本政府主导下，NEC又将技术开放给了三菱、京都电气等公司，从此日本芯片产业正式起航。到1989年，日本芯片在全球的市场占有率竟达到了53%，超过了美国的37%。1990年，全球十大半导体企业中，日本就占了六席。日本的飞速发展极大地触动了美国的利益。为了改善美国本土的贸易逆差，美国与日本签订了《广场协议》，加速了日元的升值，使得芯片出口变得无利可图，日本国内资金便涌入了房地产和金融业，泡沫越来越大，最后泡沫破裂，日本进入了“失落的十年”，芯片行业从此一落千丈，美国也在1993年重新夺回芯片份额全球第一的宝座。

日本芯片行业的衰退给了同样拿到美国技术授权的韩国和中国台湾可乘之机。

1969年，当日本的NEC、三菱已经在批量生产集成电路时，韩国的三星还只是一家经营化肥、纺织、制糖的传统公司。后来，韩国以举国之力发展芯片。1983年，三星电子在韩国本土投产了全国第一座半导体工厂。1989年，三星成功实现了4M DRAM（dynamic random access memory, 动态随机存储器）的量产，与日本几乎同时投放市场，自此韩国成功追上日本。日本泡沫经济期间，韩国芯片产业开始疯狂扩张。1990年开始，三星建立了26个研发中心，LG建立了18个，现代建立了14个，在芯片领域的研发投入从1980年的850万美元飙升到1994年的9亿美元。到了2008年，三星和SK海力士两家公司就占据了全球DRAM市场75%的份额。

中国台湾的芯片起步比韩国稍晚一些。1975年，孙云璇成立了台湾工业技术研究院，并选派一批工程师到美国无线电（RCA）公司学习集成电路的设计和制造技术，这批工程师中就有后来创办了联发科（MTK）的蔡明介。1987年，已经55岁的张忠谋创立了台湾积体电路制造股份有限公司，简称“台积电”，在这之前，他是美国德州仪器公司的资深副总裁。他毕业于麻省理工学院，27岁即加入德州仪器公司，有着非常深厚的半导体技术积累。当时全球很多芯片公司都是IDM（integrated design and manufacture，垂直整合制造）模式，即从芯片的设计、制造到封装一条龙都是自己做。这种模式投资巨大，门槛极高。台积电没有采取这种模式，而是颠覆常规，专注于制造这个环节，把自己定位为全球各大芯片公司的晶圆代工厂，这种模式叫作Foundry（代工）。依靠“代工”这种创新模式，台积电能够比其他芯片公司更加专注于先进工艺的研发，从而抓住机会疯狂成长，到了2002年，台积电以超过50亿美元的营收进入全球半导体产业前十名，并成为全球最大的晶圆代工公司。中国台湾地区芯片产业的半壁江山归属于台积电。

1.2 半导体行业现状

经过几十年的快速发展，如今的半导体行业已经成为世界上最重要的行业之一，它是当今信息社会的基石，是各种电子产品和网络服务的基础。它在各种新兴技术，如人工智能（AI）、高性能计算（HPC）、5G/6G、物联网、虚拟现实（VR）中发挥关键作用。

现在的半导体行业的发展离不开全球的协作，芯片的设计、制造、封测由不同的国家和地区完成。不过在半导体发展早期的时候，全球的芯片公司基本都是IDM模式，也就是芯片公司从芯片的设计、制造到封测都由自己完成。他们还会以拥有自己的晶圆厂为荣，英特尔、TI、ST这些芯片巨头都是典型的IDM模式。台积电Foundry路线的成功，催生了芯片行业Fabless（无工厂，专注于芯片设计）模式。2000年，全球前20大芯片公司中有4家采取了Fabless模式。可以说，台积电的创新模式颠覆了半导体行业的发展，促使现在的半导体行业呈现了三足鼎立的态势，即设计业、制造业、封测业三块分离。

本节将从四个角度来阐述半导体的行业现状，首先介绍半导体行业的总体现状，接着分别对设计业、制造业、封测业三个子行业进行介绍，最后讲述我国大陆地区的行业发展情况。

1.2.1 半导体行业概况

半导体行业协会（Semiconductor Industry Association, SIA）宣布，全球半导体行业销售额在2021年度总额达到了5559亿美元。在全球芯片短缺的情况下，芯片公司在2021年加速量产以满足高需求，该行业在2021年出货量达到了创纪录的11500亿个。

根据Gartner的统计数据，2021年，全球半导体行业的头部十家公司分别是Samsung Electronics、Intel、SK Hynix、Micron Technology、Qualcomm、Broadcom、MediaTek、Texas Instruments、NVIDIA、AMD，如表1.1所示。这十家公司，有的是上一节已经介绍过的老牌公司，有的则是后起之秀。

表1.1　2021年全球前十大半导体厂商利润额排名（数据来源：Gartner, 2022年1月）

2021 年排名	2020 年排名	厂商	2021 年利润 / 百万美元	2021 年市场占比 /%	2020 年利润 / 百万美元	2020—2021 年增长率 /%
1	2	Samsung Electronics	75950	13	57729	31.6
2	1	Intel	73100	12.5	72759	0.5
3	3	SK Hynix	36326	6.2	25854	40.5
4	4	Micron Technology	28449	4.9	22037	29.1
5	5	Qualcomm	26856	4.6	17632	52.3
6	6	Broadcom	18749	3.2	15754	19
7	8	MediaTek	17452	3	10988	58.8
8	7	Texas Instruments	16902	2.9	13619	24.1
9	10	NVIDIA	16256	2.8	10643	52.7
10	14	AMD	15893	2.7	9665	64.4
		其他（前十之外）	257544	44.1	209557	22.9
		半导体总量	583477	100	466237	25.1

下面对这十家公司按照利润额排序，逐一进行简要介绍。

① Samsung Electronics，三星电子。2021 年，三星电子凭借半导体部门的销售收入成为全球最大的半导体公司。该年，三星电子的收入达到 759.5 亿美元。值得一提的是，与 2020 年相比，销售额增长率高达 31.6%，重新夺得了全年销售额第一名，一举反超了英特尔。之前（2017 年和 2018 年），由于 DAND 闪存和 DRAM 内存价格的不断上涨，全球半导体龙头的位置也曾经被三星夺去。三星在半导体产业链上的布局可谓十分成功，除了在存储芯片领域外，在圆晶代工领域及显示面板领域都位于世界前列。

② Intel，英特尔。英特尔长期致力于 CPU 的研发工作，从早期（1971 年）的第一枚通用芯片 4004，历经 8008、8080、8086、80386、80486、奔腾、至强、酷睿等系列微处理器，到 2022 年 2 月已发展到 12 代酷睿。英特尔在过去的大部分年份里长期霸占着半导体行业的头把交椅，但 2021 年销售额增长率仅为 0.5%。

③ SK Hynix, SK 海力士。海力士半导体在 1983 年以现代电子产业有限公司成立，1999 年收购 LG 半导体，2001 年更名为海力士。2012 年 2 月，韩国第三大财阀 SK 集团宣布收购海力士 21.05% 的股份从而入主这家内存大厂，海力士半导体致力生产以 DRAM 和 NAND 闪存为主的半导体产品。

④ Micron Technology，美光科技。公司位于美国爱达荷州，于 1978 年创立，1981 年成立自有晶圆制造厂。美光科技是全球最大的半导体存储及影像产品制

造商之一。产品主要有 DRAM、NAND 闪存和 CMOS 图像传感器。

⑤ Qualcomm，高通。全球最大的无线半导体供应商，公司创立于 1985 年，总部设于美国加利福尼亚州。高通是全球领先的无线科技创新者，变革了世界连接、计算和沟通的方式。把手机连接到互联网，高通的发明开启了移动互联时代。高通的基础科技赋能了整个移动生态系统，是全球 3G、4G 与 5G 技术研发的领先企业。

⑥ Broadcom，博通。全球领先的有线和无线通信半导体公司。Broadcom 为计算和网络设备、数字娱乐和宽带接入产品以及移动设备的制造商提供一流的片上系统以及软件解决方案。

⑦ MediaTek，联发科。总部位于中国台湾，是亚洲领先的集成电路公司，联发科为 5G、智能手机、智能电视、平板电脑、智能音箱、无线耳机、可穿戴设备等产品提供高性能低功耗的移动计算技术、先进的通信技术、AI 解决方案。已推出多款天玑系列 5G 智能手机处理器，并被多家智能手机厂商所采用。2021 年，联发科在全球智能手机应用处理器的出货量首次超过了高通。

⑧ Texas Instruments（TI），德州仪器。TI 是全球领先的老牌半导体公司，总部位于美国得克萨斯州。世界第一大数字信号处理器（digital signal processing, DSP）和模拟电路元件制造商，其模拟和数字信号处理技术在全球具有领先地位。尤其是 2011 年德州仪器以 65 亿美元收购美国国家半导体（National Semiconductor）公司，从而进一步强化了其模拟半导体巨头的地位。

⑨ NVIDIA，英伟达。美籍华人黄仁勋于 1993 年创立，总部位于美国加利福尼亚州，目前是全球可编程图形处理技术领袖。1999 年，英伟达定义了 GPU（graphics processing unit，图形处理器），这极大地推动了 PC 游戏市场的发展。NVIDIA 发布的第八代 GPU 架构，采用 7nm 工艺，内部包含超过 540 亿个晶体管。比特币等虚拟货币挖矿、数据中心、人工智能和虚拟现实等的发展都离不开 GPU，因此英伟达发展势头较好，2020 年 7 月 8 日美股收盘后，英伟达首次在市值上实现了对英特尔的超越。

⑩ AMD，超微半导体。美国 AMD 也是一家老牌半导体公司，Intel 的强劲对手，专门为计算机、通信和消费电子行业设计和制造各种微处理器，产品以 CPU 为主，此外也包括 GPU、主板芯片组等。2020 年 10 月，AMD 同意以股票交易的形式，按照 350 亿美元的价值收购 Xilinx（赛灵思，全球领先的可编程逻辑完整解决方案的供应商）。

从全球主要区域半导体市场销售情况来看，根据 SIA 公布的数据，2020 年

1～10月中国大陆地区半导体产业销售额为1230亿美元，同比增长4.3%，占全球的比重达35%；亚太地区（除日本、中国大陆）半导体产业销售额为961亿美元，占全球的比重为27%；美洲占21%，欧洲占9%，日本占8%，如图1.8所示。

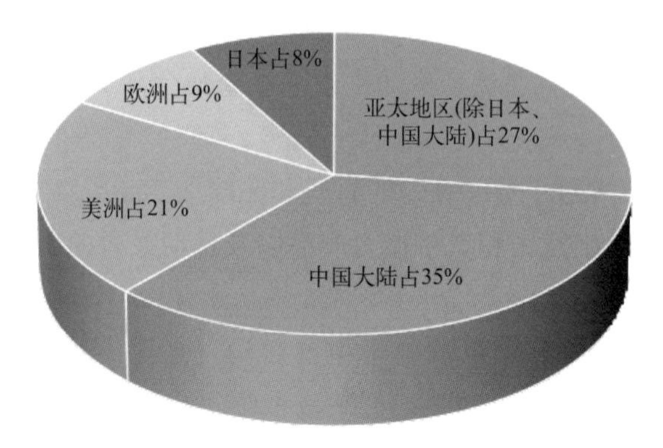

图1.8　全球半导体产业规模地区分布图

1.2.2　半导体设计业现状

台积电的创立，为芯片行业带来了IDM之外的Fabless模式。由于有专门的代工厂制备芯片，可以让Fabless公司只专注于芯片的设计工作，这样，Fabless公司无需投入巨额资金建立芯片工厂和研究先进工艺，也能推出有竞争力的芯片。这种行业模式的变革使得芯片设计公司如雨后春笋般地不断涌出，由此催生了众多新的巨头，例如英伟达、高通、博通等。

作为老牌芯片公司，AMD在创立之初也是IDM的模式，但随着后来的发展，AMD将代工部门拆分为新公司Global Foundries（格罗方德），最后由IDM模式变成了Fabless模式。“让专业的人来做专业的事”这句话在半导体行业可谓表现得淋漓尽致。近年来，AMD和英伟达一样，借助台积电先进的代工工艺，在数据中心处理器市场与英特尔抢夺份额。

TrendForce集邦咨询发布的2021年全球前十大IC设计公司营收排名数据显示，这十大IC设计公司总营收达到1274亿美元，年增48%。排名前十的芯片设计公司分别是：高通（Qualcomm）、英伟达（NVIDLA）、博通（Broadcom）、联发科（MediaTek）、超威半导体（AMD）、联咏（Novatek）、美满（Marvell）、瑞昱（Realtek）、赛灵思（Xilinx）、奇景光电（Himax）。其中高通（图1.9）以293亿美元稳居榜首，其手机芯片、物联网芯片的销售都强劲增长，年增长率分别达到51%和63%，此外还有射频和汽车芯片业务的加持。英伟达实施软硬件整合的战略，在游戏显卡与数据中心营收大幅增长的带动下，成功超越博通成为排名第 2 的设计公司。2020 年排名第 10 的戴乐格（Dialog）因被 IDM 公司瑞萨（Renesas）收购，没有在 IC 设计公司里面排名，故由奇景取代第 10 名的位置。另外需要说明的是，该排名只统计了公开财报的上市公司。

图1.9 高通芯片

从芯片设计产业的地区分布来看，美国仍然是全球最领先的地区，总部位于美国的设计公司营收占芯片设计行业总营收的半壁江山以上。其次是中国台湾地区，全球前十大 IC 设计厂商中中国台湾厂商就占据了 4 席，分别是联发科、联咏、瑞昱和奇景光电。

1.2.3 半导体制造业现状

2021 年，集成电路产业在全球产业链中的地位持续凸显，全球晶圆代工产业出现供不应求的情况，缺芯成为半导体行业的关键词，并已经严重影响到其他需要芯片的行业，如电动汽车行业。集成电路晶圆代工已经成为集成电路制造的一种重要形式，晶圆代工的行业特点是技术密集、人才密集和资金密集，研发过程涉及光学、微电子、量子力学、半导体物理、化学、材料学等诸多学科，因此行业壁垒相当高，尤其是先进技术方面，更是强者恒强。据调研机构 DIGITIMES Research 统计，2021 年的全球代工市场，排名前 5 位的市场份额占比接近 90%。尽管有全球疫情的影响，但大部分公司的营收都再创历史新高，业绩持续高歌猛进。

在全球疫情和世界贸易低迷双重因素的扰动下，全球供应链受到双重打击，全球芯片的供应失衡加剧，晶圆代工厂成为半导体市场的“香饽饽”。同时，新能源汽车、人工智能、5G、物联网等新兴领域的发展又为芯片的应用拓展了新的空间，这进一步刺激了半导体代工行业的强劲发展。2021 年，各大半导体制备公司产能满载，晶圆代工巨头纷纷加足马力扩产。

说起半导体制造，人们自然而然会想到台积电（图 1.10）这个代工行业的鼻祖。据调研机构 DIGITIMES Research 统计，2021 年的全球代工市场中，台积电市场份额高达 59.5%，比余下的所有公司加起来的份额还高很多，呈现赢者通吃的局面。尤其是在高端市场，简直是打遍天下无敌手，在 7nm 和 5nm 细分市场几乎完全占据主导地位。2021 年，台积电营收创下历史新高，达到 568.2 亿美元，

图1.10 台积电logo

同比增长18.5%，净利润同比增长15.2%。2021年台积电7nm制程芯片收入占晶圆总收入的31%，5nm制程占比19%，先进技术制程占比合计为50%，高于2020年的41%。2021年4月台积电对外宣布计划3年内投入1000亿美元，用于扩大产能以及发展技术。台积电赴美建厂，开设5nm制程；与欧洲商议，赴德国建厂；与索尼共同成立子公司日本先进半导体制造公司，并自2022年开始兴建12英寸晶圆厂。台积电可谓雄心勃勃，以确保加固其“晶圆代工一哥”的江湖地位。

在代工领域，技术上对台积电有挑战的只剩下三星电子了。在2021年的全球代工市场中，排名第二的是三星电子。虽然三星业务范围庞大，但来自外部的晶圆代工订单产值仅为82.9亿美元，约为台积电的1/7。但是三星对半导体代工还是十分重视的，2021年三星对晶圆相关的业务投资金额达到整个投资总额的90%。三星投资170亿美元赴美建厂，在美国德州兴建以5nm先进制程为主的12英寸晶圆厂，预计2024年完工投产。三星还计划到2026年，将其代工产能增加到目前的3倍，可谓雄心勃勃，试图拉近与台积电的差距。在先进制程方面，三星电子预计在2023年生产第二代3nm芯片。

UMC（联华电子，简称联电）也是半导体代工行业的佼佼者。联电总部位于中国台湾新竹，在中国、日本和新加坡设有12座晶圆厂，并在欧洲、美国和韩国设有销售办事处。联电拥有完整的制程技术及制造解决方案，包括逻辑/射频、嵌入式高压解决方案、嵌入式闪存等。联电2021年28nm制程营收占比为20%，40及45nm制程占比18%，65nm制程占比19%，主要是一些成熟工艺。面对全球缺芯的市场现状，向来对扩产持保守态度的联电，在2021年也积极扩产，宣布与八家客户共同携手，扩充南科12英寸晶圆厂的产能。

2021 年，全球前十大晶圆代工大厂中排名第四的是格罗方德半导体股份有限公司（Global Foundries，简称格芯）。格芯是一家总部位于美国加州硅谷的半导体晶圆代工厂，公司成立于 2009 年 3 月。格罗方德是由 AMD 拆分出来的制造部门与其他投资公司联合成立的半导体制造企业。在美国、德国拥有多座工厂，此外总投资约 90.53 亿美元的格罗方德 12 英寸晶圆项目落户成都，该生产线是全球首条 22nm FD-SOI（fully depleted silicon on insulator，完全耗尽型绝缘体上硅）先进工艺 12 英寸晶圆代工生产线。2021 年，格芯宣布在新加坡投资超过 40 亿美元，用于建设新晶圆工厂和扩大产能。格芯将建设新的 12 英寸晶圆厂，计划在 2023 年投产，投产后每年将增加 45 万片晶圆的生产能力。他们还宣布了在美国纽约扩建最先进制造工厂的计划。

2021 年营收榜单中排名第五的则是中芯国际（SMIC, Semiconductor Manufacturing International Corporation）。中芯国际是中国大陆地区技术最先进、规模最大的专业半导体代工企业。2021 年总营收创下历史最高的 54.4 亿美元，并且以 39% 的营收增长率成为全球成长最快的晶圆代工大厂。2021 年，中芯国际建设深圳工厂，重点生产 28nm 及以上的集成电路并提供技术服务，旨在实现最终每月约 4 万片 12 英寸晶圆的产能。并与上海临港新片区合作成立一条新生产线，双方将耗资约 88.7 亿美元，共同建设一座产能为 10 万片 / 月的 12 英寸晶圆代工生产线，该项目已于 2022 年 1 月开工建设。2022 年 8 月，中芯国际公告，规划在天津建设产能为 10 万片 / 月的 12 英寸晶圆代工生产线，可提供 28 ～ 180nm 不同技术节点的晶圆代工与技术服务，该项目投资总额为 75 亿美元。当下的中芯国际已经成功完成了成熟的 14nm 芯片工艺制程以及先进的 7nm 芯片工艺制程的研发工作，公司的产能以及芯片工艺能够满足大部分客户以及大多数行业的需求。

老牌半导体 IDM 公司 Intel 也想在芯片代工领域分一杯羹，最近两年动作不断。2021 年 3 月，英特尔对外公布“IDM 2.0”战略，宣布在美国亚利桑那州投资 200 亿美元，新建两座晶圆厂。同时表示将打造世界一流的代工业务——英特尔代工服务。同年 12 月，又宣布计划在法国、意大利增设工厂，并在德国建立一个主要生产基地。2022 年 2 月，英特尔宣布计划以每股 53 美元的价格收购以色列半导体解决方案代工企业高塔半导体（Tower Semiconductor），这桩收购预计将耗资 54 亿美元。英特尔想通过此举来增强其芯片代工能力。高塔半导体以成熟制程、专业型半导体代工业务为主，在射频（RF）、电源、硅锗（SiGe）、工业传感器等专业技术上具有专长，2021 年第三季度，高塔半导体位列全球晶圆代工排名第九名。

1.2.4 半导体封测行业现状

芯片设计、前道晶圆制造、后道成品封测组成了集成电路产业链的上、中、下游生态链。封测业包括封装和测试两个部分。封装是指将生产加工后的晶圆进行切割、焊线塑封，使电路与外部器件实现连接，并为半导体产品提供机械保护，使其免受物理、化学等环境因素影响的工艺。封装属于半导体产业链的后道工序，加工完成的晶圆只有经过封装和测试，才能用于销售。

传统上封装测试或者说后道成品制造是一个附属产业环节，技术上不是最高端的。如今，随着集成电路工艺步入 5nm、3nm 节点，后摩尔时代的技术发展趋缓，先进工艺的研发愈发艰难，因此业界开始关注“成熟工艺 + 异构集成”的模式，封测业在产业链中的地位开始变得愈加重要。刘明院士曾讲道，当前我们逐步进入了后摩尔时代，集成电路尺寸微缩的重点将取决于性能、功耗、成本这三个关键因素，而新材料、新结构、新原理器件与三维堆叠异质集成技术则是 IC 行业发展的新的重要推动力。

半导体封装技术的发展可分为四个阶段：

① 1970 年前，直插型封装，以 DIP（dual in-line package，双列直插式封装）为主；

② 1970 ～ 1990 年，表面贴装技术衍生出的 SOP（small outline package，小外型封装）、SOJ（small out-line J-leaded package, J 形引脚小外型封装）、PLCC（plastic leaded chip carrier，带引线的塑料芯片载体封装）、QFP（quad flat package，方型扁平式封装）四大封装技术以及 PGA（pin grid array package，插针网格阵列封装）技术；

③ 1990 ～ 2000 年，球栅阵列封装（ball grid array, BGA）、芯片尺寸封装（chip scale package, CSP）、倒装芯片封装（flip chip, FC）等先进封装技术开始兴起；

④ 2000 年至今，从二维封装向三维封装发展，从技术实现方法上发展出晶圆级封装（wafer level packaging, WLP）、硅通孔（through silicon via, TSV）、3D 堆叠等先进封装技术，以及系统级封装（system in a package, SIP）等新的封装方式。

当前，集成电路封测技术主要沿着两个路径发展。一种是朝上游晶圆制造领域靠拢以减小封装体积，逐步实现芯片级封装，这一技术路径统称为晶圆级芯片封装（wafer level chip scale packaging, WLCSP），包括扇入型封装（fan-in）、扇出型封装（fan-out）、倒装（flip chip）等。另一种集成电路封装技术则是将原有

PCB 板上不同功能的芯片集成到一颗芯片上或模块化，压缩模块体积，缩短电气连接距离，从而提升芯片系统整体功能性和灵活性，这一技术路径叫作系统级封装（SIP）。SIP 工艺是将不同功能的芯片集成在一个封装模块里，大大提高了芯片的集成度，是延续摩尔定律规律的重要技术。以系统级封装为代表的封装技术是集成电路封测的发展趋势。

后摩尔时代，封测产业的重要性不断提升。先进半导体封装可以通过增加功能和提高性能，在提高半导体产品价值的同时降低成本。先进封装技术可以在现有技术节点下进一步提升芯片的性能，是国内半导体企业突破封锁的一种方式。

封测领域的厂商主要有两类：一类是 IDM 公司的封测部门，另一类是外包封测厂商。随着摩尔定律极限接近，基于硅平台的先进封装技术不断发展，所以有一个发展趋势是晶圆代工厂利用其在硅平台的积累进入封测领域，尤其是先进封装领域。早在 2008 年底，台积电就成立了集成互连与封装技术整合部门，重点发展集成扇出型封装 InFO（integrated fan-out）、2.5D 封装 CoWoS（chip-on-wafer-on-substrate）和 3D 封装 SoIC（system on integrated chips）。另一个例子是中芯国际的蒋尚义曾在一次公开演讲中提到提前布局一些能将芯片供应链整合在一起的产业，比如封装技术。实际上蒋尚义的主要工作之一就是发展中芯国际和长电科技合资的中芯长电封测厂。

在封测领域，排名靠前的公司有：日月光半导体、安靠、长电科技。日月光半导体是全球最大半导体封装、检测及材料生产企业，总部位于中国台湾高雄，集团成立于 1984 年。除了中国台湾，日月光半导体还在中国大陆、马来西亚、韩国、菲律宾设有封装厂。安靠公司是全球半导体封装和测试外包服务业中的独立供应商之一。安靠公司成立于 1968 年，总部位于美国亚利桑那州，在亚洲多地包括上海设有工厂。长电科技（图 1.11）成立于 1972 年，是全球领先的集成

图1.11 长电科技厂房

电路制造和技术服务企业，可提供全方位的芯片成品制造一站式服务，包括集成电路的系统集成、设计仿真、技术开发、产品认证、晶圆中测、晶圆级中道封装测试、系统级封装测试、芯片成品测试等。长电科技是中国大陆地区排名第一的封测大厂，在中国、韩国和新加坡设有六大生产基地和两大研发中心。

1.2.5 中国大陆半导体产业现状

早在 1956 年，我国制定了《1956 ～ 1967 年科学技术发展远景规划》，把半导体、计算机、自动化和电子学列为国内急需发展的高新技术。1958 年，中国科学院（简称中科院）半导体研究室成功研制第一只锗晶体管，1959 年成功研制第一只硅晶体管，到了 1964 年又成功研制了第一块集成电路，这些都仅仅比美国晚十年左右的时间，甚至比韩国和中国台湾地区都早。可惜后来由于历史原因，中国大陆的半导体产业发展远远滞后。下面对我国芯片产业发展史进程中的重要事件做一个简要回顾。

朝鲜战争爆发后，为解决军队电子通信问题，我国建立了北京电子管厂（774 厂，即现在的京东方），是当时亚洲最大的电子管厂，774 厂和其他“一五”期间建立的工厂成为我国电子工业的基础。1956 年，北京大学的黄昆和复旦大学的谢希德等人创立了我国第一个半导体培训班，培养了包括中科院院士王阳元、工程院院士许居衍在内的 300 多位人才，成为半导体科研单位的先锋。1959 年，在林兰英的主持下，仅仅比美国晚一年就拉出了硅单晶。

1960 年，中科院半导体所和河北半导体研究所（即如今的中电十三所）正式成立，我国的半导体工业体系初步建立，同年开始研究平面光刻工艺。到 1964 年，王守觉研制成功中国第一块集成电路，内含 19 个电子元器件。1975 年，王阳元在北京大学设计出第一批 1K DRAM。至少在 1980 年的时候，我国的芯片领域技术水平基本上还处于紧追国际前沿的状态。

20 世纪 80 年代初的中国正值改革开放初期，大量的国外产品流入中国，“造不如买”思想成为主流。国内开始倡导对外进口，可是由于先有“巴黎统筹委员会”，后有“瓦森纳协定”对我们技术上的封锁，我们进口的生产线都是西方国家所淘汰的。可就是这样，西方产品在商业化和成本上的优势依然把我们当时还十分稚嫩的微电子工业杀得片甲不留。当时一些自主研发的项目，包括大飞机和光刻机，被迫停滞。此举导致中国光刻机之前 20 年的心血付之东流，就连一直坚持光刻机制造的武汉三厂也被改成了食品厂，十分可惜。1985 年，中国科学院微电子中心成功研制 64K DRAM，当年在江南无线电器材厂（742 厂）成功投产。

到20世纪90年代，人们已经意识到芯片领域需要自主研发，开始试图通过专项工程的方式取得突破。1990年，我国开始了“908工程”。作为“908工程”的主体项目，无锡华晶在1993年生产出我国第一块256K DRAM。由于审批时间过长，工程从立项到正式投产已过去了七年。1997年，伴随着无锡华晶的正式投产，“建成即落后”的现实无情地展现在人们面前。投产当年就亏损2.4亿元，最终被华润收购。1995年，电子部向国务院做了专题汇报，确定实施“909工程”；1996年，“909工程”的主体承担单位上海华虹微电子有限公司与日本NEC公司合作，组建了上海华虹NEC。

进入21世纪后，随着中国加入WTO，我们打开了国际化的视野，学会了市场化方式运作半导体产业。2000年，国务院发布了《国务院关于印发鼓励软件产业和集成电路产业发展的若干政策的通知》（18号文件），并陆续发布了一系列促进IC产业发展的优惠政策。随后在国家863、973计划的大力支持下，国产CPU作为重点攻关领域，在多个单位同时研发，其中就有龙芯CPU。2002年，中科院计算所的龙芯一号问世。

2004年中芯国际开始崭露头角，创始人张汝京有着“中国半导体之父”之称，在中国大陆集成电路领域的地位等同于中国台湾半导体界前辈台积电张忠谋，是一个极具传奇色彩的人物。他一身集成电路领域的本事是在美国德州仪器和中国台湾世大半导体锻炼出来的。在世大半导体被台积电收购后，张汝京拒绝了张忠谋的邀请，毅然回到中国大陆创业，为此张汝京还被扣下了许多台积电的股票。眼看中芯国际越做越强，台积电利用专利争端等手段使张汝京离开中芯国际，61岁的张汝京不得已在2009年退出中芯国际，之后又创办了上海新昇和青岛芯恩。

随着2014年《国家集成电路产业发展推进纲要》的正式发布，我国发展集成电路产业的决心重新确立起来。纲要发布后，著名的“国家集成电路产业发展投资基金”成立，就是被人们常说的“大基金”。大基金成立后，开始重点投资大量新创立的集成电路产业相关的企业。这意味着从国家层面开始引导并推动我国芯片产业的发展，也意味着我国芯片产业进入了一个高速发展期。

近年来，我国对集成电路产业的重视程度史无前例，政策持续加码，在“十四五”规划中，集成电路成为强化国家战略科技力量的重点领域。根据《中华人民共和国国民经济和社会发展第十四个五年规划和2035年远景目标纲要》，“十四五”期间，我国集成电路产业将围绕技术升级、特色工艺突破、产业发展和设备材料研发四个方面重点发展。技术升级方面重点进行先进存储技术的研究，特色工艺突破方面包括集成电路先进工艺、绝缘栅双极型晶体管（insulated gate bipolar transistor, IGBT）和微机电系统（micro-electro-mechanical system, MEMS）等，产业发展方面重视碳化硅、氮化镓等宽禁带半导体的发展，设备材料研发重点放在集成电路设计工具、重点装备和高纯靶材等关键材料方面。

2022 年 3 月 9 日，中国半导体行业协会正式发布 2021 年中国大陆地区集成电路产业运行情况。数据表明，2021 年中国大陆集成电路产业销售额首次突破 1 万亿元，达到 10458.3 亿元，同比增长 18.2%。其中芯片设计业销售额为 4519 亿元，同比增长 19.6%；制造业销售额为 3176.3 亿元，同比增长 24.1%；封装测试业销售额为 2763 亿元，同比增长 10.1%。从公开数据来看，中国大陆集成电路设计业、制造业、封测业占整体比重分别为 43.21%、30.37%、26.42%，亦呈现三足鼎立的局面，如图 1.12 所示。

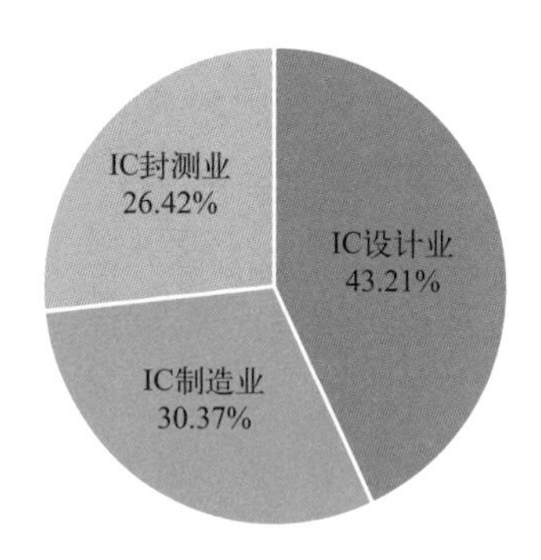

图1.12　2021年中国大陆地区IC设计业、IC制造业、IC封测业占比

从区域占比来看，2020 年中国华东地区集成电路产量占比达 51.6%，西北地区集成电路产量占比达 19.6%，华南地区集成电路产量占比达 14.3%。前三地区占比高达 85.5%。华北、西南产量占比居中位，分别为 7.3%、6%。华中、东北产量占比较小，分别为 0.7%、0.4%。

2021 年中国集成电路产品进出口都保持较高增速。根据海关统计，2021 年中国进口集成电路 6354.8 亿块，同比增长 16.9%；进口金额 4325.5 亿美元，同比增长 23.6%。2021 年中国集成电路出口 3107 亿块，同比增长 19.6%，出口金额 1537.9 亿美元，同比增长 32%。我国进出口逆差的绝对金额仍然处于较高水平，表明国内集成电路产品的自给率偏低的情况当前仍然没有得到明显改观。

纵观我国半导体产业的发展，我们可以得出结论：高端技术有钱买不来、市场换不来，我们必须自力更生、艰苦奋斗。虽然中国大陆目前在半导体领域的全球市场份额和竞争力都不足，半导体产业的全球领导者主要分布在美国、欧洲、日本、韩国和中国台湾，但是纵观当下全球芯片半导体代工领域的发展，中国大陆企业的发展相当强势。中芯国际以及华虹半导体等在全球代工市场的份额不断提升。根据 DIGITIMES Research 统计，2021 年的全球代工市场营收排名中，中芯国际和华虹集团分别夺得第五名和第六名。

中芯国际是中国大陆规模最大、技术最先进的集成电路芯片制造企业。中芯国际是专业集成电路代工厂，可提供 0.35μm 到 14nm 制程工艺设计和制造服务。中芯国际已在上海建有一座 12 英寸芯片厂和三座 8 英寸芯片厂，在北京建有两座 12 英寸芯片厂，在天津建有一座 8 英寸芯片厂，在深圳有一座 8 英寸芯片厂、上海有一座 12 英寸芯片厂在兴建中，此外在成都还拥有一座封装测试厂。

华虹集团是拥有先进芯片制造主流工艺技术的 8+12 英寸芯片制造企业，集团旗下业务包括集成电路研发制造、电子元器件分销、智能化系统应用等板块，其中芯片制造核心业务分布在浦东金桥、张江、康桥和江苏无锡四个基地，目前运营三条 8 英寸生产线、三条 12 英寸生产线。量产工艺制程覆盖 1μm 至 28nm 各节点。

因 IDM 模式对企业技术、资金和市场份额要求较高，中国本土半导体 IDM 模式相对稀缺。华润微电子有限公司是国内半导体 IDM 龙头。华润微电子是华润集团旗下负责微电子业务投资、发展和经营管理的高科技企业，始终以振兴民族微电子产业为己任，总部位于中国集成电路产业的发祥地——无锡。曾先后整合华科电子、中国华晶、上华科技等中国半导体先驱，经过多年的发展及一系列整合，公司已成为中国本土具有重要影响力的综合性半导体企业，自 2004 年起连续被工信部评为中国电子信息百强企业。据中国半导体行业协会统计的数据，以销售额计，华润微电子是 2018 年前十大中国半导体企业中唯一一家以 IDM 模式为主运营的半导体企业。华润微电子是大陆领先的拥有芯片设计、晶圆制造、封装测试等全产业链一体化运营能力的半导体企业。公司的主营业务包括功率半导体、智能传感器及智能控制产品的设计、生产及销售，以及提供晶圆代工、封装测试等制造服务。

在专业封测领域，大陆的长电科技已经取得了全球前三的排名。论相对排名，可以说封测业在半导体三个子行业中是发展最好的，而设计业还是处于相对落后的局面。

说起集成电路设计行业，人们首先想到的是华为海思（Hi-Silicon）。虽然海思 2004 年才创立，但它脱胎于 1991 年成立的华为 ASIC（Application Specific Integrated Circuit，专用集成电路）设计中心。2009 年，海思推出第一款面向市场的手机芯片——K3。2013 年底，海思推出第一款 SoC（system on a chip，系统级芯片）手机芯片——麒麟 910，对标高通的芯片品牌——骁龙。海思 2018 年的营收已经排在中国大陆第一、全球芯片设计公司第五的位置。2020 年海思在集成电路设计方面的收入约为 82 亿美元。2021 年，台积电、中芯国际等芯片代工企业由于使用美国技术或者设备，都无法使用先进工艺（14nm 及以下工艺）为华为海思代工，导致海思的收入仅为 10 亿美元，下滑了 88%。

紫光展锐是国内数一数二的芯片设计公司，它隶属紫光集团。紫光展锐已跻身全球 5G 芯片第一梯队。紫光展锐由展讯和锐迪科两家公司合并而来，合并后展讯继续聚焦于 2G/3G/4G/5G 移动通信基带芯片的自主研发与设计，锐迪科致力于物联网领域核心技术的研发。紫光展锐在上海、杭州、厦门及美国圣迭戈等多个城市设有研发中心支持通信芯片和物联网芯片的研发。展锐于 2020 年 2 月 26 日发布新一代 5G SoC 移动平台虎贲 T7520。该产品采用 6nm EUV 先进工艺，大大地提高了晶体管密度，有效地降低了芯片的功耗。

2022 年，国家大基金二期投出虎年第一单：3 亿元参与深南电路定增，加速芯片材料布局。大基金目前已覆盖集成电路设计、芯片制造、封装测试、材料以及设备制造等产业链环节，相较于第一期，大基金第二期更注重半导体产业整体协同发展和填补技术空白。相信在大基金的加持下，经过半导体产业链全体从业者及科研人员的共同努力，我国的半导体产业一定会发展得越来越好！

1.3 芯片是怎样炼成的？

在这一节我们将揭开“点石成金”的奥秘。图 1.13 给出了芯片行业的大致流程。其实，通过上两节对半导体产业的历史和现状的介绍，我们已经知道芯片业可以分为设计业、制造业和封测业。在图 1.13 中，左侧对应的是设计业流程，右侧对应的是前道工序（front end of line, FEOL）——晶圆制造环节，下方对应的则是后道工序（back end of line, BEOL）——封装测试业。这三个子行业紧密联系，构成了完整的芯片产业链。

芯片的炼成首先从客户提出需求开始，譬如客户需要电脑里的 CPU、存储芯片、智能手机芯片等。芯片设计公司或者 IDM 公司里的设计部门针对客户需求，提出设计方案。工程师在芯片设计之初，会做芯片的需求分析，完成产品规格定义，以确定设计的整体方向。在这个起始阶段，往往需要考虑一些宏观的因素，比如这个芯片的成本控制，是否功耗敏感，芯片需支持哪些连接方式，系统需遵循什么样的安全级别。然后开始系统设计。基于前期的规格定义，这一步

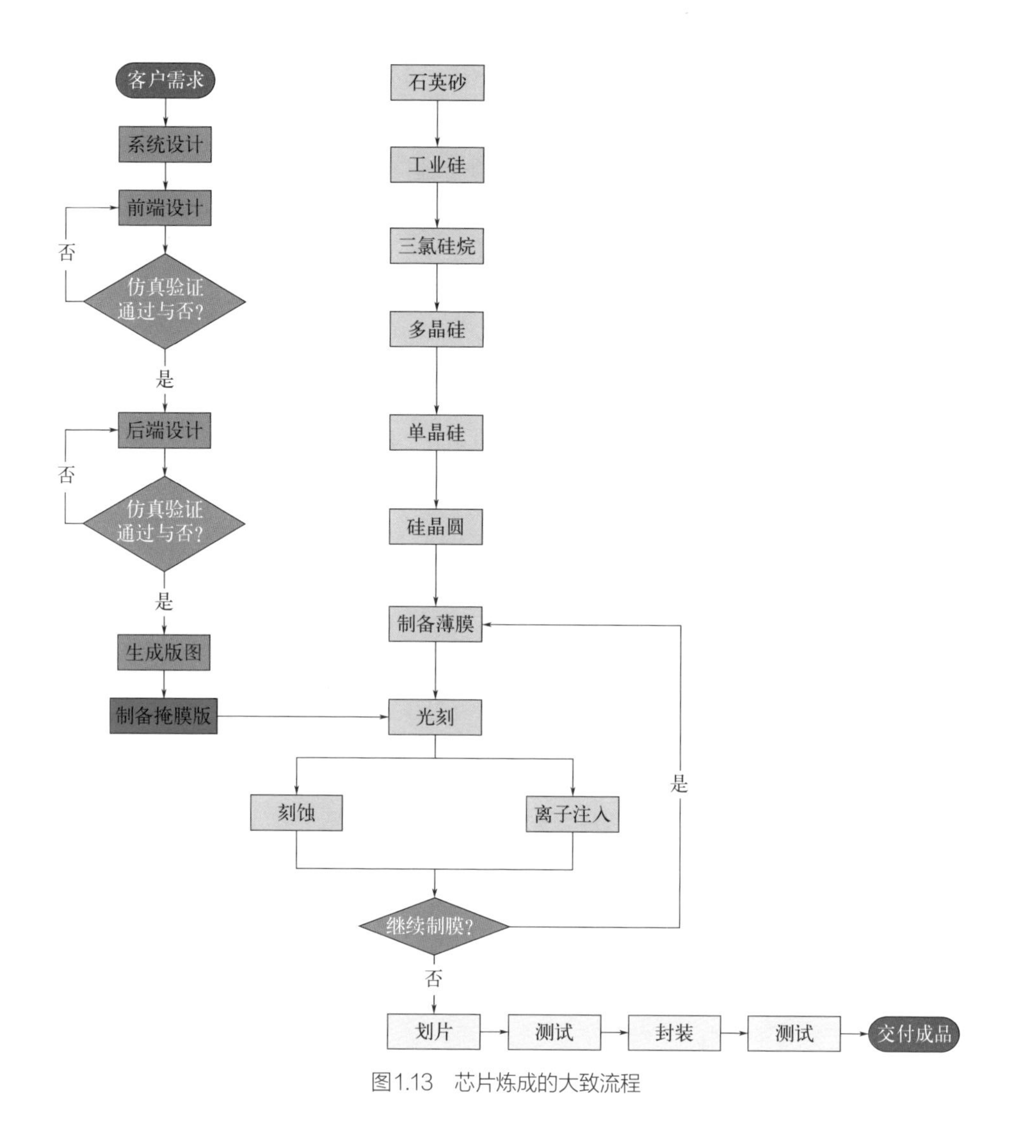

图1.13　芯片炼成的大致流程

明确芯片架构、业务模块、供电等系统级设计。系统设计需综合考虑芯片的系统交互、功能、功耗、性能、成本、安全等因素，同时设计之初就需要考虑后期的维护及测试需求，提供可测性设计。接下来是前端设计，在此阶段集成电路设计人员根据上一步的系统设计方案，针对各模块开展具体的电路设计，使用诸如 Verilog 或者 VHDL 这样的硬件描述语言对具体的电路实现进行 RTL（register transfer level，寄存器转换级）级别的代码描述。代码生成后，通过仿真验证来反复检验代码设计正确与否。之后，再用逻辑综合工具把 RTL 级的代码转换成门级网表，并确保电路在时序、面积等参数上达到标准。值得注意的是，整个设计流程是一个不断迭代的过程，任何一步不满足要求都要重新修改之前的设计。

最后进行后端设计，在此阶段先基于网表，对电路进行布局和绕线，再对布线的版图进行包括设计规则检查在内的各种验证。同样，后端设计也是一个迭代的过程，验证不满足要求就必须重复之前的步骤，直至完全满足要求，生成最终的 GDS（geometry data standard）版图。

设计业的最终产品就是各种版图，版图可以说是设计业和制造业之间的桥梁。有了版图就可以制备掩膜版，用于制造业中的光刻工艺环节。根据芯片的复杂程度，所需的掩膜版数量也不同，高端芯片往往需要几十块不同的掩膜版。

在制造业中是如何点石成金或者说点沙成金的呢？首先需要的原材料是石英砂，然后依次制备工业硅、三氯硅烷、多晶硅，再由多晶硅通过直拉法或者区熔法制备单晶硅锭，硅锭再被切割成硅晶圆（wafer）。这一步骤往往由专门的晶圆制造公司来完成。代工厂往往直接采购晶圆用于芯片的制备。芯片的前道工序往往有几百个步骤，主要的工艺有：制备薄膜、光刻、刻蚀、离子注入，以及无处不在的清洗环节。集成电路是典型的平面工艺，需要不断沉积薄膜，然后借助光刻再对薄膜进行刻蚀或者离子注入掺杂处理，这些步骤伴随着每一层薄膜而不断循环使用，直至完成最后的钝化保护层。

再往下，便是后道工序阶段。在这一阶段，之前一同经历“水深（不断清洗）火热（高温工艺）”、“出生入死”的“兄弟”被无情地分隔开。划片后先进行测试，合格的才有资格被封装。封装的主要作用有两个：一个是让芯片和外部连接，提供电接触；另外一个就是保护芯片免受外界环境的污染。封装完成后还要再次进行成品测试，最后合格后才可以交付使用。一颗人类最高智慧结晶的芯片就这样诞生了。

第2章

电子产业的基石——硅

当前，硅仍然是绝大部分芯片的基底材料，也就是说，芯片是在硅衬底上制备的。所以说，硅是半导体产业乃至整个电子产业的基石。但是用于芯片制造的硅必须是拥有极高纯度的单晶硅。本章首先介绍单晶硅的制备方法及晶圆的处理流程，然后讲述硅的“脾性”，接着讨论最简单的半导体器件——PN 结，及由 PN 结构成的最常用的两种晶体管，即双极型晶体管和 MOS 晶体管，最后介绍应力工程 - 应变硅与鳍式场效应晶体管。

2.1 炼丹炉里生长硅

通过前面第 1 章半导体历史的介绍，我们不难发现第一只晶体管和第一块集成电路都是制作在锗晶体上的，可是为什么现在广泛使用的却是硅晶体呢？其实主要有以下四个原因：

① 硅的丰裕度。硅在地壳中的含量十分丰富，地壳中约含 27.6% 的硅元素，在地壳中的含量仅次于氧元素。硅在自然界一般很少以单质的形式出现，主要以二氧化硅和硅酸盐的形式存在。由于多，所以用硅制作芯片成本可以更低。

② 硅有更高的熔化温度，允许更宽的工艺容限。硅的熔点可达到 1414℃，而锗只有 937℃。毫无疑问，更高的熔点会允许在对硅片进行热处理工艺时更加得心应手。而在晶圆加工过程中经常需要用到 1000℃左右的高温，因此用硅可以容许更宽的工艺容限。

③ 硅器件拥有更宽的工作温度范围。硅半导体器件的工作温度比锗的工作温度范围要宽，增加了半导体器件的应用范围和可靠性。

④ 氧化硅（本书中指二氧化硅）的自然生成。硅在不需要加热的自然环境中会和空气中的氧气发生缓慢的化学反应，生成一薄层的氧化硅，这就是自然氧化硅。由于氧化硅较硬，且是高质量、高稳定的电绝缘材料，因此生成的自然氧化硅可以对下面的器件部分起到一个很好的保护作用。正因为这样，有人把氧化硅称作是上帝赋予人类的一个礼物。

那么制备芯片的单晶硅是怎么做出来的呢？它是通过多晶硅提炼得到的。单晶硅和多晶硅有什么区别？我们先来学习一下物质组成的形态。物质的组成有三种基本的形态，分别是单晶、多晶和非晶（也称无定形），如图 2.1 所示。图 2.1（a）为单晶，组成单晶物质的内部原子排列得整整齐齐，是长程有序的；图 2.1（b）为多晶，组成多晶物质的内部原子则是局部排列有序，作为一个整体又是无序的，我们把局部有序的部分称为晶粒，也就是说，多晶内部是由很多不同的晶粒组成的；图 2.1（c）为非晶，其内部的原子排列得杂乱无章，毫无规律可言。在半导体工业中，用来制造大部分芯片的衬底即是单晶硅，多晶硅则可以用来制造场效应管的栅极，非晶的二氧化硅可以起掩蔽层作用或起绝缘层作用。

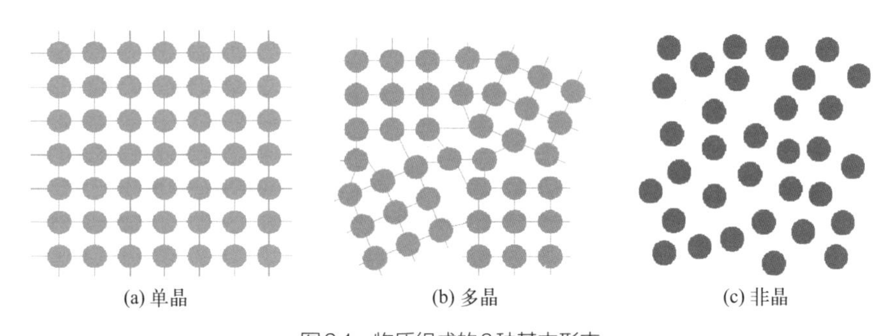

图2.1　物质组成的3种基本形态

下面我们再来看多晶硅的制备过程。如图 2.2 所示，制备多晶硅用到的起始原料是以石英砂为代表的硅土或其他硅酸盐。首先，将石英砂和焦炭放入电热炉内冶炼制得粗硅，也称为工业硅、冶金级硅、金属硅，纯度可达到 98% 左右。然后将工业硅和氯化氢反应，生成三氯硅烷（$SiHCl_3$，也称为三氯氢硅），接着将三氯硅烷蒸馏、精制得到高纯三氯硅烷，使其达到尽可能高的纯度，最后在 1100℃反应炉内用高纯氢气还原高纯三氯硅烷得到高纯多晶硅。电子级高纯多晶硅的纯度要达到 99.9999999%（即 9N）以上。此外，用硅烷（SiH_4）、二氯硅烷（SiH_2Cl_2）、四氯硅烷（$SiCl_4$）都可以制得多晶硅。

得到多晶硅后，我们就要想办法把多晶硅转变为单晶硅。超高纯单晶硅的纯度应该达到 99.9999999% ～ 99.999999999%（9 ～ 11 个 9）。工业上，主要有两

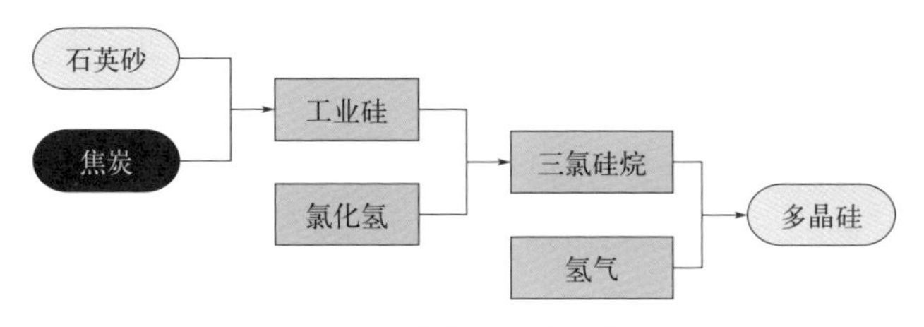

图2.2　制备多晶硅流程

种方法：一种是切克劳斯基（Czochralski）法，简称CZ法，又形象地称为提拉法或直拉法；另一种是区熔（floating zone, FZ）法，亦称为浮区法。把多晶转变成单晶，并给予正确的定向和适量的掺杂，我们把这个过程叫作晶体生长。

这两种晶体生长方法都需要用到籽晶。籽晶是生长单晶的种子，也叫晶种，它呈短棒状或小方块状，必须是单晶状态，具有和所需晶体相同的晶向。籽晶实际上就是提供了一个晶体比较容易继续生长的中心。

区熔法是通过控制温度梯度，将狭窄的熔区移过多晶硅而生长出单晶硅的晶体生长方法，其制备过程是将籽晶置于多晶硅棒的一端，然后将加热线圈向另一端缓慢移动，移开的一端因为温度降低而沿着籽晶取向析出单晶体，随着移动的进行使晶体逐渐生长出来。最后得到的单晶的晶向与籽晶的相同。区熔法由于生长过程中不需要使用石英坩埚，避免了石英中的氧析出，因此可以用来生长低氧含量的晶体。这种方法的缺点是不能生长大直径的单晶，并且生长的晶体有较高的位错（一种缺陷）密度。区熔法得到的晶体主要用在高功率的晶闸管和整流器上。

直拉法是目前半导体工业界用于生长大直径单晶硅的主要方法。直拉法的原理示意如图2.3所示。这种方法首先将原料多晶硅块放入石英坩埚中，在单晶炉中加热融化，再将籽晶浸入多晶硅的溶液中，缓慢地边旋转边向上提拉，由于被拉出的部分没有被继续加热而冷却，便以单晶的形式固化。单晶便在籽晶的作用下不断随着向上提拉而按照籽晶的方向不断长大。最后得到除了顶部是圆锥状，其余是圆柱体的硅棒，称为硅锭。这个生长晶体的单晶炉有点像炼丹炉，经过长时间的历练，长出“仙丹”——单晶硅。“欲速则不达”，正如炼丹时火候要控

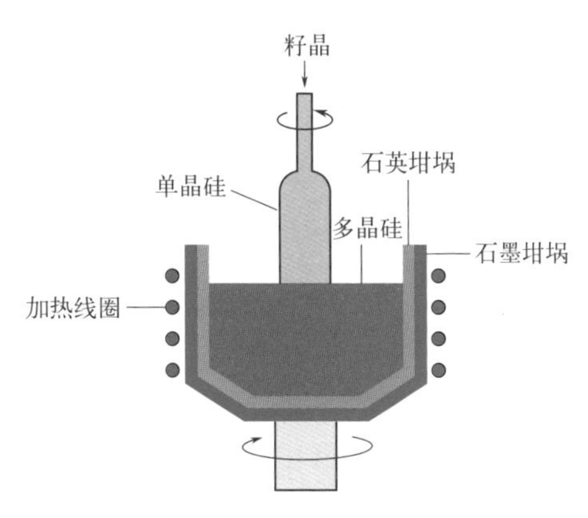

图2.3　直拉法生长单晶硅原理示意

制好，提拉时旋转速度和上拉速度都不能太快，否则硅里面的应力太大、缺陷太多，会影响单晶硅的质量。

直拉法的优点是工艺成熟，可以生长大直径、低位错的单晶硅，但缺点是这种方法难以避免来自石英坩埚和加热装置的杂质污染，尤其是氧杂质。

目前，国内在半导体产业已经可以实现 8 ～ 12 英寸大硅片制造用晶体生长及加工装备的国产化。图 2.4 是浙江晶盛机电股份有限公司开发出的具有完全自主知识产权的全自动单晶生长炉。

单晶硅生长完成得到硅锭后，先要去掉硅锭两端一小部分，这是因为两端的缺陷比较多。然后进行研磨和定位，以标记晶圆不同晶面及掺杂类型，如图 2.5 所示。在单晶中，由一系列原子所组成的平面称为晶面，通常采用晶面指数来确定晶面在晶体中的位向，如常用的（100）晶面。研磨和定位后，接着采用切割机或线锯对硅锭进行切片处理，通过切片得到厚度为 500 ～ 700μm 的硅晶圆。随着半导体产业的发展，硅晶圆的直径也是逐渐变大的，集成电路制造所用的主流晶圆直径从早期的 2 英寸（50mm）、4 英寸（100mm）、6 英寸（150mm）发展到现在的 8 英寸（200mm）、12 英寸（300mm）。那么为什么这样呢？这是因为直径越大的晶圆所能制造的芯片数量越多，芯片的单位成本就越低。同时，作为芯片内主体元件晶体管内部的特征尺寸越小，每个芯片所占的面积也越小，这样在单个晶圆上制备的芯片数量也越多。这就好比锅（圆形平底锅）越大，饼（方形）越小，一个锅内能同时烘焙的饼就越多。由于是大规模批量制造，可以降低芯片的单价，这就是规模经济的力量，这也解释了为什么高科技的芯片价格并不是很高，例如 STC89C52 芯片 9.9 元就能买到。

图2.4　晶盛机电全自动单晶生长炉

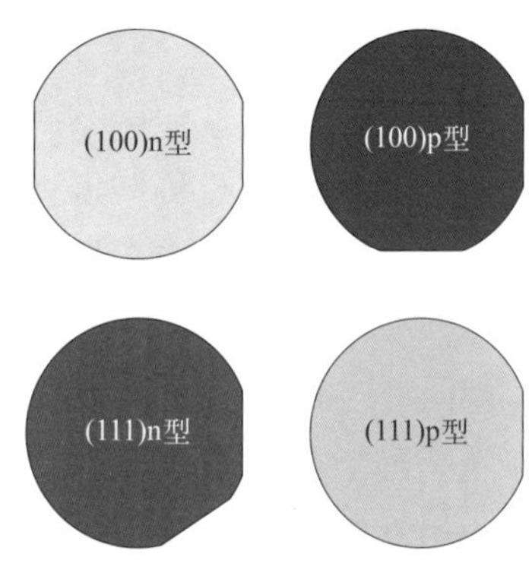

图2.5　不同的晶面及掺杂类型

但是晶圆直径并不是想多大就多大，直径的增加会导致成本急剧增加，对代工企业厂房洁净室洁净度及设备的设计精密度要求变得越来越高。目前全球大约有130家公司拥有6英寸晶圆厂，而拥有8英寸晶圆厂的公司不到90家，拥有12英寸晶圆厂的公司只有24家。尽管已有企业长出18英寸的单晶硅，也有代工企业曾宣布要投产18英寸的晶圆厂，但是高昂的建厂成本让厂商踌躇不前，18英寸的生产线投资要100亿美元以上，因此目前仍然没有正式量产。

切片后需要进行双面的机械磨片以去除切片时留下的物理损伤，达到硅片两面高度的平整，接着对硅片边缘进行倒角抛光处理。为了彻底消除硅片表面的损伤，还需采用化学溶液刻蚀去除硅片表面一薄层，通常刻蚀掉硅片表面约20μm的硅。此后进行化学机械抛光（chemical mechanical polishing, CMP），此举是通过磨料与硅片表面的化学反应和对晶圆旋转研磨的机械作用力共同作用，来促使硅表面变得非常光滑。CMP的作用类似于我们平常刷牙，磨料就相当于牙膏，我们用力刷牙就相当于机械作用。

CMP后进行清洗，并进行硅片质量评估，评估时关注的指标有物理尺寸、平整度、微粗糙度、氧含量、晶体缺陷、颗粒、体电阻率等。最后进行包装，发送到晶圆代工厂，进入制备芯片的正式环节。

2.2 硅的“脾性”

俗话说，“知己知彼，百战不殆”，要想在硅晶圆上成功制备出集成电路芯片，我们首先得了解硅的“脾性”。下面，我们就一起来看看硅有哪些特性吧。

硅（silicon），是一种化学元素，化学符号是Si，旧称矽，中国台湾地区仍然沿用矽这个字。硅的原子序数为14，相对原子质量为28.0855，在元素周期表上处于ⅣA族，是一种类金属元素。英文silicon来自拉丁文的silicis，意思为燧石（火石），它能闪闪发光，像古代的铜镜一样起到光反射的作用。硅的拉丁文还有另外一层意思，即坚硬之石，可见硅是比较硬的材料。同时，硅片还具有比较脆的特性，易碎裂，在夹持硅片时需要小心。硅的常见物理特性如表2.1所示。

从表2.1中可以看到一个有趣的现象，即硅的原子序数是14，而硅的熔点是1414℃。这将有助于我们记住硅的熔点，因为在集成电路制备工艺中经常需要高温工艺，我们要记住，加热的温度千万不能超过硅的熔点。

硅可以在高温下和氧气或水蒸气发生化学反应，生成二氧化硅，此即氧化工艺。在不加热的情况下，也可以和空气中的氧元素发生缓慢的化学反应，生成自然氧化硅层。

表2.1　硅的常见物理特性

名称	硅	键长	2.352Å
符号	Si	密度	$2.33g/cm^3$
原子序数	14	熔点	1414℃
相对原子质量	28.0855	沸点	2900℃
弹性模量	190GPa	反射率	28%
比热	700J/（kg·K）	泊松比	0.22 ～ 0.28

注：1Å=0.1nm。

对硅的腐蚀分为湿法和干法两种。在集成电路制备的前道工序中往往用干法刻蚀，在等离子体中含氟的化合物先生成氟的游离基 F·，继而和硅发生化学反应，生成气态的 SiF_4，排出反应腔。湿法腐蚀可以用酸性溶液也可以用碱性溶液。最常用的各向同性湿法硅腐蚀液 HNA，由氢氟酸、硝酸和乙酸混合而成，其中硝酸对硅进行氧化，氢氟酸与氧化硅反应形成可溶解的化合物 H_2SiF_6，乙酸的作用是防止硝酸分解成硝酸根或亚硝酸根，促使硝酸对硅进行氧化。各向异性腐蚀液一般用碱性腐蚀液，如 KOH、NaOH、NH_4OH 等。所谓的各向同性腐蚀指的是刻蚀剖面在所有方向上（纵向和横向）以相同的刻蚀速率进行刻蚀，各向异性则相反。湿法腐蚀可以用在集成电路制备后道工序封装前的减薄硅片步骤，更多的是用于制备微机电系统（MEMS）微纳米结构，尤其是可活动部件的制备。

表 2.1 中键长指的是硅原子核与另一个硅原子核之间的平均核间距离，不同的硅原子之间是通过共价键连接在一起的。我们知道每个硅原子核周围有 14 个电子，其中内层 2 个、中间层 8 个、外层 4 个，它们都围绕着原子核旋转。最外层的 4 个电子，我们称为价电子。当某个硅原子与别的硅原子相遇形成固体时，这个硅原子会和它周围相邻的 4 个硅原子互相共享 4 个价电子，从而每个硅原子都能形成 8 电子的稳定结构，如图 2.6 所示。

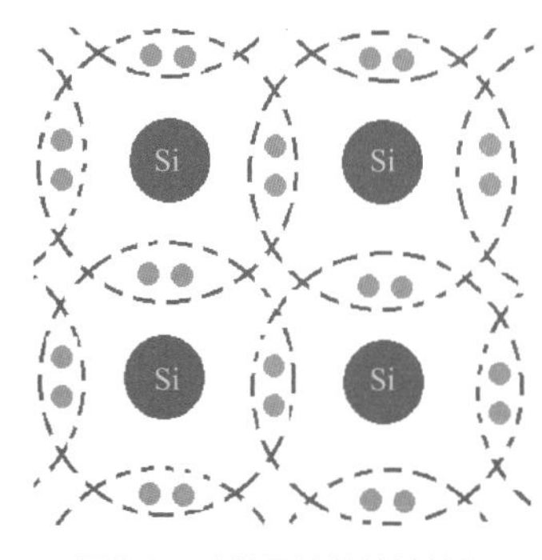

图2.6　硅单晶的共价键结构

硅形成单晶时，它的原子密度为 $5\times10^{22}cm^{-3}$，即每立方厘米大小的硅单晶里面有 5×10^{22} 个硅原子。只要温度不是绝对 0K，总有一小撮价电子不安分，想脱离原子核对它的束缚。温度越高，这股“势力”越活跃。在室温下（300K 左右），每立方厘米硅内约有 1.5×10^{10} 个电子“得逞”，脱离原子核的束缚，变成自由电子。温度越高，自由电子获得的外部诱惑（能量支持）越大，就会有更多的自由电子产生，呈指数级增加。

电子脱离原子核的束缚后，产生两个后果。一个是自由电子本身可以到处游荡，从而为电流的流动提供便利条件，它是一种带负电的载流子。另一个后果是某个电子走了后，会在原来的地方留下一个空位［图 2.7（a）中 A 处］，我们把这个空位形象地称为空穴。别的不安分的电子［图 2.7（b）中 B 处］就会来填充这个空穴，从而相当于空穴从 A 处移动到 B 处。其本质仍然是价电子从 B 处到 A 处的移动。只不过，我们为了区分自由电子，把价电子填充空位的过程称为空穴的流动，这同样为电流的流动提供了条件。由于电子带负电，所以空穴是一种带正电的载流子。半导体内有两种载流子：自由电子和空穴。这区别于金属导体，金属内部只有自由电子可以参与导电。

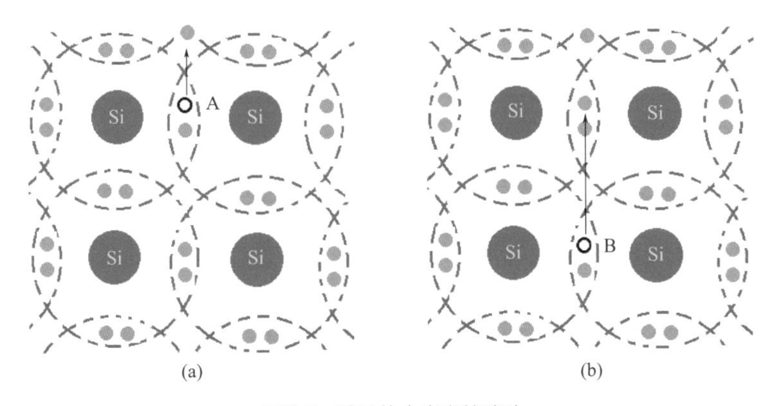

图2.7　硅晶体中空穴的移动

纯净的半导体我们称为本征半导体，其内的载流子称为本征载流子。本征半导体里，有一个自由电子产生，也就会有一个对应的空穴产生，它们是成对的，数量上是相等的。1.5×10^{10} 这个数字看上去很大，但和硅原子总数量相比，还是微乎其微的，因此，本征半导体的导电性是微弱的。当向本征半导体内部掺入外来杂质时，情况就会发生变化，导电性能会大幅改观。

当向硅中掺入磷、砷等 V 族原子时，它们会在热能的驱使下占据硅晶格的位置。以磷为例，一个磷原子有 5 个价电子，除了和相邻的 4 个硅原子互相分享电子形成 8 电子稳定结构外，必然有额外的 1 个价电子，这个价电子几乎 100% 会脱离原子核对它的掌控，形成自由电子。这时候，半导体里自由电子浓度应该等于原来本征载流子浓度再加上由于掺杂而贡献的自由电子。由于掺杂浓度往往较高，如在 $10^{15}\sim10^{20}\text{cm}^{-3}$ 之间，显然远远大于室温下的本征载流子浓度 $1.5\times10^{10}\text{cm}^{-3}$，所以自由电子浓度近似等于掺杂浓度。相比之下，空穴就少得可怜。这时候，多数载流子（简称多子）是电子，少数载流子（简称少子）是空穴，我们把这种掺入Ⅴ价元素形成的半导体称为n型半导体（n是negative的缩写，意为多子是带负电的）。

当向硅中掺入Ⅲ价元素，如硼时，它们同样会占据硅原来的位置，但是它们只有3个价电子参与共享，少了1个电子，相当于多了1个空穴。因为空位必然会有别的价电子来填充它，相当于掺硼提供的空穴进行了移动。同样，由于掺杂浓度远远高于本征载流子浓度，这时空穴浓度近似等于掺杂浓度，电子少得可怜。这时，多子变成了空穴，我们把由掺入Ⅲ价元素导致空穴占主导地位的半导体称为p型半导体（p是positive的缩写，意为多子是带正电的）。

2.3 半导体器件的基础——PN结

将一块p型半导体和一块n型半导体结合在一起，就会在两者交界处形成一个特殊的薄层，称为PN结。在一块p型半导体的局部再掺入杂质浓度较大的五价元素，从而在局部形成n型半导体，这个行为称作杂质补偿作用，从而形成反型层，这样在两者交界处同样会形成PN结。同样的道理，在一块n型半导体的局部再掺入杂质浓度较大的三价元素，也会形成PN结。PN结是诸如二极管、双极型晶体管、MOS晶体管等半导体器件的基础。

我们来看看当p型半导体和n型半导体初始接触时，会发生什么现象。如图2.8所示，由于p区中空穴是多子，n区中空穴较少，这样空穴必然会从浓度高的地方向浓度低的地方移动（从左向右），这种现象称为扩散。同样，n区中自由电子是多子，p区中自由电子较少，电子也会从浓度高的地方向浓度低的地方扩散（从右向左）。这样，在中间的交界处，空穴和自由电子相遇就会“同归于尽”（物理上称为复合），形成一个载流子浓度很低的一薄层区域，这个PN结区域阻值很高，因此称为高阻区，也称为耗尽层、势垒区或空间电荷区（层）。PN结形成的同时，边界处余下的杂质离子建立起内建电场，方向是由带正电荷的杂质离子（如磷离子，由于失去一个多余的价电子，因此磷离子带正电）指向带负电荷的杂质离子（如硼离子，硼原子由于提供了一个空穴而变成带负电的硼离子）。内建电场形成后，将会阻碍多子的扩散运动，同时将n型半导体里的少子——空穴推向左边，将p型半导体里的少子——电子推到右边。我们把载流子在电场作用下的运动称为漂移运动。最终，扩散和漂移两股敌对势力达成动态平衡，在交界

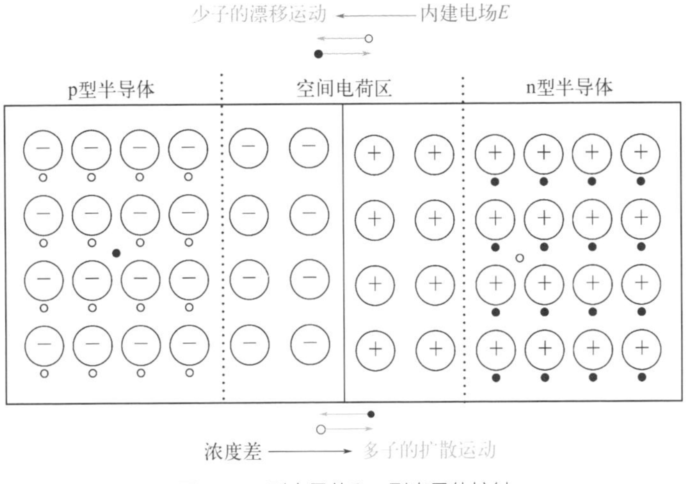

图2.8　p型半导体和n型半导体接触

面处就会形成稳定的空间电荷层。

当在PN结两端加上电压后，这种平衡就会被打破。如果p型半导体接电源正极，就称为正向偏置，简称正偏。如图2.9（a）所示，当PN结正向偏置时，由于外加电场的方向和内电场方向相反，在外电场的作用下，内电场将会被削弱，使得空间电荷层变窄，扩散运动因此增强，大于漂移运动。正偏时，电流是由多数载流子在外电场力的驱动下源源不断地通过PN结，形成较大的扩散电流，此时的PN结正向压降很小，呈现为低电阻，称为正向导通。正偏时，正向电流会随着电压的增加而指数级地增加。

如果n型半导体接电源正极，就称为反向偏置，简称反偏。如图2.9（b）所示，当PN结反向偏置时，由于外加电场的方向与内电场一致，增强了内电场，使得空间电荷层变宽，多数载流子扩散运动减弱，此时漂移运动大于扩散运动。反偏时，只有少数载流子的漂移运动形成反向电流。由于少数载流子数量很小，故反向电流是很微弱的。PN结在反偏时呈现高阻特性，称为反向截止。反偏电压在一定范围内时，反向电流基本不变，也称为反向饱和电流，这个电流会随着温度的上升而增加，这是由于温度上升提供的热能会促使更多的本征载流子涌现出来参与导电。

由此，我们得出一个重要结论：PN结两端加上正向电压，PN结导通，两端加上反向电压，则截止。在PN结两端加上电极引线和管壳就得到二极管，二极管是最简单的半导体器件。二极管的本质还是PN结，具有正向导通、反向截止的特性，因此二极管具有单向导电性，起到一个开关的作用。

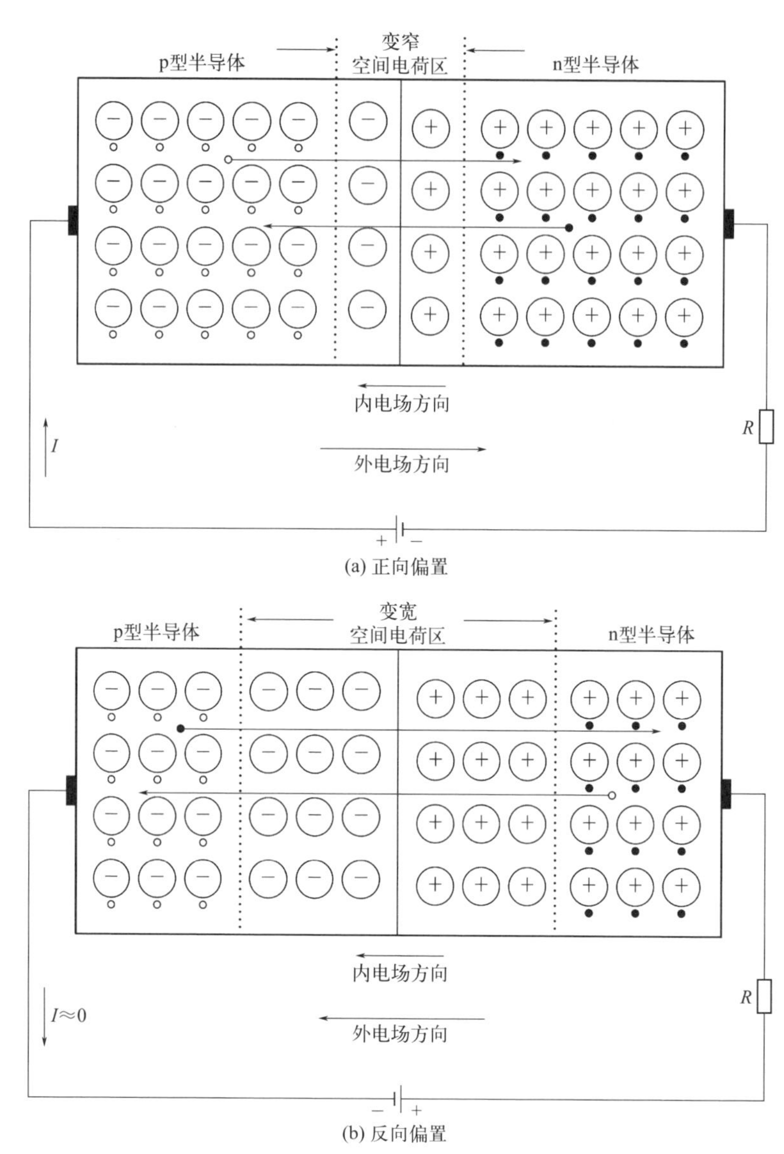

图2.9 PN结两端加上正向偏置与反向偏置

PN结还具有电容特性，分为扩散电容和势垒电容。当PN结正偏时，多子扩散到对方区域后，在PN结边界附近会有积累，并具有一定的浓度梯度，积累的电荷量会随着外加电压而变化，从而引起电容效应，称为扩散电容。势垒电容指的是当外加在PN结两端的电压发生变化时，空间电荷区中的电荷量发生变化而引起的电容效应。

2.4 双极型晶体管

双极型晶体管的全称是双极性结型晶体管（bipolar junction transistor, BJT），这种晶体管工作时涉及电子和空穴两种载流子的流动，因而得名双极型。双极型晶体管俗称三极管，因为它是一种具有三个终端的电子器件，分别是发射极（emitter, E）、基极（base, B）、集电极（collector, C），这三个极分别连接内部的三个区：发射区、基区、集电区。双极型晶体管有两种基本结构类型：NPN 型和 PNP 型。图 2.10（a）给出了 NPN 的结构示意。不管哪种结构类型，其本质都是由两个背靠背的 PN 结构成的。其中发射区和基区之间的 PN 结称为发射结，基区和集电区之间的 PN 结称为集电结。

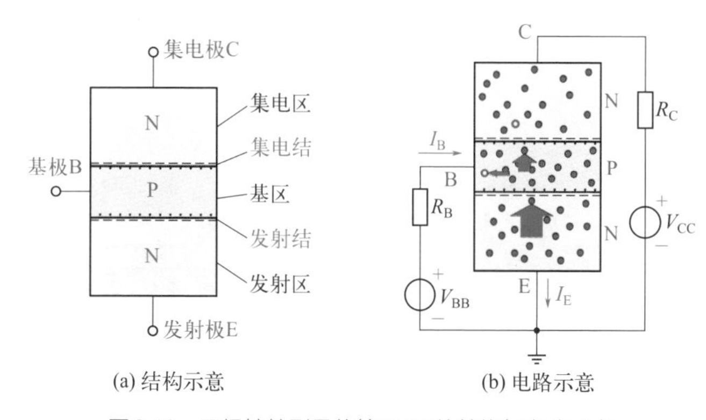

图2.10　双极性结型晶体管NPN的结构与电路示意

双极型晶体管的妙处在于，可以用很小的基极电流来控制发射极和集电极之间较大的电流，起到一个电流放大的作用。我们仍以 NPN 晶体管为例，通过讨论其内部载流子的运动规律来解释其电流放大作用。将 NPN 晶体管接入如图 2.10(b) 所示的电路中，注意 V_{BB} 和 V_{CC} 的极性，以确保发射结正偏、集电结反偏，这其实是晶体管实现放大作用的外部条件。

首先，发射区向基区大量扩散电子。因发射区电子是多子，浓度远高于基区里电子浓度，因此发射区的电子可以向基区扩散，并且它可以源源不断地从电源负极补充进电子，从而形成发射极电流 I_E。当然，基区里的多子空穴也同样会通过扩散运动向发射区移动，但因为在制作晶体管时，基区的掺杂浓度较低，因此相比较而言，这部分电流可以忽略不计。在分析晶体管内部载流子运动时，我们经常采取的策略就是抓大放小，抓住问题的主要矛盾。

接着，电子在基区发生了激烈的战斗。从发射区过来的电子部队在基区遇到了小股敌人——基区的空穴，不得已它们损失了一小部分电子，和空穴同归于尽——复合。基区电压的正极补充被复合掉的空穴，构成了基极电流 I_B。大部队仍然顽强地抵达了集电区。显然，在基区复合掉的电子越多，到达集电结的电子就越少，这不利于晶体管的放大作用，因此在制作晶体管时，往往使得基区做得很薄，且掺杂浓度较小，这是晶体管实现放大作用的内部条件。

最后，集电区收集从发射区扩散而来的电子。因为集电结是反向偏置的，因此集电区的自由电子并不会向基区扩散，反而可以将发射区扩散过来的自由电子拉入集电区，进入集电极的电源正极，从而形成集电极电流 I_C。

通过分析，我们发现 I_C 比 I_B 大得多，可以用电流放大系数 $\beta \approx I_C/I_B$ 来表示这种放大能力。

图 2.11 给出了一个经典的 NPN 晶体管的截面图。下面就让我们一起来看看它是如何一步一步制作出来的。这里主要讲述其大概的制备流程，具体的工艺细节将在后面章节讨论。

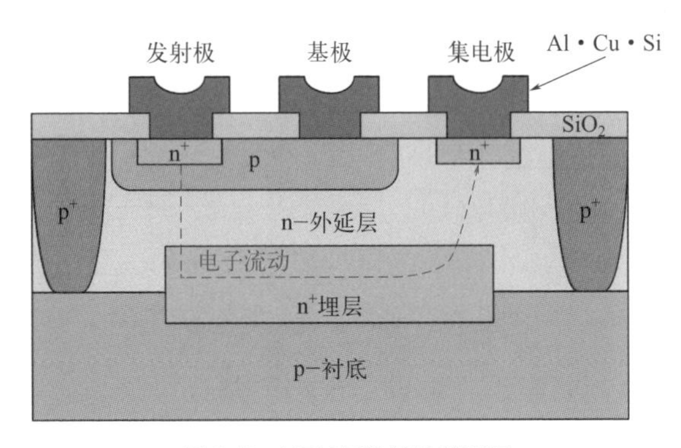

图2.11 NPN晶体管的截面图

首先是埋层的制作（图 2.12）。该工艺是要降低衬底的电阻，以防止芯片在运行中出现闩锁效应（latch-up）。有源区中的 n-p-n-p 结构会产生寄生晶体管 NPN 和 PNP，当其中一个晶体管正偏时，就会构成正反馈形成闩锁，以致引起晶体管无意识地开启。必须想办法去除闩锁效应，去除的方法有很多种，制作埋

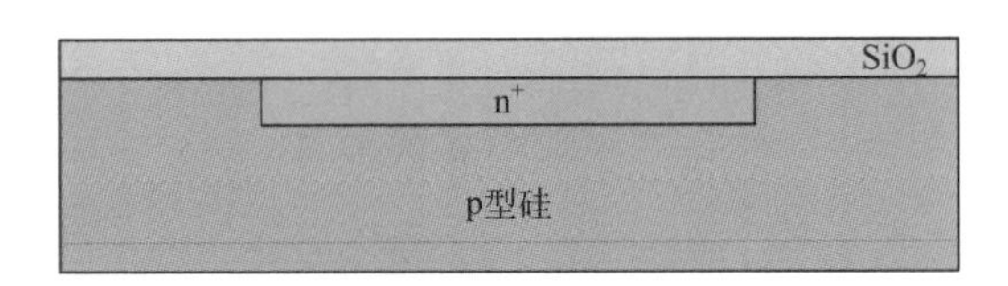

图2.12 NPN晶体管制备步骤——埋层的制作

层是其中的一种工艺方法。这里采用离子注入的工艺方法进行掺杂，实现埋层的制作。图 2.12 中的 n^+ 表示是重掺杂，即掺杂浓度较高。

然后是外延层的制作（图 2.13），制备外延层是为了让晶体管生长在更为纯净的基底上，正如前文所述，最下面的硅晶圆由于直拉法坩埚的影响会混入氧杂质。

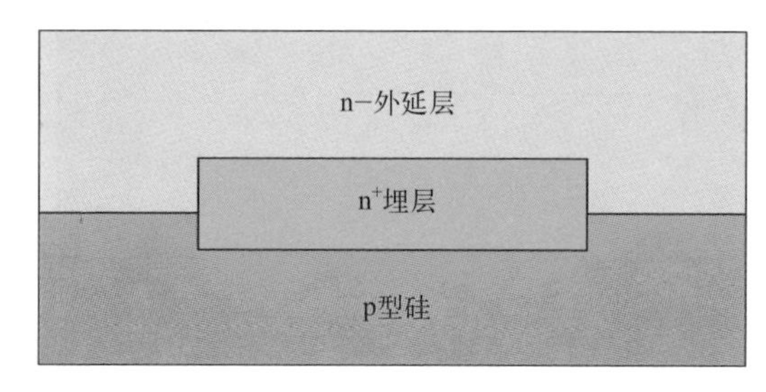

图2.13　NPN晶体管制备步骤——外延层的制作

接着是隔离注入工艺（图 2.14）。这一步起到隔离不同的晶体管的作用。我们知道一个芯片由很多晶体管组成，晶体管之间必须进行有效的隔离才行。

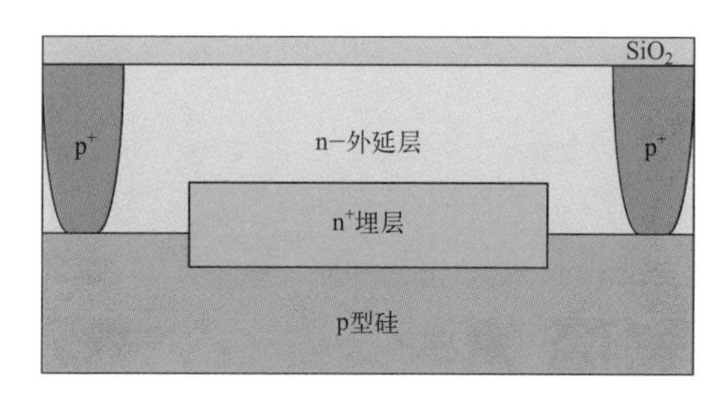

图2.14　NPN晶体管制备步骤——隔离注入工艺

下一步，才是制作三极管的三个区（图 2.15）。这里为了节省篇幅，将三个区的制作放在一起介绍了。其实，在具体工艺时是要分开来的，要通过不同掩膜版的光刻和不同掺杂源的离子注入，来分别制作发射区、集电区和基区。

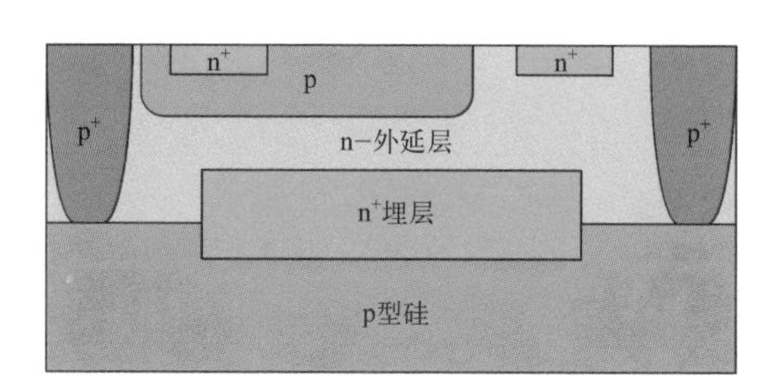

图2.15　NPN晶体管制备步骤——制作三极管的发射区、集电区和基区

再下一步，沉积二氧化硅绝缘层，光刻、刻蚀形成通孔，再沉积金属，通过

光刻、刻蚀来制备发射极、基极和集电极（图 2.16），采用的金属是铝铜硅合金（Al·Cu·Si），其中铝是主要成分。

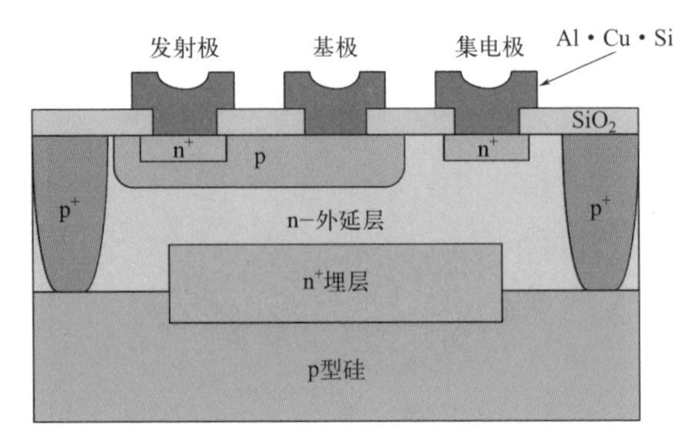

图2.16　NPN晶体管制备步骤——制备发射极、基极和集电极

最后是钝化层的制作（图 2.17），采用的工艺是化学气相沉积（chemical vapor deposition, CVD），采用的材料是二氧化硅。制作钝化层的目的是将芯片和空气中的潮气及环境中的污染隔离，起到保护芯片的作用。

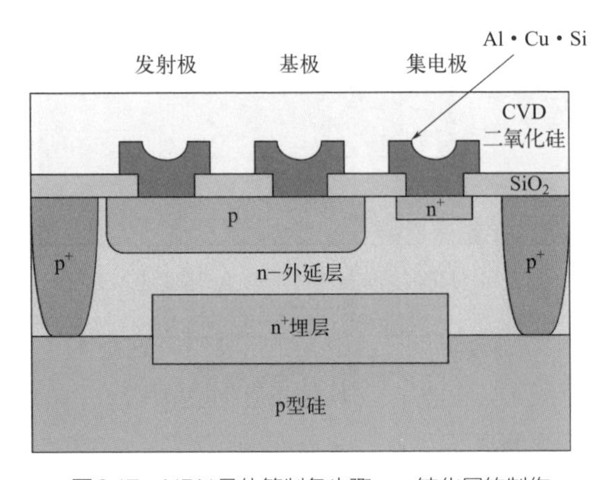

图2.17　NPN晶体管制备步骤——钝化层的制作

2.5 MOS 管

MOS 是 MOSFET（metal-oxide-semiconductor field-effect transistor）的缩写，表示金属 - 氧化物 - 半导体场效应晶体管。场效应（晶体）管是利用控制输入回路的电场效应来控制输出回路电流的一种半导体器件，并因此得名。它仅靠半导

体中的多数载流子导电，故又称为单极型晶体管，有别于我们上节讨论的双极型晶体管。场效应晶体管（field effect transistor, FET）有多种类型，除了 MOS 管外，还有结型场效应晶体管（junction field-effect transistor, JFET）、金属 - 半导体场效应晶体管（metal-semiconductor field-effect transistor, MESFET）、无结场效应晶体管（junctionless field-Effect transistor, JLFET）、量子阱场效应晶体管（quantum well field-effect transistor, QWFET）等。其中，MOS 管最为常用。它具有输入电阻高、功耗低、噪声小、易集成等众多优点，可广泛应用在模拟电路与数字电路中。和 BJT 相比，MOS 管占据了市场的绝对主导地位。

MOS 管分为 NMOS（N 沟道型）管和 PMOS 管（P 沟道型），它们都是绝缘栅场效应管。将 NMOS 和 PMOS 组合在一起就组成了常用的 CMOS（complementary metal oxide semiconductor，互补金属氧化物半导体）器件。图 2.18 给出了 NMOS 的结构示意。它也有三个电极，分别是源极（source, S）、栅极（gate, G）、漏极（drain, D），可分别对应于双极型晶体管的发射极、基极和集电极。

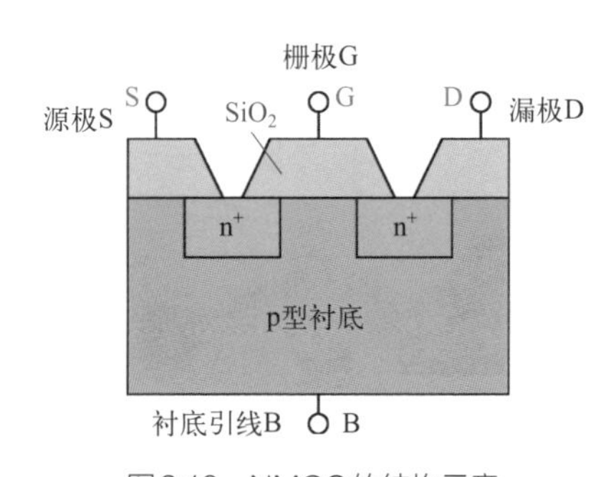

图2.18　NMOS的结构示意

如图 2.19 所示，将源极接地，漏极接电源 V_D，当栅极不加电压时，源区和漏区之间由于没有导电沟道，因而源区中的电子不能流动到漏区，因此没有电流流过。当栅极加正电压，并达到一定程度时，将会吸引 p 型衬底中的少子——电子聚集到栅极和衬底的交界处，使得衬底表面形成布满电子的反型层（原来这里是 p 型，现在反转成 n 型），这个反型层提供了一个绝佳的电子通道，可以让源区的电子源源不断地向漏区运送，从而形成了电流。因此，MOS 管是电压控制器件，它的本质是用栅极电压来控制源极和漏极间的电流。把开启场效应管所需的最低栅极电压称为阈值电压。栅极就像一个开关一样，当它关上（栅极电压 < 阈值电压或移除栅极电压），源漏间的电流就不能通过；当它打开（栅极电压 > 阈值电压），源漏间的电流就能流通。

图 2.20 给出了一套典型的 NMOS 管制备工艺流程。首先在硅衬底外延得到

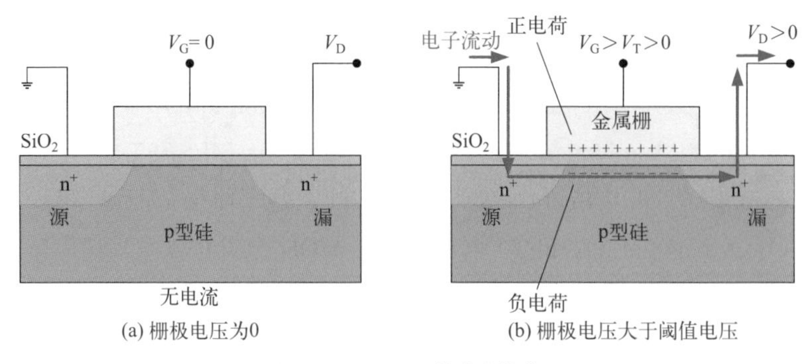

图2.19　NMOS的电学性能

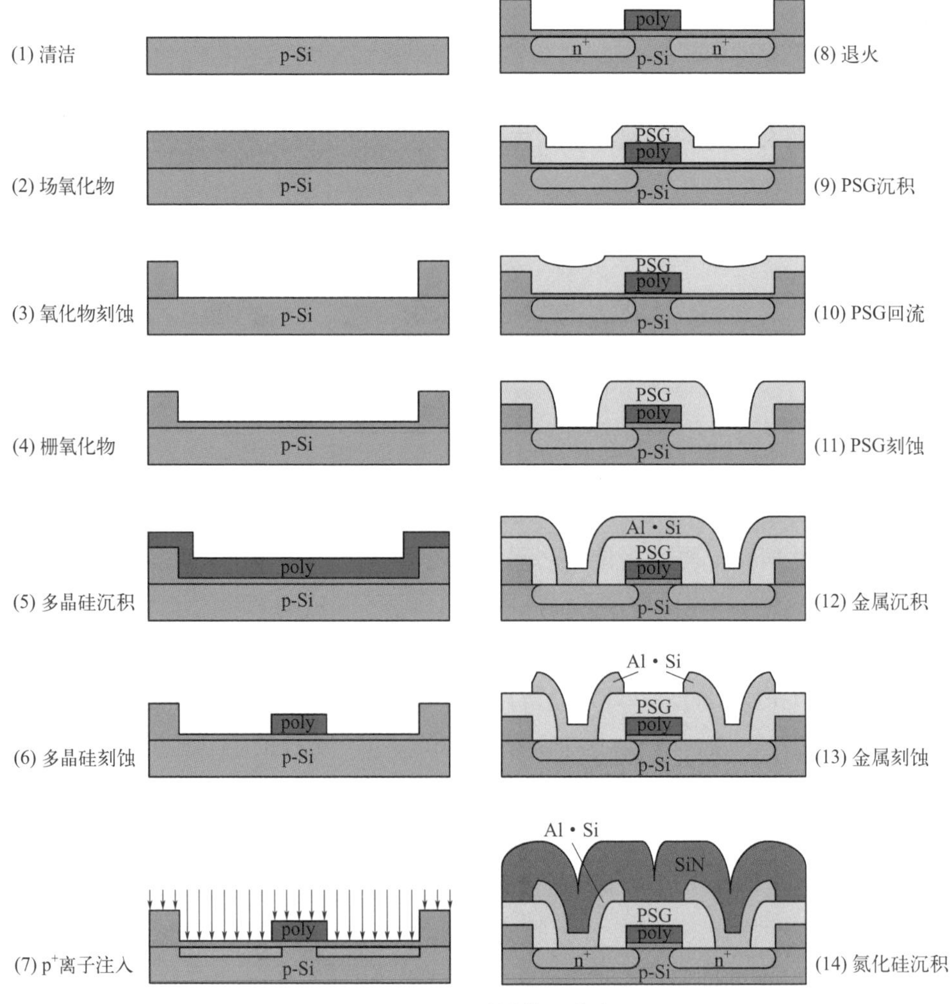

图2.20　NMOS的制备工艺流程

一层外延层，目的依然是获得低氧含量的硅单晶，此即是 MOS 管里的 S 部分（semiconductor，半导体）。然后通过先氧化、后光刻及刻蚀制备场氧化物，起到隔离不同 MOS 管的目的。接下来通过氧化的方式制备栅氧化物，此即是 MOS 管里的 O 部分（oxide, 氧化物）。下一步是沉积多晶硅，光刻、刻蚀得到多晶硅栅，此即 MOS 管里的 M 部分（metal, 金属），多晶硅虽然不是真正的金属，但是经掺杂后它的导电性还可以，且易于进行集成电路工艺，故代替了早期的金属铝。然后开始制作源区和漏区，先光刻开出窗口，再进行磷离子的离子注入工艺，并进行退火。再下一步是沉积介质层，材料采用的是磷硅酸盐玻璃 PSG，先沉积，再回流，目的是让其表面变得平坦些，从而为后续的光刻工艺提供条件。接下来就是对 PSG 进行光刻和刻蚀。然后沉积金属，这里采用的是铝硅合金，然后光刻和刻蚀制备好金属连线。最后，沉积氮化硅钝化保护层。

2.6 应力工程－应变硅

传统 CMOS 器件通过不断缩小特征尺寸来提供更好的器件性能和更高的集成度。但是，随着特征尺寸的持续缩小，传统的 MOS 结构所要求的更薄栅氧化物和更高的沟道掺杂会使得器件产生高漏电和低性能。所以需要通过新技术来提升载流子的迁移率以维持摩尔定律。人们想到了通过应变硅（strained silicon）来提升迁移率。利用现有硅生产线制造出的应变硅 MOSFET 与同尺寸普通硅 MOSFET 相比，功耗减少 1/3，速度可提高 30% 左右。所谓应变硅技术指的是通过应变材料产生应力，并把应力引向硅器件的沟道，从而提高载流子迁移率及速度并增加器件驱动电流的一项技术。应力工程比较复杂，它和很多因素有关系，如能带理论、应变材料、器件类型、晶格常数、晶向、应力等。2002 年，Intel 发布将应变硅技术应用于 90nm CMOS 工艺中，从此应变硅技术正式登上历史舞台。

在晶体中，构成晶体的最基本的几何单元称为晶胞。晶格常数指的就是晶胞的边长，它是晶体结构的一个重要基本参数，例如硅的晶格常数是 5.431Å，锗的晶格常数是 5.653Å。在晶体中，任意两个原子之间的连线称为原子列，其所指方向称为晶向。通常采用晶向指数来确定晶向在晶体中的位向，如 <100>、<110>。晶向表明晶体的一个基本特点：具有方向性，沿晶格的不同方向晶体性质不同。

物体由于外因（受力、湿度、温度场变化等）而变形时，在物体内各部分之间产生相互作用的内力，以抵抗这种外因的作用，并试图使物体从变形后的位置恢复到变形前的位置。张应力（tensile stress）就是单位面积上物体对使物体有拉伸趋势的外力的反作用力，张应力也称为拉应力。压应力（compressive stress）就是单位面积上物体对使物体有压缩趋势的外力的反作用力。

具体来说，对于 NMOS 器件，当张应力作用于 <100> 和 <110> 晶向沟道时，NMOS 器件的速度会随着应力的增加而增大；而压应力作用在其上时，NMOS 器件的速度会随着应力的增加而减慢。而对于 PMOS 器件情况完全不同，不管是张应力还是压应力，几乎不会对 <100> 沟道的 PMOS 器件速度产生影响，但会对 <110> 沟道的 PMOS 器件产生影响：当压应力作用于 <110> 晶向沟道时，PMOS 器件的速度随着应力的增加而增大；拉应力作用于 <110> 晶向沟道时，PMOS 器件的速度随着应力的增大而减慢。总之为了提高器件速度，NMOS 需要向 <100> 和 <110> 晶向沟道引入张应力，PMOS 需要向 <110> 晶向沟道引入压应力。

图 2.21 给出了普通硅与应变硅的对比示意，其中图（a）为普通硅，图（b）为应变硅。在硅锗（SiGe）衬底上淀积 Si 薄膜时，由于 Si 的晶格常数小于 SiGe 合金的晶格常数，它们之间存在晶格失配，硅薄膜在平行衬底的方向上受到张应力，硅晶格被拉伸从而形成应变硅层。应变硅技术能够拉大硅原子之间的距离，减小电子通行所受到的阻碍，载流子得以更顺利地在源极和漏极之间流动，芯片速度和性能得以提升，同时器件整体发热量和能耗都会降低。反之，当 SiGe 薄膜淀积在 Si 衬底时，薄膜在平行于衬底方向受到压应力，这种结构更适合应用于 PMOS 器件。

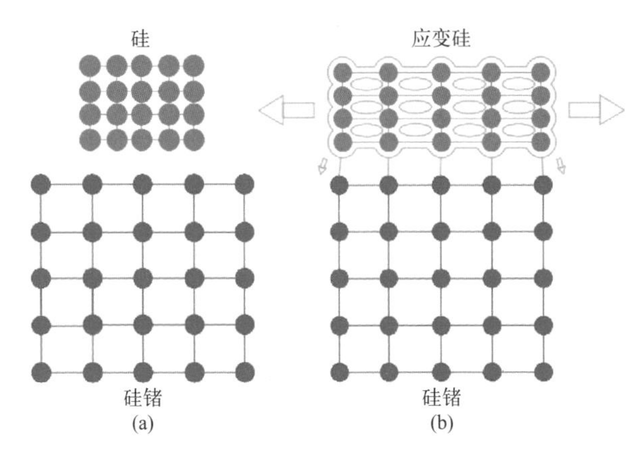

图2.21　普通硅与应变硅的对比示意

在实际业界应用中，主要有四种应变硅工艺：嵌入式 SiGe 工艺、嵌入式 SiC 工艺、应力记忆技术、接触刻蚀阻挡层应变技术。下面对这四种工艺做简要介绍。

嵌入式 SiGe 工艺通过在 PMOS 器件的源、漏区刻蚀出凹槽，随后通过外延生长嵌入 SiGe 应变材料，利用 Ge、Si 晶格常数不同所产生的压应力，从而提高 PMOS 中空穴的迁移率，增大载流子的运行速度。

嵌入式 SiC 工艺可以提高 NMOS 器件的性能。由于 C 原子的晶格常数为 3.57Å，SiC 的晶格常数小于纯硅，把 C 原子放入源漏区单晶硅晶格中所产生的张应力会作用于 NMOS 沟道，提高电子的迁移率。嵌入式 SiC 工艺首先通过选择性刻蚀硅衬底，在 NMOS 源漏区形成凹槽，然后通过多次淀积和刻蚀，在凹槽硅衬底处选择性生长 SiC 薄膜。

应力记忆技术（stress memorization technique, SMT）是利用氮化硅薄膜张应力提高 90nm 及以下工艺制程中 NMOS 器件速度的一种应变硅技术。在 CMOS 器件上淀积高应力的覆盖层氮化硅薄膜后，通过高温退火将应力传递给源漏区，再通过源漏区把应力传递给沟道。神奇的是，即使通过酸槽去除应力覆盖层氮化硅薄膜后，应力仍会被它们记忆，故这项技术称为应力记忆技术。SMT 的张应力在提高 NMOS 速度的同时会降低 PMOS 的速度，因此在淀积氮化硅薄膜后，需增加一次光刻和刻蚀以去除 PMOS 区域的氮化硅薄膜，以避免 SMT 影响到 PMOS 的速度，然后再进行高温退火。

SMT 仅可用来提高 NMOS 的速度，当工艺发展到 45nm 以下时，业界迫切需要开发新的应力技术来提升 PMOS 的速度。于是，人们在 SMT 的基础上开发出了接触刻蚀阻挡层（contact etch stop layer, CESL）应变技术，它利用不同的氮化硅薄膜分别产生张应力（来提升 NMOS 的速度）和压应力（来提升 <110> 晶向上 PMOS 的速度）。在 CMOS 工艺流程中，通常会生长一层氮化硅作为半导体器件和后段金属互连线之间的金属前通孔（contact）的刻蚀阻挡层。随着半导体工艺的发展，对器件速度的要求越来越高，这一道刻蚀阻挡层被赋予了更多的责任，工程师们可以通过调整工艺来调制应力类型，从而对 NMOS 和 PMOS 均产生正面的影响。人们利用先沉积氮化硅薄膜，再用紫外光照射的工艺来提供张应力的氮化硅薄膜，用来提高 NMOS 的速度；利用高、低双频射频电源的淀积工艺形成压应力的氮化硅薄膜，用来提高 PMOS 的速度。

2.7 鳍式场效应晶体管

随着集成电路工艺的特征尺寸缩小到22nm，短沟道效应变得愈发严重。短沟道效应指的是随着MOS管导电沟道长度降低到几十纳米，甚至几纳米量级时，晶体管出现的不同于长沟道MOS管特性的现象。这些效应主要包括阈值电压随着沟道长度降低而降低、载流子表面散射、由于隧穿效应而使电流饱和失效、在沟道出现高电场等。此时仅仅依靠提高沟道掺杂浓度、减薄栅氧化层厚度、降低源漏结深等来改善短沟道效应遇到了瓶颈。这促使人们在改进传统平面型晶体管的结构上想办法。

鳍式场效应晶体管（fin field-effect transistor, FinFET）是一种新的互补式金属氧化物半导体晶体管。该项技术的发明人是加州大学伯克利分校的胡正明教授。FinFET是源自传统的晶体管——场效应晶体管（FET）的一项创新设计，其结构如图2.22所示。在传统晶体管结构中，栅极位于沟道的正上方，只能在栅极的一侧控制沟道的导通与截止，源极、漏极、栅极都在一个平面，属于平面架构。而在FinFET的架构中，栅极则是三面包围着沟道，能通过三面的栅极来控制沟道的导通与截止，栅极被设计成类似鱼鳍的叉状3D架构，源极、漏极、栅极不在一个平面。这种设计使栅极缠绕在沟道周围，可从沟道的三个侧面进行出色的控制。

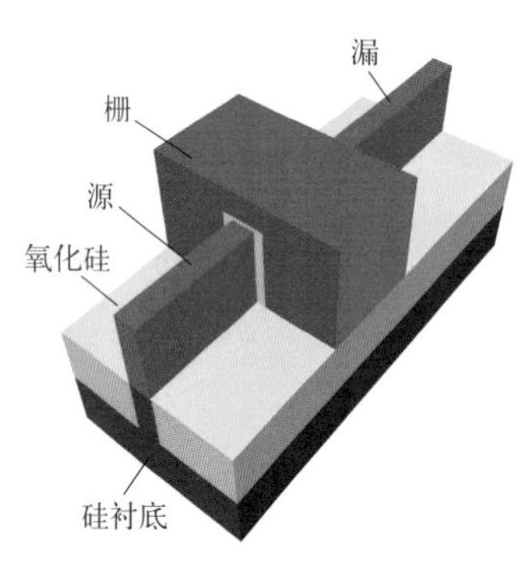

图2.22 鳍式场效应晶体管示意

FinFET器件可以缩短晶体管的栅长，无需重掺杂沟道，能够有效地抑制器件的短沟道效应，大幅改善电路控制能力并减少漏电流，同时载流子的迁移率和器件速度也得到大幅提升。自22nm技术节点由Intel首次实现FinFET结构器件的量产，台积电、三星相继开发量产了16及14nm FinFET工艺，并开发至如今的5nm工艺，FinFET已成为重要的半导体器件。FinFET是将摩尔定律一直延伸到5nm的最有前途的器件技术。

第3章 芯片制造的战略支援部队

制造芯片是一项复杂的系统工程，需要方方面面的支持。比较成规模的两个支撑行业分别是半导体设备行业和半导体级化学用品制备行业。此外还需要制备净化间来生产芯片，在芯片制备的时候还要对其进行测量，因此还需要各种测量仪器。另外，要对集成电路设计的掩膜版进行制备以供光刻工艺使用。本章将分别对此展开介绍。芯片制备需要来自各行各业的人才队伍，如微电子、材料、化学、物理、机械等，他们可能来自代工厂，也可能来自大学或科研机构及行业协会。

3.1 比手术室还干净的地方——净化间

芯片的制备必须在一个非常洁净的环境下进行，这个环境即净化间（clean room）或者无尘室。这个洁净程度要比手术室还高。我们知道，手术室为了防止感染，对洁净度要求非常高，不但要求地面、台面干净，而且必须铺上无菌单，使用无菌器械，层流手术间会采用空气洁净措施将空气中的尘埃颗粒过滤，使细菌没有传播的载体。生产芯片的净化间不光要求厂房内没有细菌，还要求无静电释放、无灰尘、无有机物沾污、无金属颗粒沾污、无有害气体等。可见，其要求更高。本节我们先讨论良率的重要性，接着介绍沾污的类型与来源，最后对净化间的结构进行阐述。

3.1.1 良率——半导体制造的生命线

良率一词来自中国台湾，其实就是合格率的意思，对应的英文是 yield。由于台湾芯片代工业比较发达，所以很多术语都被广泛使用。对于一条芯片生产线来说，最重要的无非两点，一个是产量，另一个就是良率。如果产量上去了，良率较低，那么企业就会亏损。只有产量和良率都上升，企业才能盈利。在历史上，Intel 做存储芯片的良率比日本公司差 10% ～ 15%，后来才被迫走 CPU 路线。下面我们讨论一个具体案例，来进一步增加对良率重要性的认识。

假设某晶圆制造公司购买一片 8 英寸晶圆的成本是 \$100，在其上可以制造 100 个微处理器。制造这款微处理器的前道工艺成本为 \$400，如果前道工艺完成后发现良率为 10%，后通过工艺改进依次提升到 50% 和 90%。假设其他土地、厂房、设备和人力等成本平摊到单个晶圆上的成本是 \$10。公司对良好的芯片进行封装，封装成本在每个芯片 \$2。该款处理器出售价格为每个 \$50，请问该公司在三种不同的良率下每个晶圆能亏损或盈利多少？

我们先来看良率 10% 的情况。成本 =100+400+10+100×10%×2=530（\$），售价 =100×10%×50=500（\$），亏损 =530−500=30（\$）。

再来看提升到 50% 的情况。成本 =100+400+10+100×50%×2=610（\$），售价 = 100×50%×50=2500（\$），盈利 =2500−610=1890（\$）。

最后当良率为 90% 时，成本 =100+400+10+100×90%×2=690（\$），售价 = 100×90%×50=4500（\$），盈利 =4500−690=3810（\$）。

从中，我们可以看出，良率 10% 的时候，公司是亏损的，因为前期的晶圆购置和在晶圆上制备芯片的成本已经花费了，良率太低，就会造成亏损情况。当良率上升到 90% 时，公司开始大幅盈利。事实上，一般一个成熟的产品，良率都会要求在 90% 以上。

那么如何才能提高良率呢？我们一方面可以从工艺革新和工艺集成上考虑，减少总的工艺步骤数可以降低颗粒的数量。假设每道工序的良率都是 99%，那么经过 400 道工序后，总的良率是多少呢？总良率应该等于 $0.99^{400} \approx 1.8\%$，可见良率已经非常低了。从图 3.1 中可以看出，随着工艺步骤数的增加，尽管每一次工艺后都进行了清洗硅片的操作，但颗粒数还是随着工艺步骤的增多而不断增多。显然颗粒数的增加意味着良率的降低，为此我们需要从工艺设计的角度出发，尽量减少总的工艺步骤数，从而提高良率。

另外一个方面就是构建净化间，并确保用到的化学品足够纯净，最大限度地降低沾污对良率的影响。

3.1.2 沾污的类型与来源

沾污指的是芯片制造过程中引入半导体硅片的任何危害芯片良率及电学性能

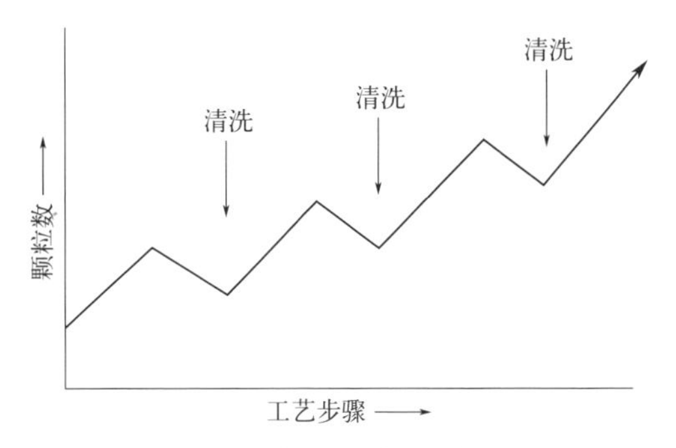

图3.1　颗粒数随工艺步骤增多而增加

的不希望有的物质。沾污的类型主要有：颗粒、金属杂质、有机物沾污、自然氧化层以及静电释放。

颗粒是指能黏附在硅片表面的小物体。由于现代集成电路芯片内部晶体管的结构尺寸越来越小，颗粒往往能引起电路开路或短路，为此，可接受的颗粒尺寸必须小于最小器件特征尺寸的一半。

金属杂质由于具有导电性，尤其是碱金属杂质会严重危害半导体芯片。金属杂质可能来源于化学溶液、化学品传输管道、容器，也可能来自半导体制造中的各种工艺本身，如离子注入工艺。金属离子在半导体材料中是具有高度活动性的，称为可动离子沾污（mobile ion contamination, MIC）。当 MIC 引入到硅片中时会在整个硅片中移动，这会严重损害半导体器件的电学性能和长期可靠性。

有机物沾污来源包括细菌、润滑剂、有机物蒸气、清洁剂、溶剂等。有机物沾污会降低栅氧化层的致密性，并且导致表面的清洗不够彻底。

如果硅片暴露于空气或溶解氧的去离子水中，硅片表面将会被氧化，生成自然氧化层。自然氧化层的厚度随暴露时间的增长而缓慢增加。尽管自然氧化层有时候可以起到很好的保护作用，但是在不希望有的时候，它又变成了一种沾污类型，因为它会妨碍其他工艺步骤的进行，并增加接触电阻。

静电释放（electro-static discharge, ESD）产生于两种不同静电势的材料接触或摩擦之时。当静电荷从一个物体向另一物体未经控制地转移时，就可能会损坏芯片。虽然 ESD 静电总量很小，但晶体管内部空间也很小，这意味着电荷的积累区域也很小，这样峰值电流甚至可达 1A 左右，足够蒸发金属导线和穿透氧化层。此外，放电也可能是栅氧化层被击穿的诱因。硅片表面一旦有了电荷积累，它产生的电场还会引起次生灾害，即吸引其他颗粒到达硅片表面引起沾污。

上述各种沾污的来源也是非常广泛的，如图 3.2 所示。这些来源主要有人、生产设备、工艺本身、工艺用化学品、工艺气体以及空气、厂房、水等。在这些来源中，占比最大的就是人，这是因为人每天上下班都需要进出净化间，从而带来了外界的颗粒和有机物沾污，这些沾污来源于皮屑、衣物纤维屑、头发和头发用品等。因此人在进入净化间之前必须穿净化服。净化服是高技术膜纺织品或密织的聚酯织物，它对≥ 0.1μm 的颗粒具有 99.999% 的过滤级别。要求净化服能对身体产生的颗粒进行抑制、零静电积累，同时要求无化学和生物残余物的释放。

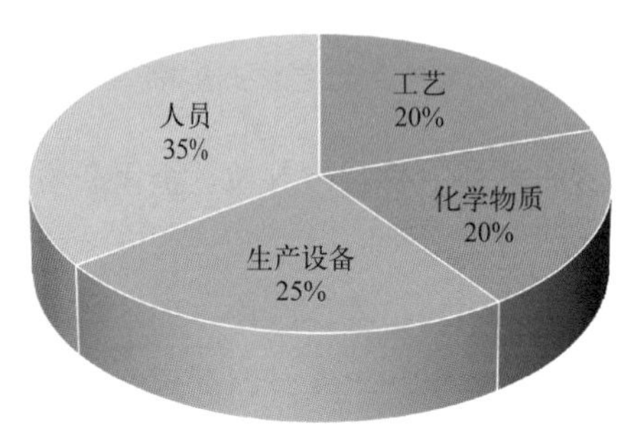

图3.2 各种沾污来源及占比

工作人员进入净化间前一定不能化妆，戴手表、戒指等首饰，必须穿好净化服和专用鞋子，戴好帽子和手套，总之是只露出眼睛，全副武装后才能进入。穿好净化服后，还需通过风淋室（air shower）才能进入净化间。风淋室是进入净化间所必需的通道，可以减少进出净化间所带来的污染问题。经高效过滤器过滤后的洁净气流由可旋转喷嘴从各个方向喷射至身上，从而有效而迅速地清除颗粒等沾污。据统计，人类活动释放的颗粒数如表 3.1 所示。这要求工作人员在净化间必须又轻又慢地进行必要的走动，不可在净化间跑动、跳跃，更不能吃东西等。

表3.1 人类活动释放的颗粒数

颗粒来源	每分钟产生大于 0.3μm 的平均颗粒数 / 万
静止（静坐或站立）	10
移动头、手臂、脖子、身体	50
以 2km/h 的速度步行	500
以 3.5km/h 的速度步行	750
最干净的皮肤［每平方英尺（1 平方英尺≈ 929.03 平方厘米）］	1000

生产设备和工艺本身也是沾污的主要来源。真空环境的抽取和排放、自动化的硅片装卸和传送、清洗和维护过程、诸如旋转手柄和开关阀门之类的机械操作都有可能引入沾污，半导体设备的腔体内也会有剥落的副产物积累在腔壁上。

另外一个主要的沾污来源则是化学品的使用，在芯片的制备过程中要用到很多各种化学试剂和气体，这些都有引入沾污的可能。对于化学试剂，必须选用半导体级别纯度的，它经过各种过滤——颗粒过滤、微过滤、超过滤、反渗透过滤后，将颗粒数尽量降低，对于可动离子沾污（MIC）要小于1ppm（百万分之一），甚至可以达到1ppb（十亿分之一）。对于气体，也必须使用超纯气体，气体流必须经过提纯器和气体过滤器以去除杂质和颗粒。对于腐蚀性气体，过滤器用金属材质，如镍。其他气体过滤器可采用聚四氟乙烯。

芯片制造过程中需要不断地清洗硅片，要用到大量的水。这里的水必须是去离子水（de-ionized water, DI water），为了尽量降低水对集成电路造成的沾污影响，要求去离子水中不能有颗粒、细菌、硅土、溶解氧、溶解离子、有机材料等。用于硅片加工的去离子水也被称为18兆欧水，因为水中离子被大量去除，它的电阻率要在18MΩ·cm以上。水中的细菌可以通过紫外灯来杀灭。

净化间里一些附属物件，如笔、纸张、存储柜等也需特别提供。对进入净化间的任何物品必须在缓冲间内对外部表面用消毒剂消毒灭菌，然后经物流缓冲间、传递窗1h以上，经过无菌空气吹干后方可送入净化间。

3.1.3 净化间的结构

集成电路芯片加工必须在净化间进行。净化间是低颗粒密度的人工环境。净化间的结构示意如图3.3所示。净化间是一个相对密封的环境，它的地板是抬高和镂空的，即地板上有空洞，以保证内部的气流是从上向下的。其内部有很多高效颗粒过滤器以过滤环境中的颗粒沾污。除了控制颗粒，净化间内还需保持可控的气压、温度和湿度。

净化间是有级别的，图3.3中工艺区的级别是100级，设备区的级别是1000级。以100级为例，意味着每立方英尺（1立方英尺≈0.028立方米）中直径≥0.5μm

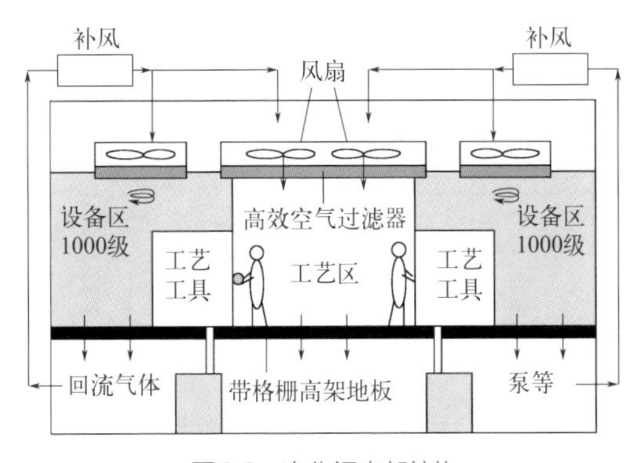

图3.3　净化间内部结构

的颗粒最多允许 100 个。如果是超细颗粒（0.1 级），颗粒尺寸的要求则缩小到 20～30nm。净化级别前数字越小，表示允许的颗粒数量越少，净化级别就越高。

对净化间建设的一些基本要求有：内部配置有大型空调设备、大型鼓风机和过滤网，以保持恒定的温度和湿度，保证净化空气中的颗粒等沾污；气流方向从上向下，优化机台摆放位置，使得颗粒留存的时间尽可能缩短；所有建材需以不易产生静电吸附的材质为主；配套的氮气需要高纯度，吹干晶圆表面的氮气纯度要在 99.8% 以上。

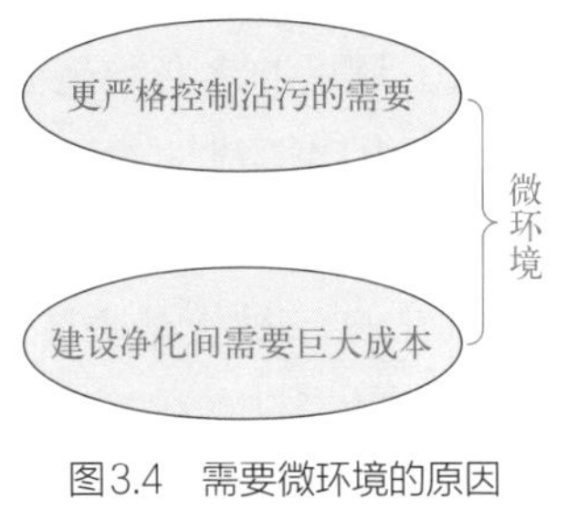

图3.4 需要微环境的原因

随着晶体管特征尺寸越来越小，对净化间的级别要求越来越高，相应地，建造成本也越来越高。例如 100 级的净化间，其建造费用高达 30000 元 /m^2。为了既考虑成本的因素，又能更严格地控制沾污，人们提出了微环境的概念，即在局部空间（如核心工艺区）实现更高级别的净化，如图 3.4 所示。

3.2 半导体制造中的化学品

俗话说，“巧妇难为无米之炊”，在集成电路工艺中需要用到大量的化学品，包括大量的化学溶液和气体，本节将介绍这两大类化学品。

3.2.1 化学溶液

芯片制造中常用的酸有氢氟酸、硫酸、盐酸、磷酸、硝酸等，它们的符号和用途如表 3.2 所示。

表 3.2 中的氢氟酸在半导体制造工业中主要用于和二氧化硅反应，以刻蚀二

表3.2 芯片制造中常用的酸

名称	符号	用途
氢氟酸	HF	刻蚀二氧化硅，清洗石英器皿
氢氟酸和氟化铵溶液	HF、NH_4F	缓冲氢氟酸溶液，刻蚀二氧化硅薄膜
硫酸	H_2SO_4	食人鱼溶液的组成部分，清洗硅片
盐酸	HCl	RCA2 号标准洗液的组成部分，去除硅片中的金属沾污
磷酸	H_3PO_4	刻蚀氮化硅
硝酸	HNO_3	HNO_3 和 HF 的混合溶液用来刻蚀磷硅酸盐玻璃

氧化硅或者清洗石英器皿。由于该反应较快，因此可通过往氢氟酸溶液中加氟化铵溶液的办法制备缓冲氢氟酸溶液（BHF, buffered HF），用于刻蚀二氧化硅薄膜，也可以用往氢氟酸溶液中加去离子水的方法制备稀释的氢氟酸溶液（DHF, diluted HF）来减缓反应速率。

大家都知道浓硫酸是比较危险的，其实氢氟酸也是非常危险的一种酸。在国外实验室里，氢氟酸可以单独享有一个水槽，而浓硫酸并没有这个待遇，它和其他化学试剂共用一个水槽。氢氟酸（hydrofluoric acid）是 HF 气体的水溶液，它是一种清澈、无色、发烟的腐蚀性液体，有剧烈刺激性气味。虽然氢氟酸是一种弱酸，但它本领却不弱，具有极强的腐蚀性，能强烈地腐蚀金属、玻璃和氧化硅等。如果不慎吸入 HF 蒸气或接触氢氟酸，会对皮肤造成难以治愈的灼伤。氢氟酸对皮肤、眼睛、呼吸道、消化道黏膜均有刺激和腐蚀作用。氟离子进入血液或组织会与钙镁离子结合，生成不溶或微溶的氟化钙和氟化镁，量大的话直接堵塞血管，最终会影响心血管系统和中枢神经系统的功能。氢氟酸接触部位会明显感觉到灼伤，它会使组织蛋白脱水和溶解，并迅速穿透角质层，渗入组织内部。因此在操作氢氟酸时，需要小心处理，必须戴好橡胶手套。

表 3.2 中的硫酸往往不单独使用在硅片清洗中，而是和双氧水混合使用，组成食人鱼溶液（piranha），又称为水虎鱼溶液，常用的食人鱼溶液是由 7 份 98% 的浓硫酸和 3 份 30% 的双氧水混合而成。水虎鱼生活在南美洲奥里洛科河和亚马孙河流域，体长最长可达 50cm，鱼身粗胖，颚宽大，牙齿犹如剃刀，可相互扣紧。水虎鱼的食物通常是鱼，但如果寻觅不到日常吃的食物，饿坏了的它们就会袭击那些大型动物，还有人类，甚至是它们的同伴。可见，这种溶液亦是非常危险的。食人鱼溶液主要去除硅片表面的有机沾污和金属沾污。

表 3.2 中的盐酸可以和双氧水、去离子水按 1∶1∶6 ～ 1∶2∶8 的配方组成 2 号标准清洗液，该配方由美国无线电公司 RCA 提出，故可称为 RCA 2 号标准洗液（SC-2）。在温度 75 ～ 85℃使用，存放时间为 10 ～ 20min。可用于去除硅片中的金属沾污。

RCA 1 号标准洗液（SC-1）则是由氢氧化铵、双氧水、去离子水按 1∶1∶5 ～ 1∶2∶7 配方组成，主要用途是去除硅片上的颗粒。RCA 1 号标准洗液和 RCA 2 号标准洗液都有改进的配方，即增加去离子水的比例。如 RCA 1 按 NH_4OH∶H_2O_2∶H_2O=1∶4∶50 进行配比。

半导体制造中常用的碱除了氢氧化铵（NH_4OH）外，还有氢氧化钠（NaOH）、氢氧化钾（KOH）、氢氧化四甲基铵（TMAH）。其中，NH_4OH 是清洗剂，NaOH

和 KOH 可用于湿法刻蚀硅，KOH 和 TMAH 是正性光刻胶显影剂。

最后，我们再来看看芯片制造中常用的溶剂，如表 3.3 所示。其中去离子水用量最大，可以说在集成电路工艺的各环节，需要反复用到去离子水进行清洗硅片。丙酮和异丙醇是通用的清洗剂。三氯乙烯为可燃液体，遇到明火、高热能够引发火灾爆炸等危险。二甲苯为无色透明有芳香味的液体，是苯环上两个氢被甲基取代的产物，二甲苯虽然是强清洗剂，但是它有一定的毒性，还有一定的致癌性。

表3.3 芯片制造中常用的溶剂

溶剂	英文名	用途
去离子水	DI water	广泛用于清洗硅片及稀释清洗剂
丙酮	acetone	通用的清洗剂
异丙醇	IPA	通用的清洗剂
三氯乙烯	TCE	用于硅片及一般用途的清洗剂
二甲苯	xylene	强清洗剂，还可用于去除硅片边缘光刻胶

批量使用的液态化学品的输运是通过批量化学材料配送（bulk chemical distribution, BCD）系统完成的，BCD 系统由化学品源、化学品输送模块和管道系统等组成。对于使用量很少或者在使用前存放的时间有限的化学品显然不适合用 BCD 系统来输送，而是采用定点输送的方式。

3.2.2 气体

芯片制造中常用的气体可分为用量比较大的通用气体和用量较小的特种气体两大类。

对于通用气体，要求控制纯度在 7 个 9 以上，即 99.99999%。常用的通用气体有氮气（N_2）、氧气（O_2）、氢气（H_2）、氩气（Ar）、氦气（He）。氮气可用在工艺腔中去除残留在腔体内的湿气和残余气体，也可用作淀积工艺的工艺气体；氧气可以用于氧化工艺；氢气可作为外延工艺的运载气体，也可用在氧化工艺中与氧气反应生成水蒸气；氩气可用于工艺腔中，作为溅射用气体；氦气可用作工艺腔气体，也可用于真空室的漏气检查。

通用气体可通过批量气体配送（bulk gas distribution, BGD）系统输送，其优点是：提供可靠且稳定的气体供应，尽量减少气体供应中的人为因素，减少引入杂质微粒的沾污源接触机会。用量大的气体可以通过远距离地下管道系统由气体供应商输运给半导体制备厂。

而对于特种气体，要求控制纯度在 4 个 9 以上（99.99%）。特种气体通常用

100lb（1lb=0.4536kg）钢瓶运送到半导体工厂，再用局部气体配送系统输送到工艺反应室。

常用的特种气体有氢化物、氟化物、酸性气体等，现将它们的用途列于表 3.4。

表3.4　芯片制造中常用的特种气体

气体种类	气体	符号	用途
氢化物	硅烷	SiH_4	气相淀积工艺中的硅源气体
	二氯硅烷	SiH_4Cl_2	
	四氯化硅	$SiCl_4$	
	正硅酸四乙酯	TEOS	气相淀积工艺的二氧化硅源气体
	磷烷	PH_3	n 型硅片离子注入工艺中的掺杂源气体
	砷烷	AsH_3	
	乙硼烷	B_2H_6	p 型硅片离子注入工艺中的掺杂源气体
氟化物	四氟化碳	CF_4	等离子刻蚀工艺中的氟离子源气体
	四氟乙烯	C_2F_4	
	三氟化氮	NF_3	
	六氟化钨	WF_6	金属淀积工艺的钨源气体
	三氟化硼	BF_3	p 型硅片离子注入工艺中的掺杂源气体
	四氟化硅	SiF_4	淀积、刻蚀和注入工艺中的硅和氟离子源气体
	三氟化氯	ClF_3	工艺腔体清洁气体
酸性气体	三氯化硼	BCl_3	p 型硅片离子注入工艺中的掺杂源气体和金属刻蚀工艺中的氯源气体
	氯气	Cl_2	金属刻蚀工艺中的氯源气体
	氯化氢	HCl	工艺腔体清洁气体
其他气体	一氧化碳	CO	刻蚀工艺用气体
	一氧化二氮（又称笑气）	N_2O	与硅反应生成二氧化硅的氧源气体
	氨气	NH_3	淀积工艺中的氮源气体

3.3 半导体设备

半导体专用设备泛指用于生产各类半导体产品所需的生产设备。半导体制备时，每一个主要工艺步骤都需要用到对应的半导体设备，如光刻需要光刻机，沉积薄膜需要反应炉，溅射需要溅射机，干法刻蚀需要反应离子刻蚀机，离子注入需要离子注入机，化学机械抛光也需要对应的 CMP 设备。因此半导体设备行业也是一个非常重要的支撑行业，处于半导体产业链的上游。当前，美国对我们半导体产业的封锁，一方面体现在集成电路设计里的 EDA 仿真软件，另外一方面就是高端的半导体设备，尤其是高端的光刻机。

国际半导体产业协会（Semiconductor Equipment and Materials International, SEMI）预计 2023 年全球半导体设备市场规模将达 1425.5 亿美元，保持高速增长趋势。从细分产品来看，光刻机、刻蚀机、薄膜沉积设备为半导体设备的三大核心设备，分别占比24%、20%、20%，其次为测试设备和封装设备，分别占比 9% 和 6%。常用的芯片（中后道）测试设备有：测试机、分选机、探针台等。

从国际上看，虽然中国半导体设备市场占比逐年增加，但目前主要生产企业集中于欧美、日本、韩国。其中具有代表性的企业包括美国应用材料（AMAT）、荷兰阿斯麦（ASML）、美国泛林半导体（Lam Research）、日本东京电子（Tokyo Electron）和美国科磊（KLA-Tencor）等，它们凭借起步早、研发早以及资金技术等优势占据了全球半导体设备市场的绝大多数份额。表 3.5 给出了不同工艺中的常用半导体设备及代表性企业名单。

表3.5　常用半导体设备及代表性企业

半导体设备	代表性企业
光刻机	荷兰 ASML，日本尼康，日本佳能，上海微电子
涂胶与显影设备	东京电子，日本迪恩士，德国苏思微，芯源微
刻蚀机	泛林半导体，东京电子，中微公司，北方华创
氧化炉	应用材料，日本日立，东京电子，北方华创
CVD 设备	泛林半导体，东京电子，北方华创
PVD 设备	日本 Evatec，日本 Ulvac，北方华创
离子注入机	美国 Axcelies，凯世通，中科信
CMP 设备	日本 Evatec，华海清科，电科装备 45 所
清洗设备	日本迪恩士，东京电子，泛林半导体，北方华创
质量检测设备	美国科磊，日本日立，上海睿励，上海微电子
电学检测设备	泰瑞达，爱德万，东京电子，长川科技

3.4 半导体测量

在半导体制备过程中，需要不断对制备好的部分进行各种性能的测试。例如薄膜的应力与厚度，表面接触角、折射率及缺陷情况，台阶覆盖，关键尺寸，套准精度，掺杂浓度，电容 - 电压测试等。下面对这些指标的测量及所需的测量仪器做一个概述。

在制备薄膜时，薄膜上很可能会引入局部应力。尤其是半导体工艺中很多需要采用热处理工艺，加热温度很高，薄膜和下面衬底材料的热膨胀系数不同，也会引入热应力。这时我们就需要对这个应力进行评估，因为应力过大的话，会造成衬底形变，并产生可靠性问题。可以通过分析由于薄膜淀积造成的衬底曲率半径变化来进行应力测量。

薄膜厚度的测量可以采用四探针法。四探针法测试时四根探针置于样品表面，通过输入直流信号，采集探针间的电压信号，通过换算关系得到样品电阻率，通过测量薄膜的方块电阻，然后由方块电阻和电阻率推算出薄膜厚度。薄膜厚度的测量还可以采用椭偏仪进行。这种方法是非破坏、非接触的光学薄膜厚度测试方法，但是这种方法比较适合测量几纳米厚度的透明薄膜或半透明薄膜。此方法的基本原理是用线性的偏振激光源打在样品上，当光在样品中发生反射时，变成椭圆的偏振，偏振光由通过一个平面的所有光线组成。椭偏仪测量反射得到的椭圆形，并根据已知的输入值就可以精确地测定薄膜的厚度。

薄膜表面的性质非常重要。有不同的指标可以衡量薄膜表面的情况，如接触角、折射率及表面缺陷情况等。接触角度仪可以用来测量液体与硅片表面的黏附性，并计算表面能。接触角可以表征硅片表面的参数，如清洁度、光洁度和亲疏水性。有氧化物和 RCA 清洗的硅片表面是亲水性表面，接触角小于 90°；刚经过氢氟酸腐蚀的无氧化物表面由于氢终结了表面，是疏水性的，接触角大于 90°。

折射是透明物质的一种特性，它表明光通过透明物质的弯曲程度。折射率的改变则表明薄膜中有沾污。折射率的测量可以通过干涉和椭圆偏振技术来进行。

缺陷情况的检测可以通过显微镜来进行。比较大的颗粒和划伤缺陷可以借助于光学显微镜，光学显微镜可以放大千倍左右，而对于细小的缺陷，必须借助电子显微镜进行。电子显微镜可以放大几十万倍。常用的电子显微镜可分为扫描式电子显微镜（scanning electron microscope, SEM）和透射式电子显微镜（transmission electron microscopy, TEM）两种。SEM 利用聚焦的高能电子束来扫描样品，通过光束与物质间的相互作用来激发各种物理信息，对这些信息收集、放大、再成像以达到对物质微观形貌表征的目的，SEM 测量时一般要求表面具有一定的导电性。图 3.5 给出了一个测试字母 S 的 SEM 图像，其被放大了 8 万倍。TEM 成像是通过电子枪发出高速电子束经 1 ～ 2 级聚光镜会聚后均匀照射到样品上，入射电子与样品会发生碰撞，大部分电子穿透样品，其强度分布与所观察样品区的形貌、组织、结构一一对应，投射出样品的电子经放大投射到荧光屏上，荧光屏负责把电子强度分布转变成人可以识别的光强分布，从而实现成像的目的。由于电子的穿透能力很弱，因此 TEM 观测的样品必须很薄。TEM 还可以对各种材料的物质内部微结构进行观察，也可以进行电子衍射分析、晶体结构及晶体性能的研究。

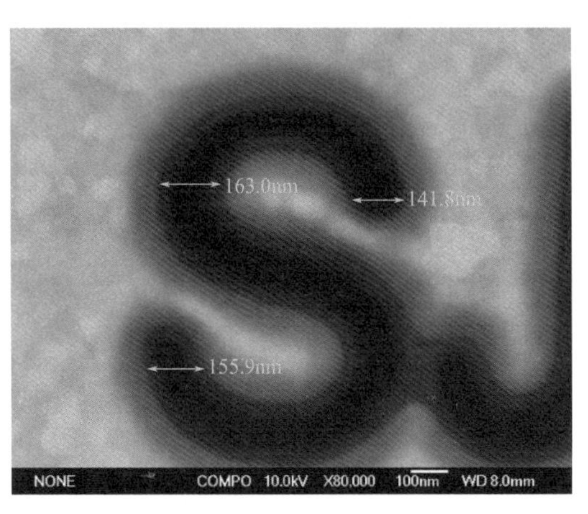

图3.5　测试字母S的SEM图像

良好的台阶覆盖要求有厚度均匀的材料覆盖于台阶的全部区域，包括侧墙和拐角。衡量台阶覆盖能力可借助于表面形貌仪（台阶仪）来测量。

要达到对产品所有线宽的准确控制，必须能够对关键尺寸（critical dimension, CD）进行准确测量。专门用于关键尺寸测量的扫描电子显微镜称为关键尺寸扫描电子显微镜（critical dimension scanning electron microscope, CDSEM）。

在集成电路制备过程中，需要多次光刻。光刻要求掩膜版上的图形与硅片表面上存在的图案准确对准，这种特性指标就是套准精度。在光刻时应尽量提升套准精度，使套刻误差在容限范围内，从而提升光刻工艺的质量。随着特征尺寸的不断缩小，套刻标记的容差减少，掩膜版上的图形标记与硅片上的图形对准已经变得富有挑战性。可以使用自动套刻测量仪将掩膜版专用套刻图形与刻蚀在硅片表面的套刻标记进行比较，用相干探测显微镜（coherence probe microscope, CPM）测量套准精度。

杂质原子在半导体中的分布情况会直接影响到半导体器件的性能，对掺杂浓度的测量有很多方法，如四探针法、电容 - 电压（C-V）特性测试、二次离子质谱仪（secondary ion mass spectrometry, SIMS）等。二次离子质谱是通过高能量的一次离子束轰击样品，使样品表面的原子或原子团吸收能量而从表面发生溅射产生二次离子，这些带电离子经过质量分析器后就可以得到关于样品表面信息的图谱。

MOS 器件的可靠性高度依赖于栅结构中高质量的氧化层。氧化层中的可动离子沾污（MIC）和其他不希望的电荷可能会导致正常的阈值电压发生漂移，从而使器件失效。因此需要在氧化工艺后用电容 - 电压测试进行检测。

除了上述介绍的测量仪器外，半导体制造中常用测量仪器还有聚焦离子束（focused ion beam, FIB）、原子力显微镜（atomic force microscopy, AFM）等。

FIB 基本工作原理是：在离子柱顶端的液态离子源上加强电场来抽取出带正电荷的离子，如 Ga^+，通过同样位于柱中的静电透镜、一套可控的四极偏转和八极偏转等装置，将离子束聚焦，并在样品上扫描，离子束轰击样品，产生的二次电子和二次离子被收集并成像。FIB 的用途很多，在半导体制造厂的失效分析部门是常客。它既可以用来刻蚀样品表面，也具有成像功能。图 3.6 给出了 FIB 刻蚀的线条并用 FIB 进行的成像。

相对于扫描电子显微镜，原子力显微镜具有原子级别分辨率高、可对样品表面进行三维成像等优点。AFM 使用弹性悬臂上的针尖在样品表面扫描。当针尖和样品表面的距离非常接近时，针尖尖端的原子与样品表面的原子之间存在极微弱的作用力，这个作用力促使微悬臂发生微小的弹性形变。只要测出微悬臂形变的大小，就可以获得针尖与样品之间作用力的大小。这个作用力与距离有依赖关系，所以在扫描过程中利用反馈回路保持针尖与样品之间的作用力恒定，即保持悬臂的形变量不变，这样针尖就会随样品表面的起伏而上下移动，记录针尖上下运动的轨迹即可得到样品表面形貌的信息。图 3.7 为用 FIB 刻蚀的 2008 年北京奥运会标志的 AFM 三维成像。

图3.6　FIB刻蚀的线条及FIB成像

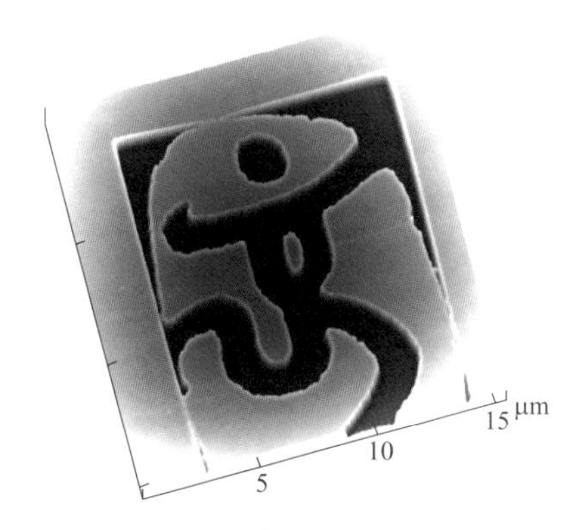

图3.7　对2008年北京奥运会标志进行AFM三维成像

3.5 集成电路设计与制造的桥梁——掩模版

掩膜版图是集成电路设计的最终产物，而掩膜版又是光刻工艺得以进行的先决条件，因此可以说掩膜版是集成电路设计与集成电路制造的桥梁。那么什么是掩膜版呢？

掩膜版的基材是石英，在石英衬底上形成金属铬的图案，呈方形。铬的具体图案由集成电路版图设计所决定。因为现在光学光刻使用的是紫外光，有铬的地方将阻挡紫外光通过，而没铬覆盖的石英则允许紫外光通过，从而在光刻工艺时实现对光刻胶的差别化曝光，最终在光刻胶上形成图案。具体的掩膜版制作流程如图 3.8 所示。

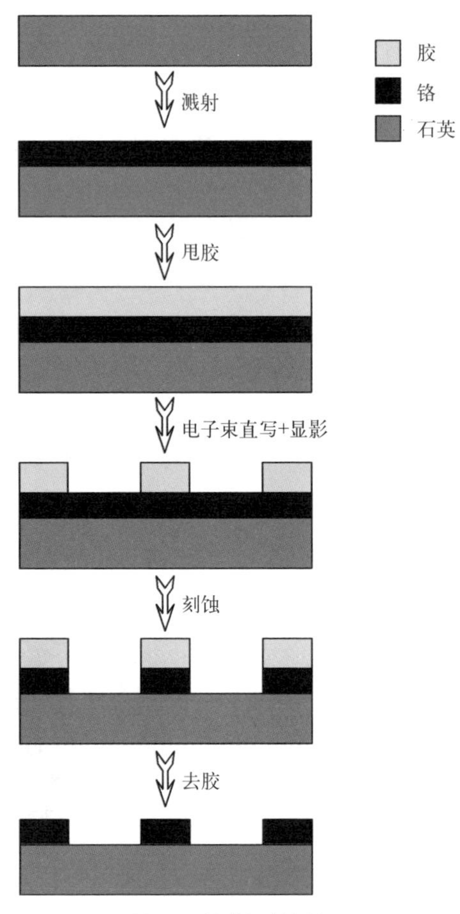

图3.8 掩膜版制备流程

首先，清洗石英衬底，在其上溅射铬金属膜，再在铬膜上甩胶。要求胶对电子束敏感，接下来就是用电子束直写的方式按集成电路设计好的版图要求，在胶上用电子束刻划，这是一个漫长的过程。电子束在胶上直写类似于我们写字，笔相当于电子束，胶相当于纸，由于要一点一点写，因此较慢。然后显影后就可以得到胶的图案。接下来，向下刻蚀铬，被胶覆盖保护的铬不会被刻蚀，这样就会得到铬的图案。最后再去掉起保护作用的胶，就得到了掩膜版。

第4章 集成电路工艺概述

4.1 Fab 的分区

半导体制造厂内部可以分为六大功能区：扩散区、薄膜制备区、抛光区、光刻区、刻蚀区、离子注入区。每一个区对应一种或者多种工艺。

扩散区主要负责各种高温工艺，所谓高温工艺指的是温度高于铝的熔点（660℃）的工艺，这是因为早期芯片上的互连金属材质为铝金属。扩散区里面典型的设备就是高温扩散炉，温度可达 1200℃。早期主要是用它来进行扩散掺杂，但它并不是只能进行扩散工艺，它还可以处理其他高温工艺，如氧化、退火、制备合金、沉积等。称为扩散区只是沿用了历史习惯上的称呼。

薄膜制备区，顾名思义就是制备各种薄膜的区域。该区主要负责各个步骤中介质薄膜与部分金属层的淀积。薄膜制备的工艺手段有很多，既有基于物理方法的物理气相淀积（physical vapor deposition, PVD）和旋涂玻璃（spin-on glass, SOG））或旋涂介质（spin-on dielectric, SOD），又有基于化学方法的化学气相淀积（chemical vapor deposition, CVD）。其中，物理气相淀积又分为蒸发和溅射，化学气相淀积又分为常压化学气相淀积（atmospheric pressure chemical vapor deposition, APCVD）、低压化学气相淀积（low pressure chemical vapor deposition, LPCVD）、等离子增强化学气相淀积（plasma enhanced chemical vapor deposition, PECVD）以及高密度等离子体化学气相淀积（high density plasma chemical vapor deposition, HDPCVD）等。具体工艺细节将在后面的章节讨论。

抛光区主要负责对各种图案表面进行抛光，使其足够平整光滑，以便为光刻工艺提供便利条件。抛光区一般采用化学机械抛光（CMP）设备进行抛光，通过化学腐蚀和机械研磨的双重作用，可以使硅片表面变得足够平坦，是一种较优秀的全局化平坦方案。

光刻区进行集成电路里最核心的工艺——光刻。光刻区是集成电路制造公司里最容易识别的一块区域，因为它呈现黄色，又称为黄光区。为什么要搞成黄光区呢？这是因为需要将白光中波长较短的紫光那一段过滤掉，只保留波长较长的黄光等，这样就避免了白光中的紫光对光刻工艺环节用到的光刻胶曝光，这种无差别地对表面所有光刻胶曝光的后果将是灾难性的。光刻胶必须留到光刻机里，透过掩膜版进行差别化的紫外曝光才行。光刻的本质目的就是在掩膜版的帮助下，借助于光刻机中的紫外光，将掩膜版上的图案转移到硅片表面的光刻胶上。光刻虽然重要，但它只是起到桥梁作用，得到的光刻胶图案将作为局部保护材料，进行后续的刻蚀或离子注入工艺。

刻蚀可以在刻蚀区进行。刻蚀的目的是把光刻胶的图案进一步地转移到下面的薄膜上，没有被光刻胶保护的区域将会被无情地刻蚀掉，从而得到薄膜的图案结构。刻蚀又可分为湿法刻蚀和干法刻蚀。现代集成电路工艺往往较多地采用干法刻蚀，因为它的刻蚀精度更高。

离子注入区进行离子注入工艺，离子注入已经成为主流的掺杂手段，借助于离子注入机可将常见的掺杂元素，如硼、磷、砷等掺杂到硅片中。离子注入往往是在局部掺杂的，从而实现局部改变半导体的导电性质的目的，所以也需要借助于光刻工艺得到保护层的图案结构，虽然一起打入离子，但打入保护层的离子最后会随着保护层的刻蚀而“灰飞烟灭”，从而实现局部掺杂之目的。

4.2 典型 CMOS 工艺流程

本节只对深亚微米 CMOS 器件的制备流程做一个简要介绍，更高级的纳米级集成电路制备相关的技术革新将在后续章节进行介绍。CMOS 器件的制备流程一般可以分为如下 14 个工艺步骤：

① 双阱制备工艺。

② 浅槽隔离工艺。

③ 阈值电压调整。

④ 栅氧和多晶硅栅制备工艺。

⑤ 轻掺杂漏注入工艺。

⑥ 侧墙形成。

⑦ 源 / 漏离子注入工艺。

⑧ 自对准硅化物工艺。

⑨ 接触孔与钨塞的形成。

⑩ 金属 1 互连制备工艺。

⑪ 通孔 1/ 金属 2 的制备与多层互连的实现。

⑫ 顶层金属工艺。

⑬ 钝化层工艺。

⑭ 参数测试。

下面我们结合图片对上述 14 个步骤进行逐一介绍。

（1）双阱制备工艺

首先准备 p 型晶圆衬底，在其上外延一层 p 型硅薄膜（图 4.1），然后通过光刻定义 N 阱区域，并进行磷离子注入得到 N 阱（图 4.2），去胶后再次通过光刻定义 P 阱区域，并进行硼离子注入得到 P 阱（图 4.3）。这样就得到了双阱。图 4.2 和图 4.3 中的一薄层氧化硅是为了抑制离子注入时的沟道效应，即避免掺杂离子注入硅晶格空隙中导致掺杂深度过深。得到双阱后即可去掉残留的胶体和薄氧化硅层（图 4.4）。CMOS 器件即将制备在这双阱之中。

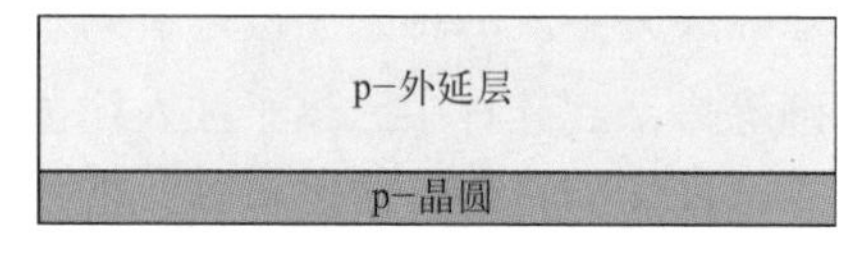

图4.1 外延层沉积

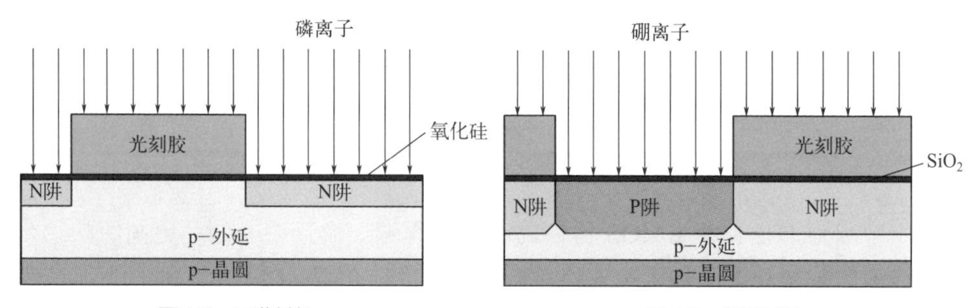

图4.2 N阱制备

图4.3 P阱制备

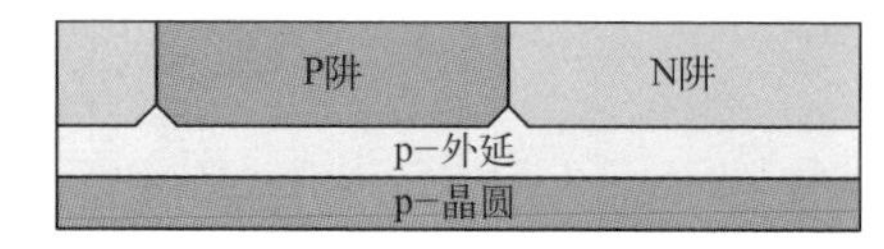

图4.4 去掉光刻胶和薄氧化硅层

（2）浅槽隔离（shallow trench isolation, STI）工艺

先进行氧化工艺得到氧化硅层，然后用 LPCVD 工艺沉积氮化硅层（图 4.5）。在沉积氮化硅前制备一薄层氧化硅的目的是防止氮化硅与硅直接接触而导致的应力过大，因此可以把氧化硅看作是应力缓冲层，这一层氧化硅也称为垫氧（pad oxide）。然后通过光刻定义待刻蚀的区域，接着依次刻蚀氮化硅、氧化硅和硅，这样就在硅里面刻蚀出了沟槽（图 4.6）。接着用 HDPCVD 工艺沉积未掺杂的硅玻璃（undoped silicate glass, USG）（图 4.7）。最后用 CMP 工艺把 USG 表面磨平（图 4.8），并把氮化硅和氧化硅去除（图 4.9）。这样就得到了镶嵌在硅里的隔离介质，用于隔离不同的 CMOS 器件，免得它们不受控制地互相来往。

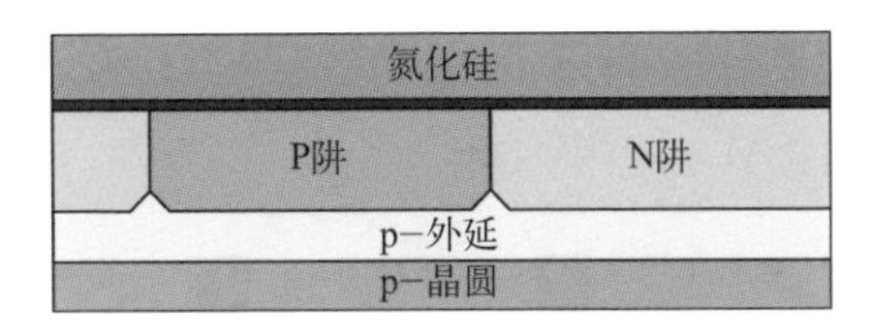

图4.5　沉积氧化硅和氮化硅

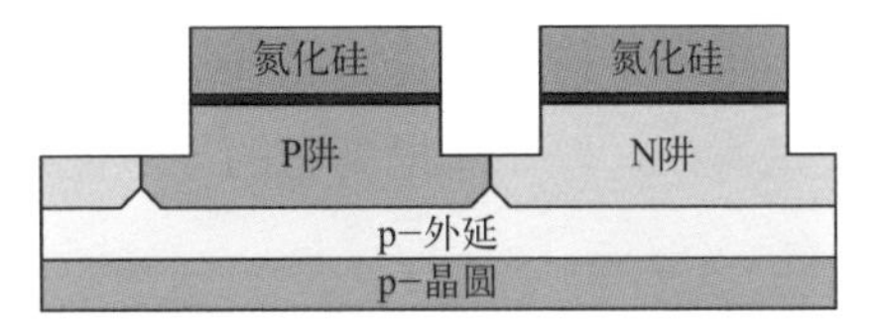

图4.6　刻蚀氮化硅、氧化硅和硅

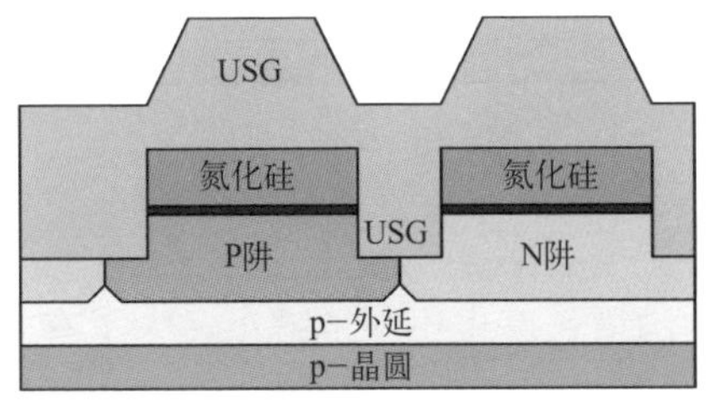

图4.7　沉积USG

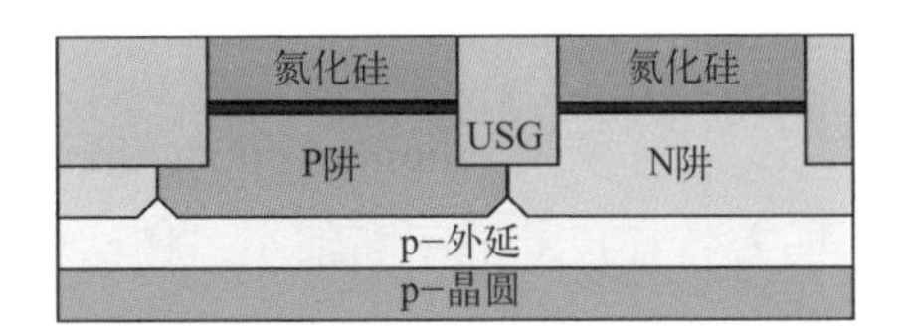

图4.8　磨平USG表面

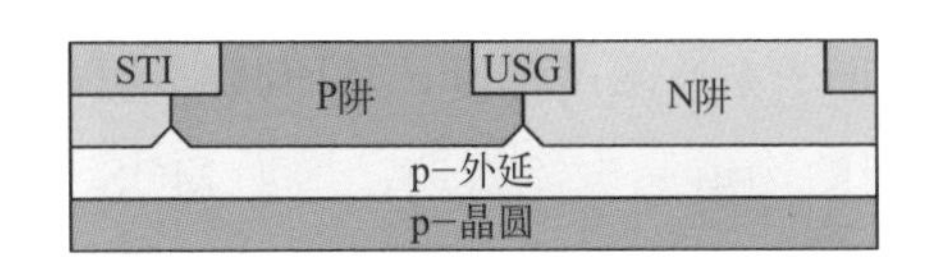

图4.9　剥离氮化硅和氧化硅

（3）阈值电压调整

首先采用光刻工艺露出 P 阱，然后对 P 阱进行磷离子注入调整 N 沟道区域的杂质浓度（图 4.10）；接着采用光刻工艺露出 N 阱，通过对 N 阱进行硼离子注入调整 P 沟道区域的杂质浓度（图 4.11）。因为阈值电压和沟道区域的杂质浓度高度相关，为了得到恰当的器件性能，必须把沟道区域的杂质浓度调整到所需的浓度级别。提高沟道处的杂质浓度，可以提高阈值电压，进而改善器件的漏电流。这一步，也可以在双阱制作工艺阶段完成。

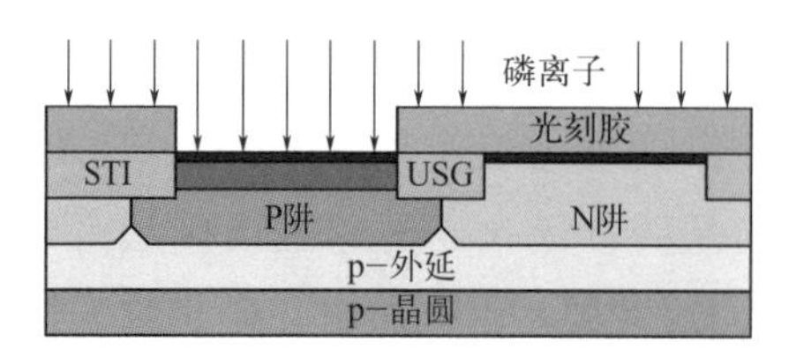

图4.10 调整N沟道区域的杂质浓度

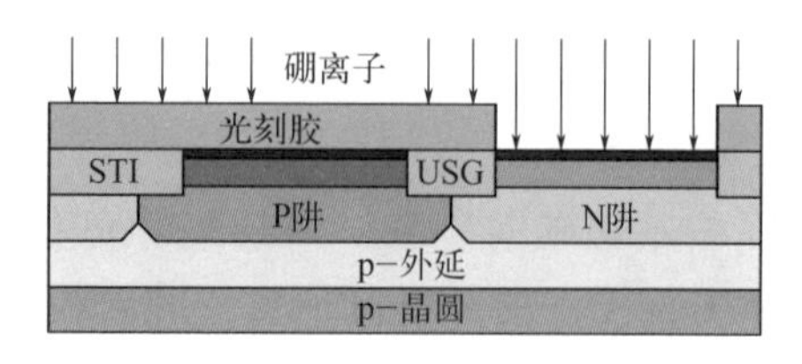

图4.11 调整P沟道区域的杂质浓度

（4）栅氧和多晶硅栅制备工艺

首先用热氧化的方式得到一薄层栅氧化物，该氧化物只在硅表面上方才有，STI 上方没有。然后用 LPCVD 工艺沉积多晶硅（图 4.12）。接着利用光刻、刻蚀工艺得到多晶硅栅（图 4.13）。最后去除残留光刻胶。值得注意的是，此时的多晶硅栅仍是未掺杂的，它将在后续的源漏区制作时的离子注入阶段进行掺杂，一般是重掺杂，以显著提高它的导电性能，方便作为栅极使用。

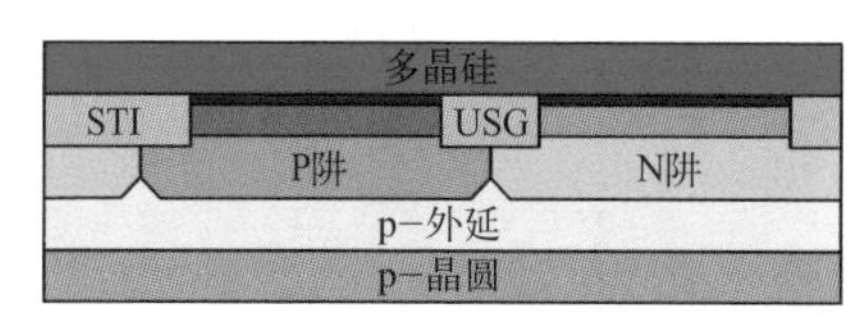

图4.12 制备栅氧与沉积多晶硅

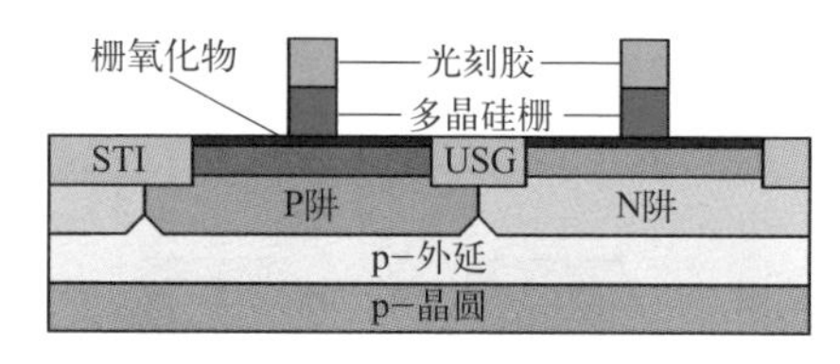

图4.13 刻蚀多晶硅

（5）轻掺杂漏（lighted doped drain, LDD）注入工艺

随着特征尺寸的不断缩小，栅结构下的沟道长度也不断地减小，为了有效地防止短沟道效应，在集成电路制造工艺中需要引入轻掺杂漏工艺。LDD 借助于轻掺杂工艺在栅极的边界下方与源漏之间形成低掺杂浓度的薄层扩展区，这个扩展区在源漏和沟道之间形成杂质浓度梯度，从而减小漏极附近的峰值电场。LDD 工艺有助于减少源漏间的沟道漏电流效应，增加 MOS 器件的可靠性。具体制作时，首先通过光刻，开出 P 阱区域，然后掺杂砷离子（图 4.14）；去胶后再次光刻，开出 N 阱区域，接着离子注入 BF_2^+（图 4.15），最后去掉残留的胶。LDD 时要控制好掺杂的浓度和深度，做到轻掺杂、浅结深。

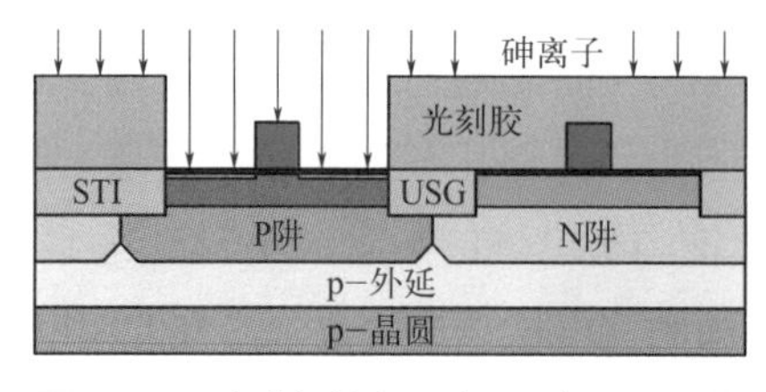

图4.14 N沟道轻掺杂漏（LDD）注入工艺

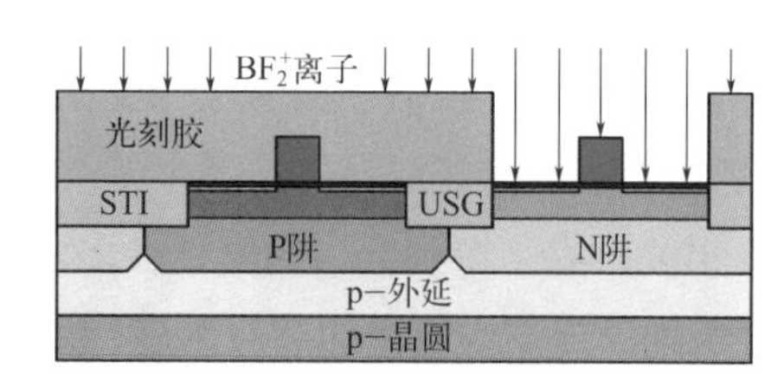

图4.15 P沟道轻掺杂漏（LDD）注入工艺

（6）侧墙形成

所谓的侧墙指的是环绕在多晶硅栅侧壁的氧化硅介质层。为了防止后续重掺杂的源漏注入过于接近沟道从而导致沟道过短甚至源漏串通，在 CMOS 的 LDD 注入工艺之后要在多晶硅栅的两侧形成侧墙。侧墙的形成分为 2 个步骤。首先，利用化学气相淀积工艺沉积一层二氧化硅层［图 4.16（a）］，然后利用干法刻蚀工艺刻掉平面上的二氧化硅，只留下侧墙处的二氧化硅［图 4.16（b）］。由于干法刻蚀具有各向异性的特点，多晶硅的侧墙上得以保留一部分二氧化硅。

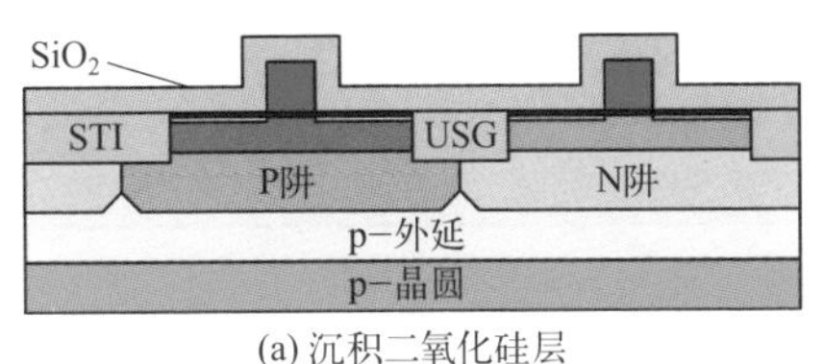

(a) 沉积二氧化硅层

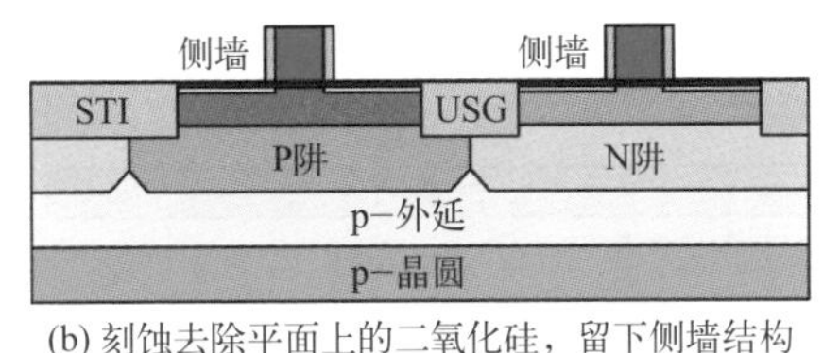

(b) 刻蚀去除平面上的二氧化硅，留下侧墙结构

图4.16　侧墙制备工艺

（7）源 / 漏离子注入工艺

在侧墙形成后，紧接着进行的就是源 / 漏离子注入工艺，分别制备 NMOS 和 PMOS 的源漏区域。首先通过光刻开出 P 阱窗口，然后重掺杂磷离子，制备 N 沟道源 / 漏区（图 4.17），掺杂深度要大于 LDD 的结深。上一步的侧墙可以有效阻挡磷杂质进入到狭窄的沟道区。去胶后再次进行光刻，这次露出 N 阱窗口，重掺杂硼离子，制备 P 沟道源 / 漏区（图 4.18），同样，掺杂深度要大于 LDD 的结深，侧墙起到了阻挡作用。接着去除残留胶，最后让硅片置于快速热退火（rapid thermal annealing, RTA）装置中退火，以激活杂质，并让杂质扩散到预定位置。之所以要用快速热退火是为了避免杂质的过度扩散。

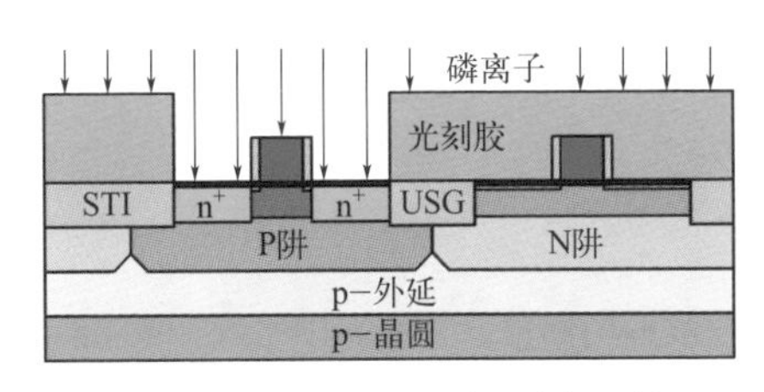

图4.17　N沟道源/漏离子注入工艺

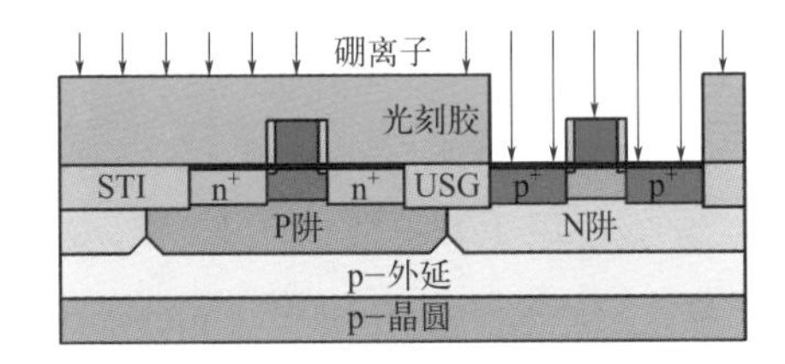

图4.18　P沟道源/漏离子注入工艺

（8）自对准硅化物工艺

所谓硅化物指的是难熔金属与硅发生化学反应形成的硅化物。自对准硅化物工艺是在没有氧化物覆盖的单晶硅源漏区和多晶硅栅区上形成金属硅化物，目的是降低这 3 个极的接触电阻。金属可以用钛或钴，这里我们以钴为例。首先对表

面进行清洁处理［图 4.19（a）］。然后溅射一层钴膜（Co）［图 4.19（b）］，往往还会沉积一薄层氮化钛膜（TiN），氮化钛的作用是防止钴在退火阶段流动导致硅化物厚度不均匀。接着在 550℃进行第一次快速热退火，促进钴和硅发生化学反应生成高阻的 Co_2Si［图 4.19（c）］。下一步把剩余的没有反应掉的钴和氮化钛湿法刻蚀去除。最后在 800℃左右的温度条件下进行第二次快速热退火，可把高阻态的 Co_2Si 转换成低阻态的 $CoSi_2$［图 4.19（d）］。

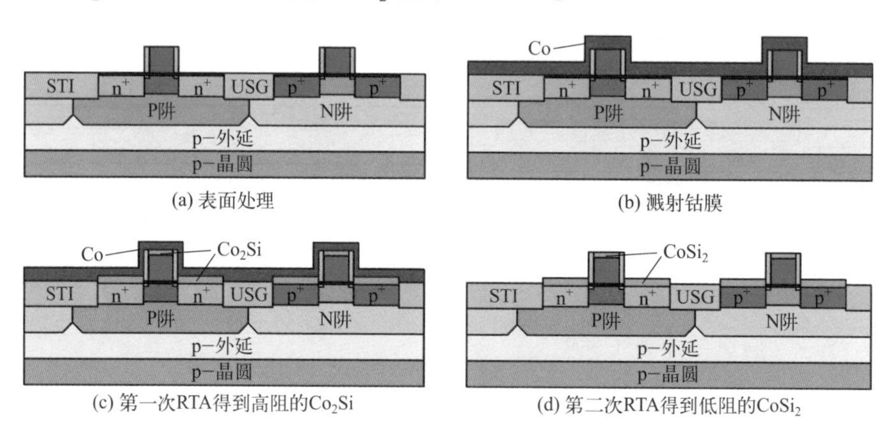

图4.19　自对准硅化物工艺

（9）接触孔与钨塞的形成

接触孔和钨塞形成工艺的目的是让所有硅的有源区形成金属接触。金属钨接触可以使硅和随后沉积的导电材料更加紧密地电学连接。首先沉积一层金属前介质层（pre-metal dielectric, PMD），可以选用掺磷硅酸盐玻璃（PSG）、硼磷硅玻璃（BPSG）或其他低 *k* 材料，如掺氟的硅玻璃（FSG），然后进行回流或 CMP 工艺使得表面平坦（图 4.20），接下来采用光刻和刻蚀工艺露出 MOS 的源漏区（图 4.21）。随后溅射钛和氮化钛，并用 CVD 工艺沉积钨（W），进行 RTA 退火后用 CMP 对钨表面抛光（图 4.22），这样就得到了类似于热水瓶塞的钨塞结构。

（10）金属 1 互连制备工艺

首先沉积金属间介质层（inter-metal dielectric, IMD），如采用 FSG 低 *k* 材料，然后对其进行光刻、刻蚀（图 4.23）。接着依次沉积阻挡层金属钽（Ta）/ 氮化钽（TaN）及铜（Cu）种子层，随后进行电化学电镀（electro-chemical plating, ECP），得到铜层，最后利用 CMP 将露出来的铜磨去，只保留镶嵌在 IMD 中的铜（图 4.24），这就是第一层金属连线层。这种工艺称为单镶嵌技术或单大马士革工艺（single-Damascene）。

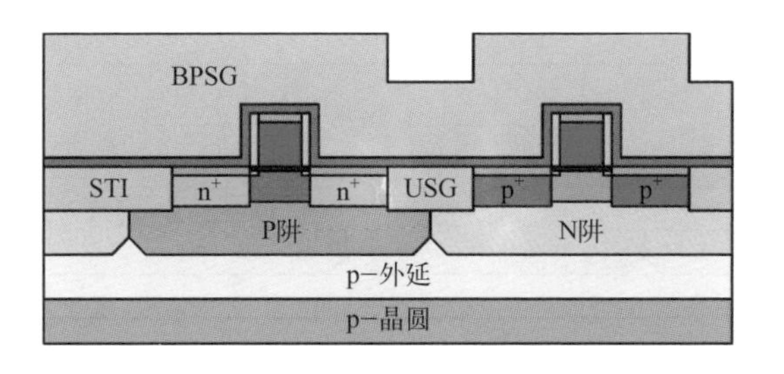

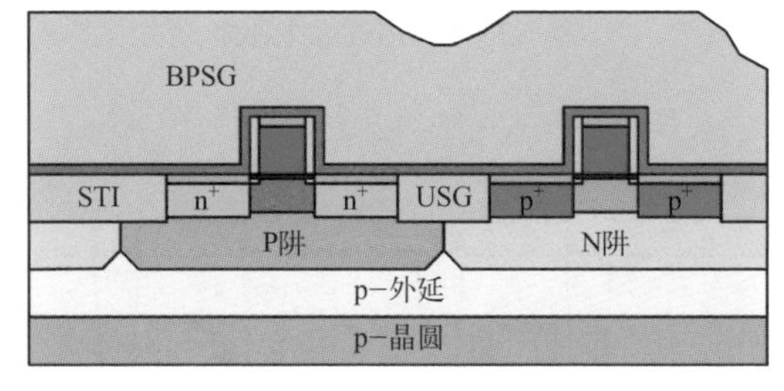

图4.20　BPSG沉积和回流

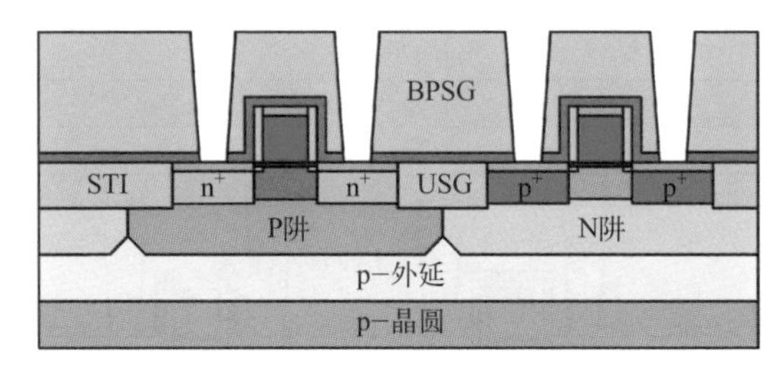

图4.21　刻蚀BPSG

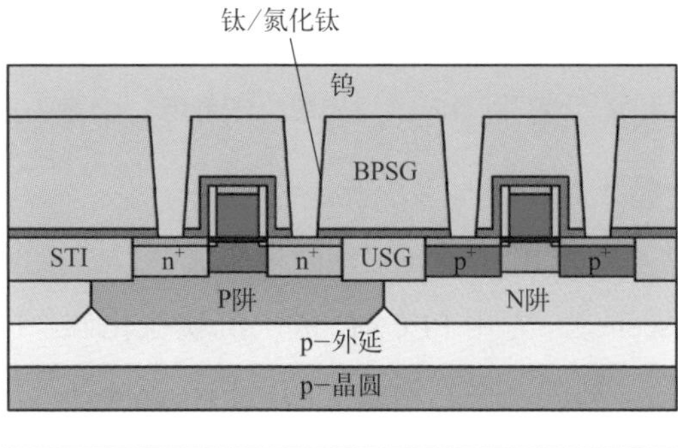

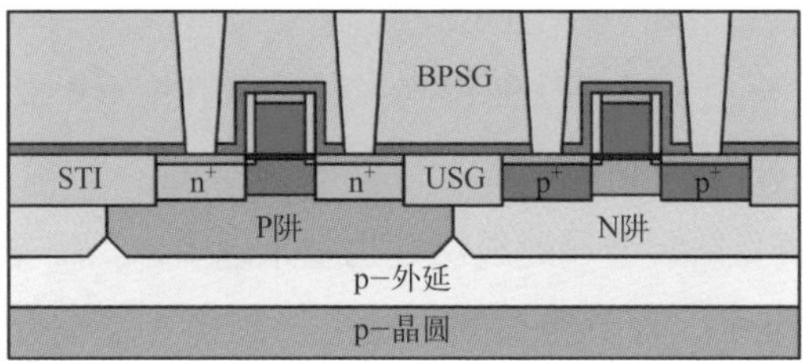

图4.22　钨塞制备工艺（溅射钛/氮化钛，CVD沉积钨，RTA退火后对钨表面抛光）

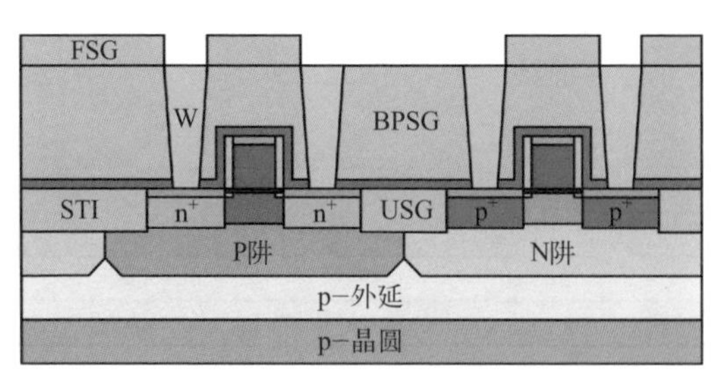

图4.23　沉积FSG并刻蚀

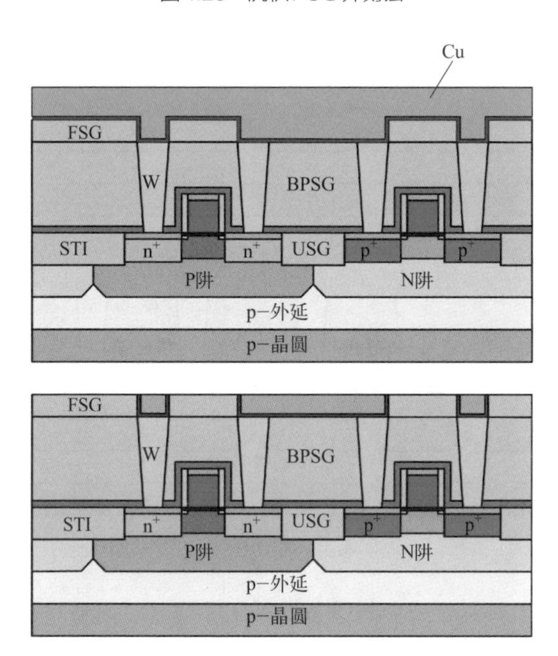

图4.24　沉积Ta/TaN/Cu、电镀Cu及利用CMP磨平Cu

（11）通孔 1/ 金属 2 的制备与多层互连的实现

通孔 1 和金属 2 可以采用双镶嵌工艺同步完成，双镶嵌工艺也称为双大马士革工艺（dual-Damascene）。先用 PECVD 依次沉积氮化硅、FSG、氮化硅、FSG（图 4.25），然后光刻及刻蚀，得到通孔 1 的结构（图 4.26），接着进行第二次光刻及刻蚀，得到金属 2 的结构（图 4.27）。接下来依次淀积阻挡层金属（钽、氮化钽）和铜种子层，再用电镀方法淀积铜，铜依次填充通孔 1 和金属 2 互连结构，最后用 CMP 清除额外的铜（图 4.28）。

现代芯片越来越复杂，金属连线层数也越来越多，只需重复上述步骤就可以实现多层金属互连布线。为节约篇幅，这里仅画出 3 层铜互连结构，如图 4.29 所示。

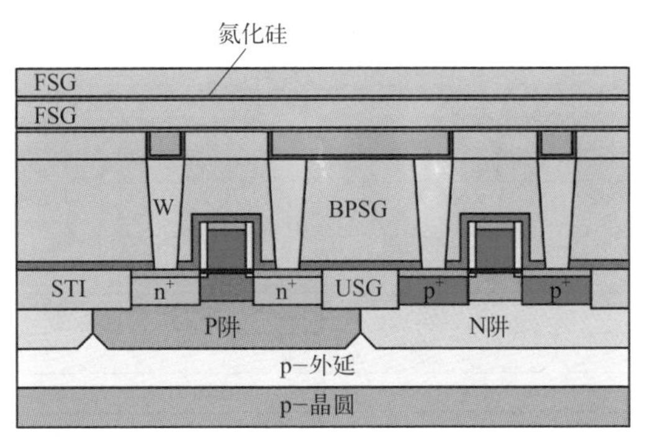

图4.25 依次沉积氮化硅、FSG、氮化硅、FSG

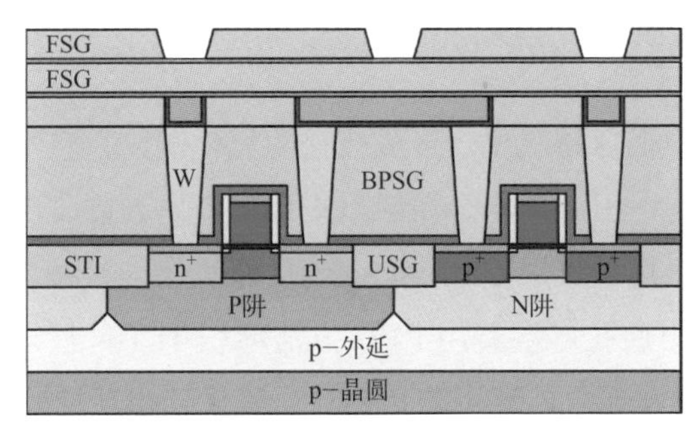

图4.26 通孔1的结构

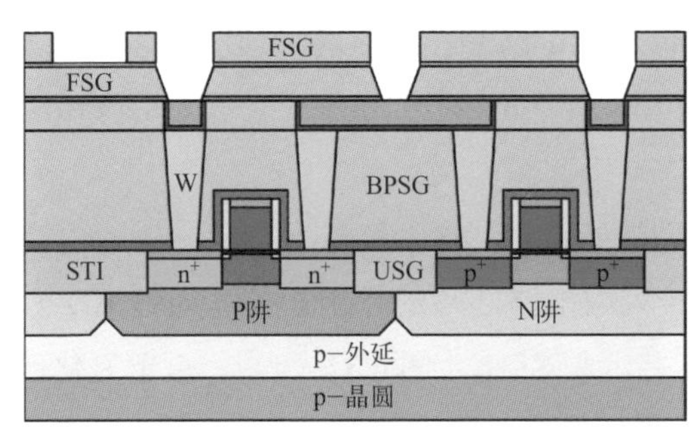

图4.27 第2层金属的结构

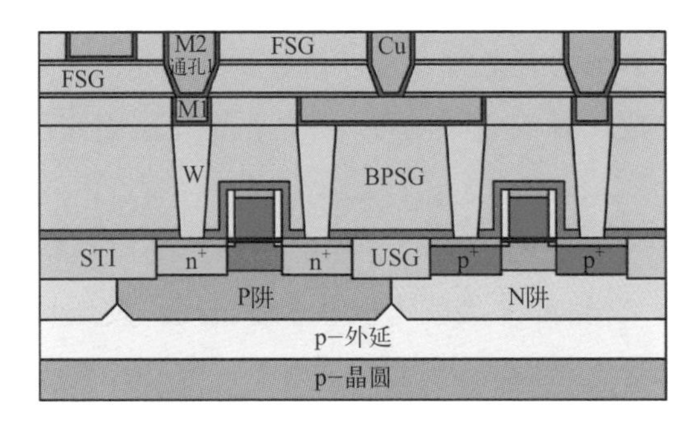

图4.28 通孔1和金属2的铜镶嵌结构

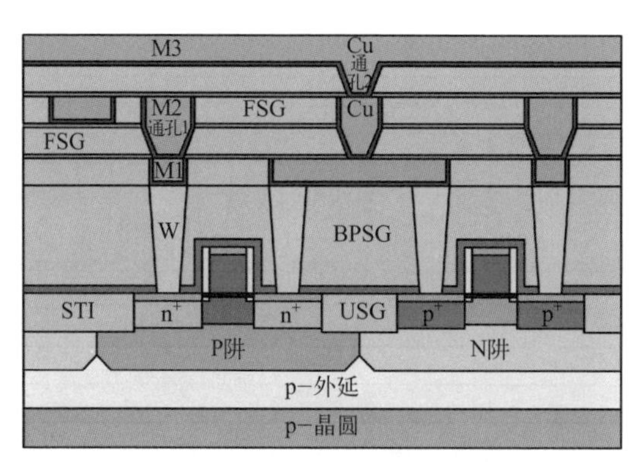

图4.29　通孔2和第3层金属的制备

（12）顶层金属工艺

由于铜在空气中很容易氧化，形成疏松的氧化铜，且它不会形成有效的保护层防止铜进一步氧化，因此顶层金属应以采用铝金属为宜。在沉积铝之前，先要沉积介质隔离材料，可以选用 USG 和 SiON（氮氧化硅）材料，然后对介质材料进行光刻、刻蚀开出通孔。接着用 PVD 方法淀积 Ti/TiN 层，其中 Ti 是黏接层，TiN 可改善铝的电迁移现象，还可防止铝与二氧化硅相互扩散。接着就是用 PVD 方法沉积 AlCu 合金，其中铝为主体，占 98.5%，Cu 占 0.5%，还有 1% 的硅。随后再次淀积 TiN 层［图 4.30（a）］。最后进行顶层金属的光刻与刻蚀工艺，从而得到顶层互连结构［图 4.30（b）］。

（13）钝化层工艺

钝化层工艺主要是通过沉积 PSG 和 Si_3N_4 来阻挡环境中的水蒸气和可动离子沾污，从而起到保护集成电路芯片的作用。首先通过 HDPCVD 工艺沉积 PSG，然后通过 PECVD 工艺沉积 Si_3N_4［图 4.31（a）］。由于氮化硅的硬度和致密性都很好，可以有效防止机械划伤，同时避免水汽和金属离子的侵扰。接着对钝化层通过光刻、刻蚀工艺图案化压焊盘［图 4.31（b）］，作为测试连接点和封装连线窗口。最后进行退火和合金化处理，可以使金属再结晶，改善金属与氧化硅的界面特性，减小接触电阻，释放金属应力，并使得钝化层更致密。

（14）参数测试

测试晶圆上、下、左、右、中间五点的工艺控制监测参数，并利用显微镜检查是否有划伤等。合格的产品就可以从 Fab 出厂，发送封测厂进行后道工序环节。

以上 CMOS 晶体管是制备在硅外延片上，高端的 CMOS 器件也可以制作在

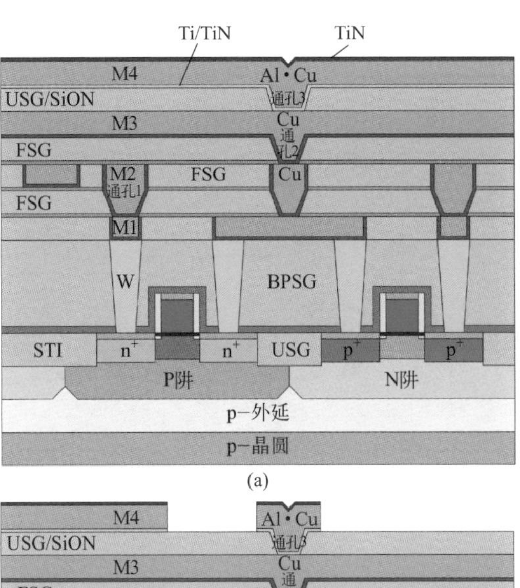

(a)

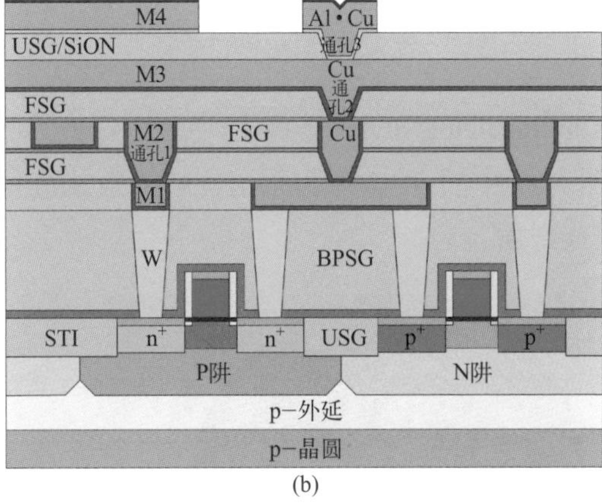

(b)

图4.30　顶层金属工艺

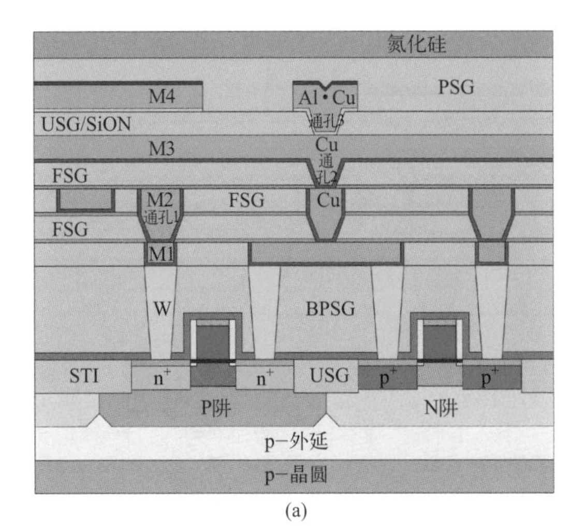

(a)

图4.31

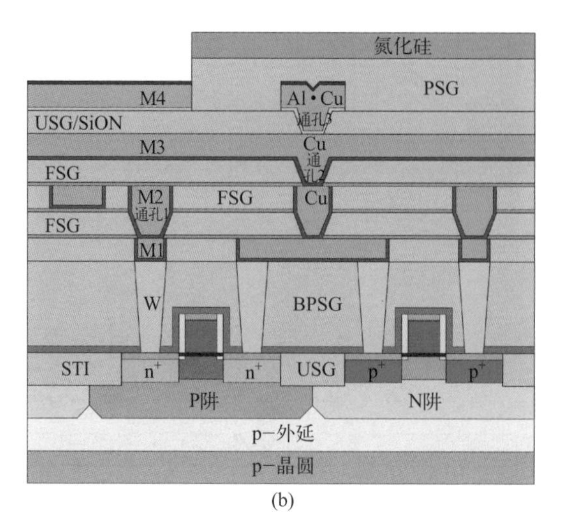

(b)

图4.31 钝化层工艺

绝缘体上硅（silicon on insulator, SOI）基底上，如图 4.32 所示，其制备流程与上述流程基本相似。图 4.32 中的 SOD 意为采用旋转涂敷法沉积的低 *k* 材料，该工艺采用了五层 Cu 互连金属。

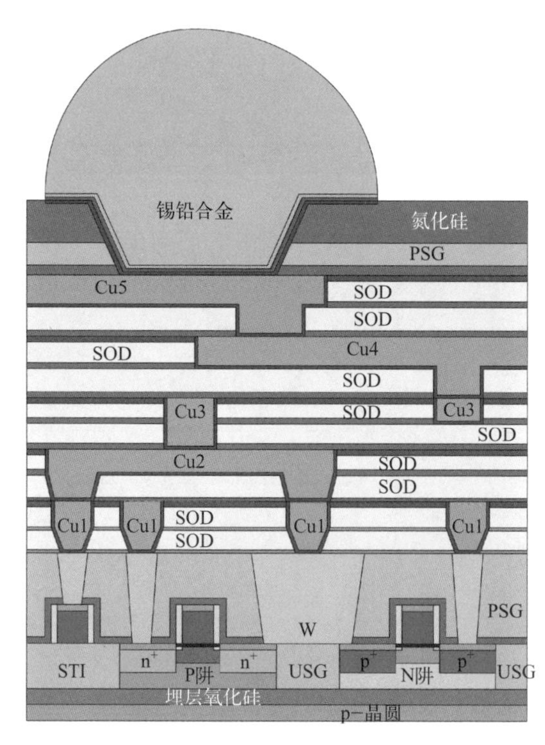

图4.32 CMOS器件在SOI基底上

4.3 集成电路工艺里的“加”“减”“乘”“除”

从上节 CMOS 制备中，我们可以发现，虽然总的工艺流程繁杂，但却是几个主要的集成电路工艺（光刻、刻蚀、离子注入、热工艺、介质沉积、金属化、化学机械抛光）不断地被重复使用，如图 4.33 所示，图中左侧为集成电路工艺所必需的晶圆、集成电路材料、集成电路设计后制成的掩膜版，中间黑色框子里就是各项集成电路工艺，它们之间相互交叉，箭头表示工艺的走向，右侧显示的则是集成电路后道工艺流程的测试与封装。

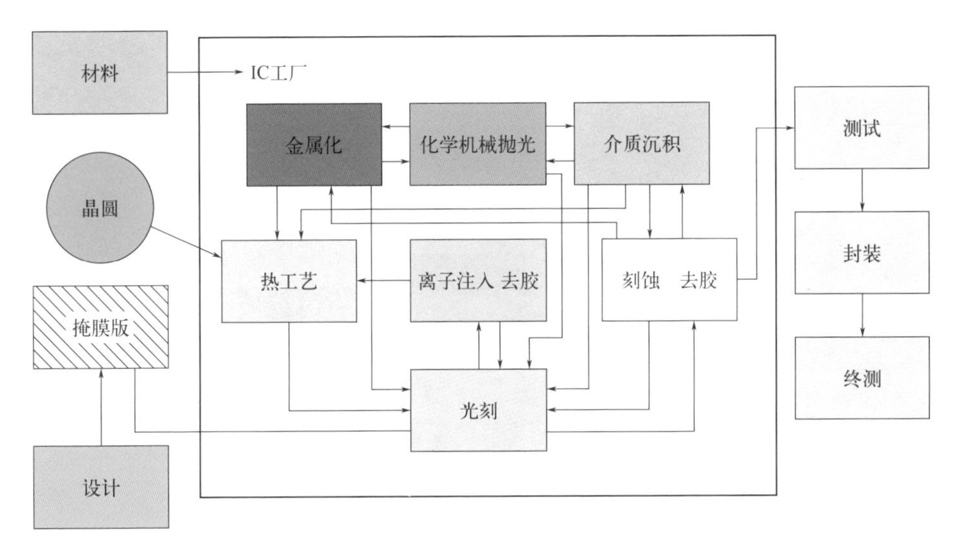

图4.33　集成电路制备环节框架图

为了帮助大家容易地记忆常用的集成电路工艺，本书将这些工艺形象地归纳到“加”“减”“乘”“除”四个类别下，如图 4.34 所示。

图 4.34 中“加法”意味着向硅晶圆里加东西，加入内部的称为掺杂，加在表面的就是制备薄膜。“减法”意味着从硅晶圆或其上的薄膜中减去物质，具体包括清洗硅片、刻蚀以及化学机械抛光。“乘法”这里指的是各种退火加热工艺，表示“乘”了热后能量增加，“趁热打铁”一词有助于我们把“乘”和“热”联系起来，退火加热工艺具体包括离子注入之后的退火、回流和制备合金。“除法”主要指光刻，这是由于现在投影式光刻在光刻胶上获得的图案要比掩膜版上的图案尺寸缩小 3/4，也即除以 4，具体包括了目前主流的两种光刻工艺：深紫外光刻与极紫外光刻。

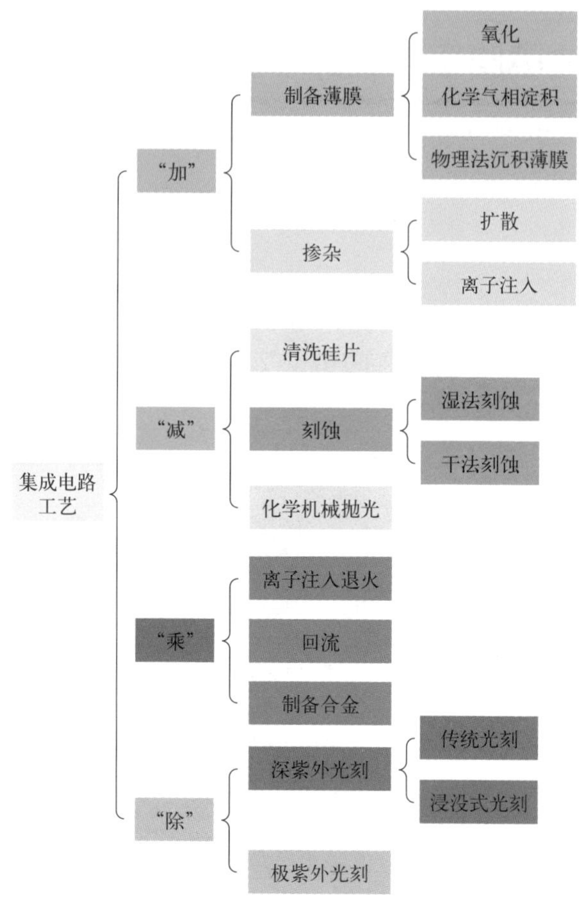

图4.34 集成电路工艺分类

下面将从这四个角度对涉及的各项集成电路工艺进行详细讨论。

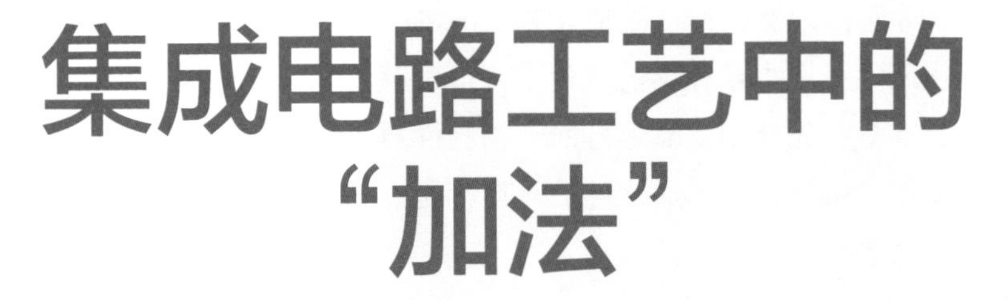

本篇将集中讨论集成电路工艺中的“加法”，相关的“加法”工艺包括氧化、化学气相淀积、物理法沉积薄膜、扩散与离子注入。其中前面三种工艺的目的都是制备薄膜，后面两种工艺的目的是掺入杂质改变半导体的导电特性。

第5章
氧化

本章主要讨论氧化工艺。所谓氧化指的是将硅氧化成二氧化硅，其中硅来自衬底，氧源来自外界通入的氧气或水蒸气等，这种方法也称为热生长。二氧化硅（silicon di-oxide）常常简称为氧化硅，是氧化物（oxide），在集成电路工艺中的本领相当强大。氧化硅除了用本章介绍的氧化工艺可以获得外，还可以采用化学气相淀积工艺获取。本章首先介绍二氧化硅的结构与性质，然后阐明氧化工艺机制与不同的热氧化工艺，接着讨论二氧化硅的具体应用，随后介绍氧化设备，最后讨论氧化质量检查及故障排除。

5.1 二氧化硅的结构与性质

5.1.1 二氧化硅的结构

二氧化硅是由硅-氧四面体组合而成，有两种组成形态：结晶型和无定型。结晶型内部的硅-氧四面体在空间是按照一定规则进行排列的，如石英晶体结构。热氧化生长的二氧化硅则是无定型的二氧化硅，其内部是随机排列的。无定型的二氧化硅在原子水平上没有长程有序的晶格周期，也称为玻璃状结构。

二氧化硅的原子结构如图 5.1 所示。每个硅原子被 4 个氧原子包围，构成硅-氧四面体，而每个氧原子又对接 2 个硅-氧四面体，它们相互连接构成三维的环状网络结构。

在硅与二氧化硅交界的界面处，由于两种材料原子结构的差别，会有部分的硅原子没有和氧原子结合，从而造成正电荷的积累，构成所谓的悬挂键，如图 5.2 所示。这是一种缺陷，可在氧化工艺中通入氯化氢气体生成氯离子来进行中和。

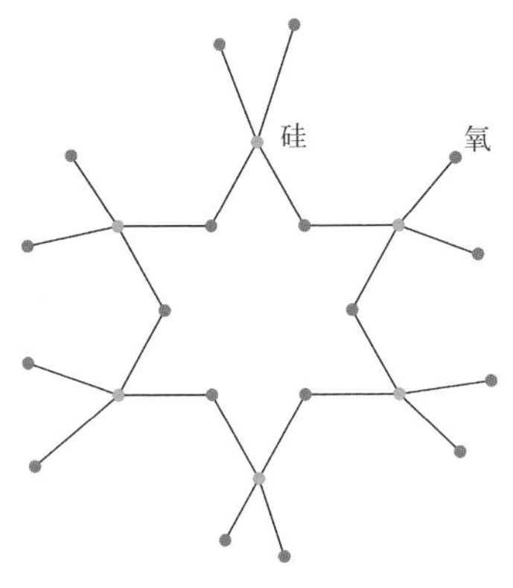

图5.1　二氧化硅的原子结构

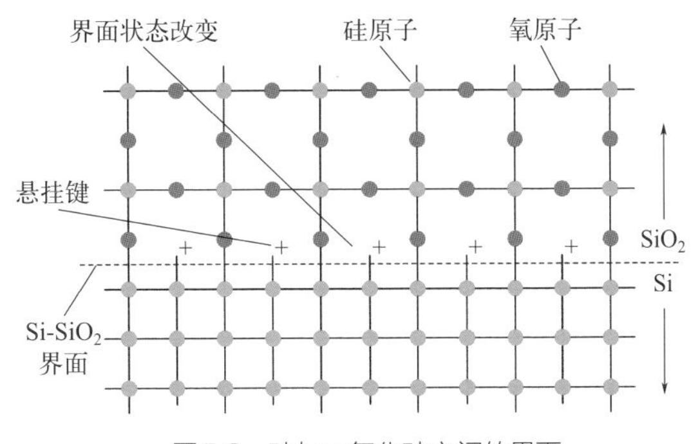

图5.2　硅与二氧化硅之间的界面

5.1.2　二氧化硅的物理性质

二氧化硅在集成电路中有很大的用武之地，很大的原因归功于它是一种良好的绝缘介质。热生长的二氧化硅能紧紧地黏附在硅衬底上，具有优良的介质特性。此外，二氧化硅结构致密，能够有效隔绝空气中潮气和沾污的侵扰，起到保护下面结构的作用。

（1）相对介电常数

介电常数是反映介质介电性质的主要参数。相对介电常数可用 ε_r 表示，它等于两极板间加入电介质后测定的电容值除以同等条件下极板间为真空时的电容值。相对介电常数对电容介质材料、栅氧化物、金属层间介质来说，都是非常重要的参数。我们知道，电容的公式如下：

$$C=\varepsilon_0\varepsilon_r A/d \tag{5.1}$$

式中，ε_0 是真空绝对介电常数；ε_r 是相对介电常数；A 是极板面积；d 是两极板间距。从公式可见，对于 MOS 电容器，其电容量正比于介质的相对介电常数。在半导体工业，经常用 k 表示介质的介电常数。对于二氧化硅来说，不同的制备方法，它的 k 值略有不同，范围在 3.2 ～ 3.9。

（2）介电强度

介电强度是衡量介质材料耐受电压能力大小的一个物理量，它表示介质材料所能承受的最高击穿电压。介电强度的大小与很多因素有关，如材料的致密程度、均匀性、杂质含量、制备方法等。对于热生长的氧化硅，其介电强度为 10^6 ～ 10^7V/cm。

（3）电阻率

二氧化硅是良好的绝缘材料，因此电阻率一般较高。二氧化硅电阻率的高低与杂质浓度关系密切，掺杂浓度越高，电阻率越低。此外，其电阻率的高低也与制备工艺有关：热分解淀积法制得的氧化硅薄膜因含有较多杂质，电阻率为 $10^7 \sim 10^8\Omega\cdot cm$；热生长法得到的氧化硅电阻率一般为 $10^{15} \sim 10^{16}\Omega\cdot cm$，对于高温干氧氧化，电阻率可达 $10^{17}\Omega\cdot cm$ 以上。此外，氧化硅电阻率还与温度有关，温度越高，电阻率越小，这是因为高温会导致氧化硅内的可动离子活动增强。

（4）密度

密度是二氧化硅致密程度的标志，致密程度越高，密度越大。用不同方法制备的二氧化硅密度略有不同，如湿氧制得的二氧化硅密度为 $2.17 \sim 2.21g/cm^3$，干氧制得的二氧化硅密度则为 $2.24 \sim 2.27g/cm^3$。掺杂也会改变二氧化硅的密度，如磷硅玻璃的密度为 $2.35 \sim 2.40g/cm^3$。结晶型二氧化硅的密度为 $2.65g/cm^3$ 左右。

（5）熔点

不同形态的二氧化硅熔点略有区别，一般在 1700℃左右。

（6）折射率

折射率是衡量二氧化硅光学特性的一个参数。同样，不同的工艺制备的二氧化硅折射率也不尽相同。密度大的二氧化硅往往有较大的折射率。波长 550nm 时，二氧化硅的折射率约为 1.46。

5.1.3 二氧化硅的化学性质

二氧化硅化学稳定性极高，它不溶于水，除氢氟酸外，不与别的酸起反应。二氧化硅和氢氟酸的化学反应如下：

$$SiO_2+6HF \longrightarrow H_2SiF_6+2H_2O \tag{5.2}$$

H_2SiF_6 称为氟硅酸，它可溶于水。利用这个反应，可以腐蚀掉二氧化硅层，还可以借助光刻选择性刻蚀出二氧化硅图案。由于这个反应比较剧烈，工业上常采用缓冲氢氟酸溶液（BHF，氢氟酸中加氟化铵）和稀释氢氟酸溶液（DHF，氢氟酸中加水）来降低化学反应的速率，以达到更好控制刻蚀进程的目的。二氧化硅腐蚀速率除了和氢氟酸浓度有关外，还和温度、杂质、二氧化硅的质量和制备方法有关系。

此外，二氧化硅也可以与强碱发生化学反应，生成硅酸钠，但这个反应过程较为缓慢，其反应如下：

$$SiO_2+2NaOH \longrightarrow Na_2SiO_3+H_2O \tag{5.3}$$

5.2 氧化工艺

5.2.1 氧化生长机制

热生长氧化硅时，硅来自衬底，氧来自外来的氧源（如氧气），这样一旦在硅表面生成二氧化硅后，这个已生成的二氧化硅会阻挡氧气与硅直接接触，造成的后果是后面的氧化必须依靠氧气扩散，直到氧气穿过二氧化硅层到达硅表面处氧化才能继续进行，这就是氧化工艺的机制。也就是说氧化的进程依赖于扩散这一个物理现象。扩散从本质上讲，是一种材料在另一种材料中的运动，无论是固体、液体还是气体，原子都会从高浓度区域向低浓度区域扩散，而且热能会促使这种扩散加速。菲克定律（Fick’s laws）可根据温度、浓度和扩散的激活能来描述扩散材料的运动速率。

根据 Deal 和 Grove 提出的模型，氧化物生长分为两个阶段（图 5.3）：在初始阶段，氧化层厚度（X）与时间（t）是线性关系；而后随着氧化层厚度的增加，扩散需要的时间更长，氧化速率变慢，变成抛物线关系。通常来说，小于 150Å 的氧化受控于线性机理。MOS 栅极氧化物比较薄，它的生长基本处于线性阶段。大于 150Å 的氧化则受控于抛物线阶段。氧化硅厚度随氧化时间的变化关系如图 5.3 所示，其中 X 代表氧化硅厚度，t 代表氧化时间，B/A 为线性常数，B 为抛物线常数。

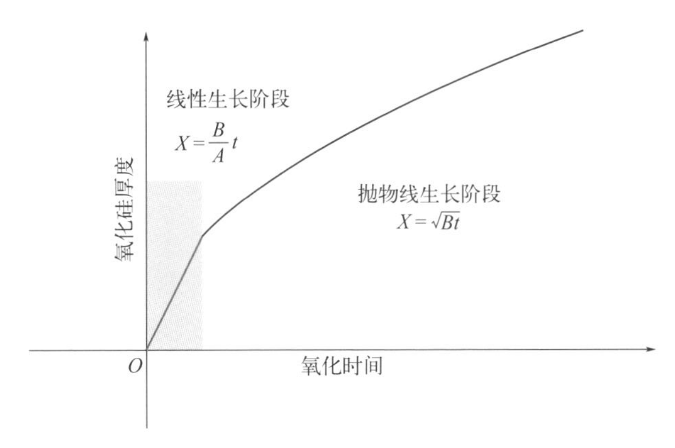

图5.3　氧化硅生长模型

无论哪种氧化工艺，二氧化硅的生长都需要消耗衬底的硅。硅消耗的厚度约占氧化总厚度的 0.46，这就意味着每生长 1μm 厚的氧化硅，就有 0.46μm 的硅被消耗掉（图 5.4）。对于不同的氧化方案，这个数值略有差别。

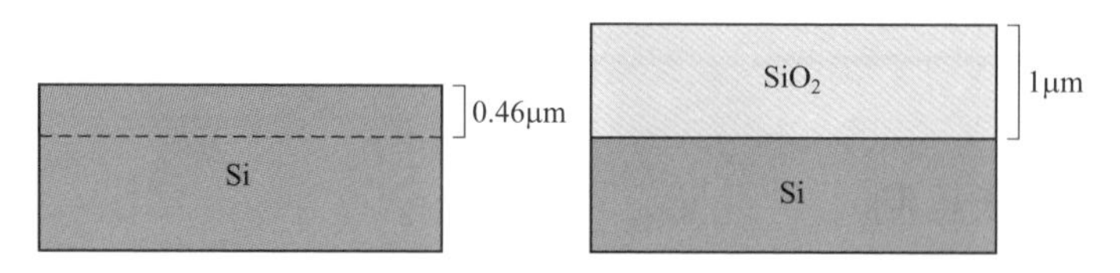

图5.4　每生长1μm厚的氧化硅需消耗0.46μm的硅

5.2.2　干氧氧化

干氧氧化就是利用干燥的氧气和硅发生化学反应，生成二氧化硅，其反应式为

$$Si+O_2 \longrightarrow SiO_2 \tag{5.4}$$

干氧氧化速率极慢，但慢工出细活，相对于其他方法，干氧得到的氧化膜质量是最高的，它表面干燥，结构非常致密，光刻时与光刻胶接触良好。可应用于需要较薄氧化硅或高质量氧化硅的场合，如栅氧的制备。用干法氧化生长的高质量栅氧化物具有密度均匀、无针孔、重复性好的特点。

图 5.5 给出了干氧氧化工艺的装置示意。该装置由四种气体输入系统组成，除了氧气外，还通入了氯化氢（HCl）气体和两种级别的氮气（N_2）：较高纯度的工艺氮气和一般纯度的净化氮气。

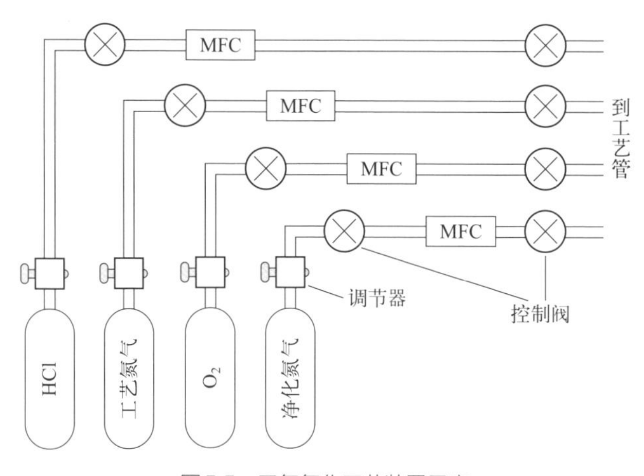

图5.5　干氧氧化工艺装置示意

由于诸如钠离子这样的可动离子沾污对高质量要求氧化物的影响是相当恶劣的，所以在氧化工艺过程中将氯化物（如 HCl）和 O_2 一并通入反应腔，氯的存在能够“俘虏”来自炉体、工艺原材料中的可动离子沾污，有助于获得高质量

的氧化物。此外，在氧化工艺中用含氯气体还可以中和界面处的电荷堆积，氯离子能扩散进入正电荷层，从而形成中性层。在热氧化工艺中加入氯化物的另一个优点是它能使氧化速率提升10%左右。值得注意的是，氯化物浓度应保持在3%以下，否则过多的氯化物离子将引起器件的不稳定。HCl较容易获得，但其吸水后具有强腐蚀性，会对管道和仪器造成破坏性影响，且HCl容易挥发，会对人体健康造成威胁，同时会污染环境。工业上还可以使用三氯乙烯（C_2HCl_3）、四氯化碳（CCl_4）、氯化铵（NH_4Cl）等氯化物。

氮气是作为净化气体使用的。因为在整个工艺过程中需要大量充入氮气，以排除空气中水蒸气等其他气体的干扰，虽然氮气成本不高，但用量很大，为了节约成本，把氮气分成两种级别，在待机时用相对低纯度级别的氮气，而在工艺进行时，则用高纯度级别的氮气。

图5.5中MFC是mass flow controller的缩写，表示质量流量控制器，是对气体进行流速测量和控制的一种设备。

为使工艺顺利进行，某些工艺条件要遵循一定的特殊格式，这就是工艺菜单。表5.1给出了一个干氧氧化的具体菜单案例。

表5.1　干氧氧化菜单

步骤	时间 /min	温度	净化 N_2/slm	工艺 N_2/slm	O_2/slm	HCl/sccm	备注
0		850℃	8.0	/	/	/	待机
1	5	850℃	/	8.0	/	/	装片
2	7.5	20℃ /min 升温	/	8.0	/	/	升温
3	5	1000℃	/	8.0	/	/	稳定温度
4	30	1000℃	/	/	2.5	67	干氧氧化
5	30	1000℃	/	8.0	/	/	退火
6	30	5℃ /min 降温	/	8.0	/	/	降温
7	5	850℃	/	8.0	/	/	卸片
8		850℃	8.0	/	/	/	待机

表5.1中的/表示关闭某种气体通道。slm和sccm都是气体流量单位。slm代表standard liter per minute，即标准升每分；sccm是standard cubic centimeter per minute的缩写，表示标准毫升每分。

在干氧氧化制备二氧化硅栅氧化物时，由于很薄（可达1nm左右），而氧化对温度比较敏感，因此需要很好地控制温度均匀性。这时，可采用快速热氧化工艺（rapid thermal oxidation, RTO）来进行。RTO可看作是RTP（rapid thermal processing，快速热处理）的一种应用。这种工艺的特点是采用快速热工艺系统，能够精确控制高温、短时间的氧化过程，从而获得性能优良的超薄二氧化硅薄膜。那么 RTP 是如何做到快速升温的呢？它的原理其实很简单，待加热晶圆的周围放置非常多的卤钨灯，卤钨灯将产生短波长辐射，硅片加热依靠吸收卤钨灯的辐射。卤钨灯阵列同时加热硅样品，可以使样品迅速升温，这可比淋浴房里浴霸的效果强多了。

5.2.3 水汽氧化

所谓水汽氧化指的是在高温下，利用水蒸气与硅发生化学反应，生成二氧化硅，其反应如下：

$$Si+2H_2O \longrightarrow SiO_2+2H_2 \tag{5.5}$$

在硅表面形成氧化硅后，后续的氧化不同于干氧中 O_2 的扩散，它是通过 H—O 的扩散进行的。在高温下，H_2O 先分解成 H 和 H—O，然后 H—O 扩散穿过已生成的二氧化硅到达硅表面继续实施氧化。由于在二氧化硅中，H—O 扩散要比 O_2 扩散快得多，因此水汽氧化的速率比干氧快得多。但是，俗话说得好，欲速则不达，水汽氧化得到的氧化膜的质量要比干氧的差。水汽氧化可用于需要厚氧化硅的场合，如场氧化物隔离等。

根据水汽提供方式的不同，水汽氧化可以分为：煮沸型、冒泡型、点燃型及氢氧合成型。

煮沸型相当于我们烧开水，将液态水高温下转变成水蒸气，然后通过 MFC 输运到工艺管中进行氧化。其装置示意如图 5.6 所示。

冒泡型同样是加热水，但水蒸气不是自己进入工艺管的，而是借助于氮气进入，相当于氮气携带水蒸气一起进入工艺管，再进行氧化。其装置示意如图 5.7 所示。

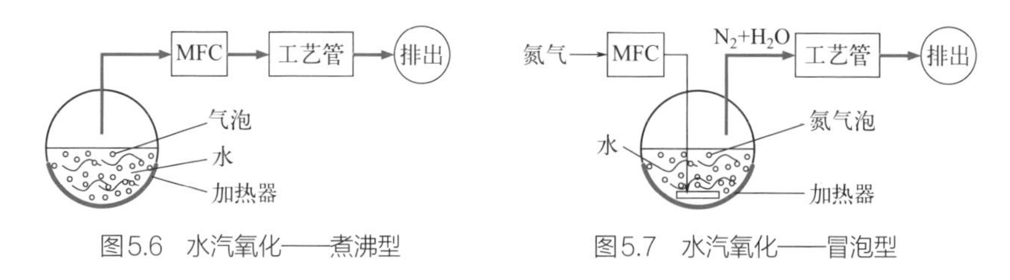

图5.6 水汽氧化——煮沸型　　图5.7 水汽氧化——冒泡型

点燃型同样用到氮气，但是水蒸气产生的方式不一样，它是通过水的液滴形式落下，在落下的过程中被下面的加热器给汽化，然后和氮气一起进入工艺管进行氧化。其装置示意如图 5.8 所示。

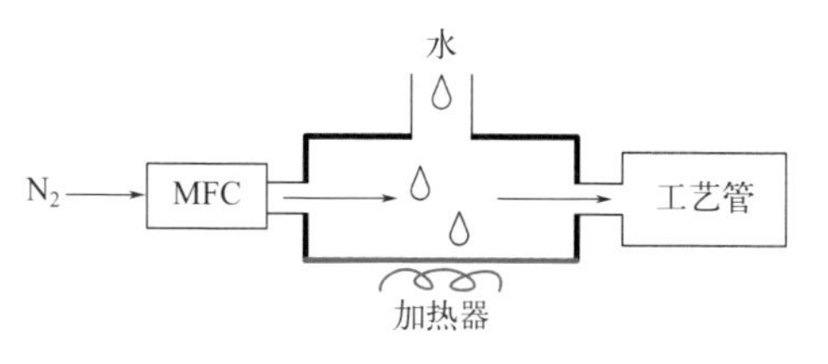

图5.8 水汽氧化——点燃型

氢氧合成型是通入氢气和氧气，然后点燃它们，让两者燃烧得到水蒸气，再在工艺管中氧化硅片。其装置示意如图 5.9 所示。典型的氢气和氧气的流量比是 1.8∶1 ～ 1.9∶1。氢氧合成氧化的优点是全气体系统，可以精确控制气体的流速，缺点是引入了易燃易爆的氢气。

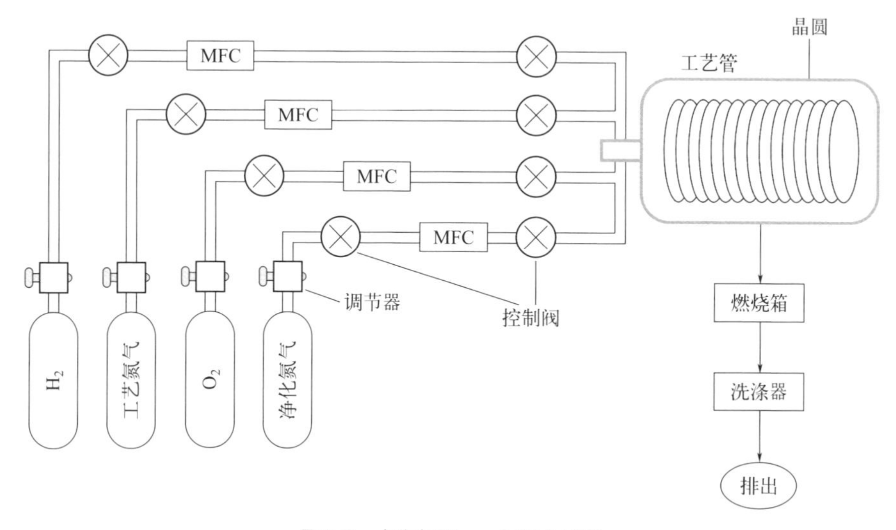

图5.9 水汽氧化——氢氧合成型

下面以氢氧合成氧化为例，介绍水汽氧化的工艺菜单，共有如下 17 个步骤：

① 待机状态，充普通净化氮气；

② 准备氧化时，换高纯度级别的工艺用净化氮气；

③ 保持上述氮气流，开始充入氧气；

④ 保持上述氧气和氮气流，石英舟上放置待氧化的硅片，推入石英舟；

⑤ 保持上述氧气和氮气流，开始升温；

⑥ 保持上述氧气和氮气流，温度稳定；

⑦ 关掉氮气，继续充入氧气；

⑧ 稳定氧气流；

⑨ 充入氢气，点燃；

⑩ 水汽氧化；

⑪ 保持氧气流，关掉氢气；

⑫ 关掉氧气，充入工艺用净化氮气；

⑬ 保持上述氮气流，开始降温；

⑭ 保持上述氮气流，拉出石英舟；

⑮ 保持上述氮气流，待机；

⑯ 重复下一批次石英舟内硅片的氧化；

⑰ 待机状态，充普通净化氮气。

5.2.4 湿氧氧化

湿氧氧化是用携带水蒸气的氧气作为氧源。湿氧氧化相当于干氧氧化与水汽氧化的综合，它的氧化速率介于两者之间。水汽含量越大，则氧化膜的质量和生长速率越接近于水汽氧化的情况；反之，则接近于干氧氧化的情况。

在实际生产中，可以采用干氧 - 湿氧 - 干氧相结合的方式来制备氧化硅，这样既利用了干氧氧化硅膜致密、干燥，以及和光刻胶良好接触特性的优点，又利用了湿氧氧化速率较高的优点，可谓两全其美。

5.2.5 影响氧化速率的因素

影响氧化速率的因素，除了上述氧化采取的工艺方案外，还与很多因素有关系，如：氧化温度、氧化气压、杂质浓度、晶面方向、等离子增强等。

温度越高，氧化剂在二氧化硅中的扩散系数越大，化学反应速率也越快，因此，氧化速率对温度很敏感，它会随着温度的升高而指数级增加。

气压增大，会迫使氧化剂更快地穿过已经生长好的氧化层，因此气压越大，氧化速率越高。高压环境下制备的氧化膜更为致密。其他条件相同时，高压可以缩短氧化时间。高压还可以降低对温度的需求，每增加一个大气压，氧化炉内的温度就可以降低 30℃。但是，出于安全考虑，需要增加不锈钢保护罩，导致系统变得复杂。

常见的Ⅲ、Ⅴ族杂质可以提高氧化剂在 SiO_2 中的扩散速率，因此重掺杂硅的氧化速率要高于轻掺杂硅。在线性阶段，硼掺杂和磷掺杂的线性速率系数相差不大。但在抛物线阶段，硼掺杂比磷掺杂氧化得快，这是因为硼更易于混入到氧化膜中，这将削弱它的键结构，使通过它的氧扩散随之增大。

在线性阶段，由于（111）面的硅原子密度比（100）面的大，因此（111）晶面的硅单晶氧化速率要比（100）的稍快。而在抛物线阶段，抛物线速率系数并不依赖于硅衬底的晶向，因此氧化生长速率在这个阶段没有明显差别。虽然（111）晶面氧化速率较快，但其表面的电荷堆积要更多，因此从氧化膜质量的角度来考虑，在制造 MOS 器件时工程师往往采用的是缺陷密度更低的（100）硅片。

在硅片氧化中引入等离子增强技术，可使硅片收集等离子区内的电离氧。这种行为可导致硅的快速氧化，并且允许氧化工艺在低于 600℃的温度下进行。这一技术的缺点是会产生颗粒及较高的膜应力，氧化膜的质量不高。

5.3 二氧化硅的应用

二氧化硅在集成电路芯片中的应用十分广泛，概括起来主要有五大类作用：器件保护与表面钝化、器件隔离、栅氧电介质、掺杂阻挡、金属层间介质层。此外氧化硅还可作为垫氧化物、阻挡层氧化物以及注入屏蔽氧化层。下面对这些应用逐一进行讨论。

5.3.1 器件保护与表面钝化

硅片表面上生长的二氧化硅是一种坚硬、无孔致密的材料，可以作为一种有效阻挡层，用来物理隔离和保护硅内的灵敏器件。坚硬的氧化硅膜层将保护硅片免受在制造工艺中可能发生的划伤和损害。自然氧化层有时候也会恰到好处地提供一定的保护作用。

热生长二氧化硅的一个主要优点是可以通过束缚硅的悬挂键降低它的表面态密度，这种效果称为表面钝化。表面钝化可以防止电性能退化并减少由潮湿、离子或其他外部沾污引起的漏电流通路。

5.3.2 器件隔离

我们知道，巨大规模集成电路芯片中有几十亿个晶体管，这些晶体管之间需要相互隔离。在集成电路工艺上，主要有 3 种器件隔离工艺：场氧化物（field oxide）隔离、局部氧化硅（local oxidation of silicon, LOCOS）隔离以及浅槽隔离（STI）。其中 STI 是最高级的隔离工艺，已在第 4 章介绍 CMOS 制作流程时介绍过。

场氧化物隔离是早期使用的一种简单隔离工艺，其工艺流程如图 5.10 所示。首先对硅晶圆进行清洁，然后湿氧生长一层氧化硅，接着进行光刻和刻蚀，得到场氧化物的图案结构，晶体管等器件就可以制作在无氧化硅覆盖的区域。

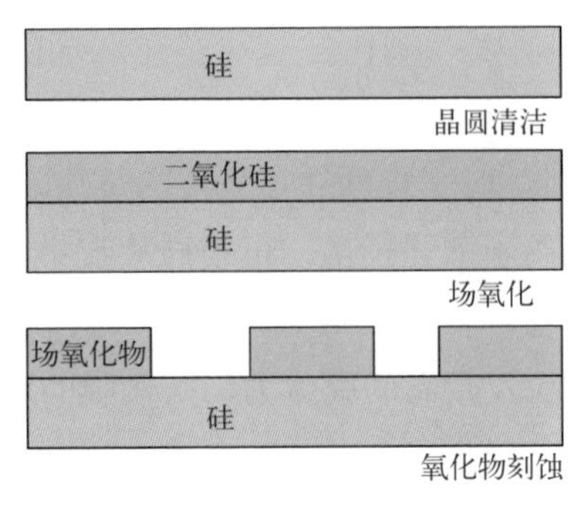

图5.10　场氧化物隔离工艺

局部氧化硅隔离的工艺流程如图5.11所示。首先是垫氧薄膜的生长和氮化硅的沉积，然后是通过光刻和刻蚀对氮化硅进行图案化，开出窗口，接着借助离子注入实现重掺杂隔离，并进行局部硅的氧化，最后去掉氮化硅和垫氧。LOCOS隔离工艺中会引入一个有趣的现象，即鸟嘴效应，不过工程师却并不喜欢这里的鸟嘴，都在想方设法地去除这个鸟嘴现象。产生鸟嘴效应的本质原因是氧的横向扩散。当氧化剂穿越氧化物时，它是向各个方向扩散的，既有氧原子纵向扩散，也有氧原子横向扩散。我们欢迎的是纵向扩散的氧原子，讨厌的是横向扩散的氧原子，因为横向扩散的氧原子会和氮化硅下面的硅发生反应，生成二氧化硅的厚度肯定要大于原来的硅厚度，这样就把氮化硅抬起来了，从而形成了类似鸟嘴的形貌。正是由于这个原因，制程到了0.25μm后人们再也无法忍受这个鸟嘴，便开启了更高端的浅槽隔离工艺。

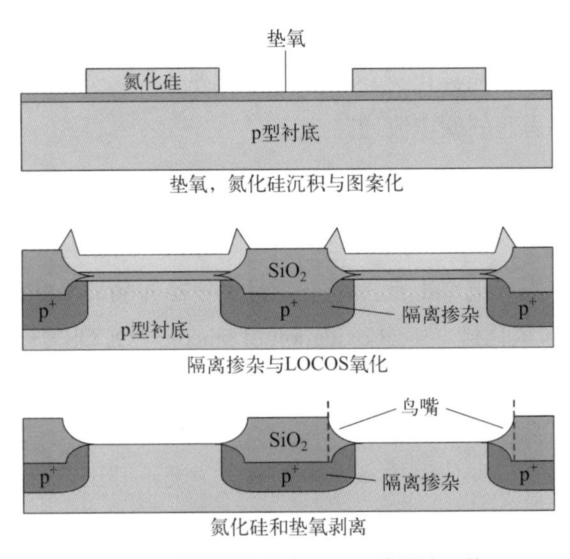

图5.11　局部氧化硅（LOCOS）隔离工艺

5.3.3 栅氧电介质

栅氧电介质是 MOS 器件中的重要组成部分，即 O 部分，也是在所有氧化物应用中质量要求最高的，如今的栅氧厚度可以薄至 1nm 左右，栅氧必须是均匀性极高的高质量薄膜，内部无杂质，在电学性能上必须要有极高的电阻率和介电强度，不存在漏电流。

二氧化硅作为栅氧的结构如图 5.12 所示。

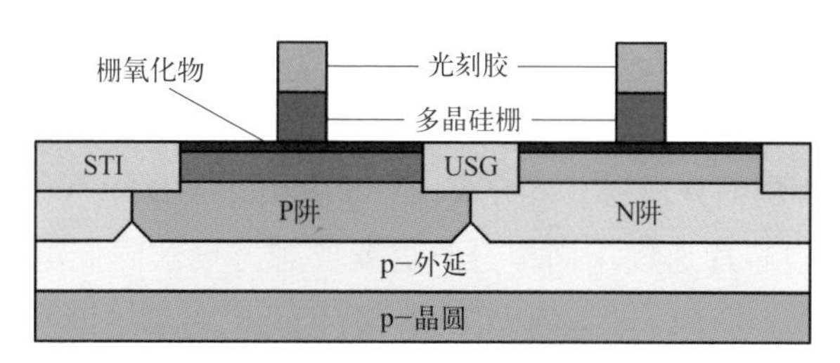

图5.12　采用二氧化硅作为栅氧电介质

伴随着摩尔定律，器件尺寸不断缩小，对应的栅介质厚度也不断减薄，但是栅极漏电流也随之增大。事实上，栅氧厚度到 5nm 以下时，纯二氧化硅作为栅氧产生的漏电流已经令人无法接受，这是由电子的量子隧穿效应造成的，对二氧化硅氮化生成氮氧化硅（SiO_xN_y）可以改善这一问题。但到了 90nm 技术节点后，氮氧化物减薄到 1.1 ～ 1.2nm 时，这种方法也因漏电流过大而难以为继，这时必须采用高 k 栅极介质，如氧化铪（HfO_2）。

5.3.4 掺杂阻挡

二氧化硅可作为硅表面选择性掺杂的有效掩蔽层。这是因为与硅相比，常见掺杂物在二氧化硅里的移动缓慢，只需要薄氧化层即可阻挡掺杂物。掺杂阻挡的示意如图 5.13 所示，图中二氧化硅的图案可以通过光刻和刻蚀得到。通过二氧化硅作为掩蔽层可以有效阻挡掺杂物向二氧化硅下方的硅扩散，而只是在没有二氧化硅覆盖的区域进行扩散掺杂。当然，这只是理想情况。由于掺杂物存在横向扩散的现象，所以在窗口边界处，仍然有一小部分二氧化硅下方的硅被掺杂了，这是不希望发生的事情。正因为扩散有这个缺点，所以在要求比较高的场合，改

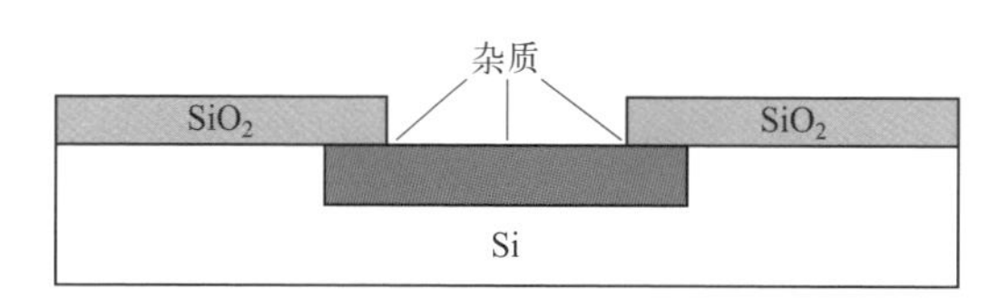

图5.13　二氧化硅起掺杂阻挡作用

用离子注入进行掺杂。

由于B、P在SiO_2中的扩散系数比在Si中的扩散系数小，所以常常选择B、P作为扩散的杂质。而对于镓（Ga）、铝（Al）等杂质，情况则相反。金（Au）虽然在二氧化硅中的扩散系数很小，但由于在硅中的扩散系数太大，这样一来就会导致横向扩散作用太大，所以也不适合选用。

5.3.5 金属层间介质层

二氧化硅是集成电路芯片金属层间有效的绝缘体，它能阻止上层金属和下层金属间发生短路现象。要求起介质作用的氧化硅无针孔和空隙。起这个作用的二氧化硅被称为金属层间介质层（inter-metal dielectric, IMD）。

人们总是希望芯片速度不断提升，这就要想方设法降低电阻电容延迟现象（RC delay）。由于工艺和导线电阻的限制，我们无法考虑借助几何尺寸的改变来降低寄生电容 *C* 值，而寄生电容恰好和介质的相对介电常数成正比，因此工程师们正不断地寻求低 *k*（low-*k*）材料甚至是超低 *k*（ultra low-*k*）材料。如图5.14所示，其中FSG就是掺氟的氧化硅，它就是一种低 *k* 材料。

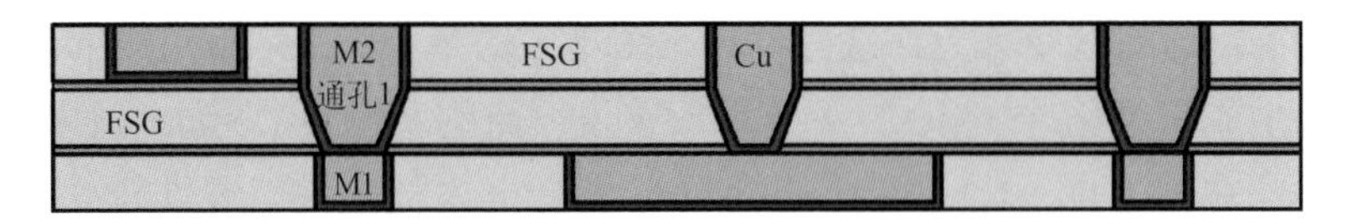

图5.14　掺氟氧化硅（FSG）作为金属层间介质层

5.3.6 氧化硅的其他应用

氧化硅还可以作为垫氧化物、阻挡层氧化物以及注入屏蔽氧化层。

垫氧化物（pad oxide）往往在沉积氮化硅之前先进行，如图5.15所示。垫氧的目的是有效地减小氮化硅和硅之间的应力，释放氮化硅的强应力可避免应力导致的缺陷。

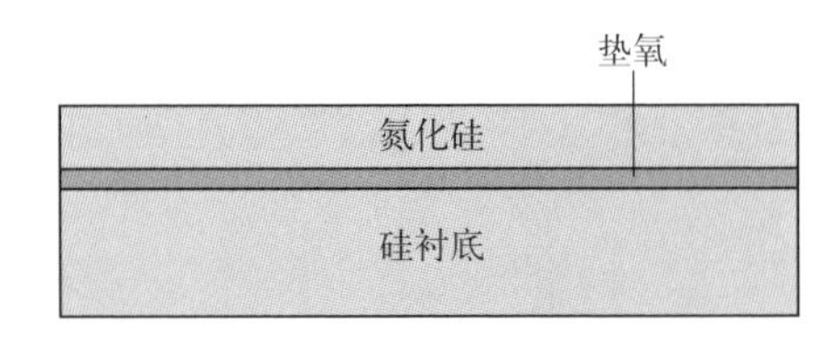

图5.15　垫氧化物（pad oxide）的应用

阻挡层氧化物（barrier oxide）的示意如图5.16所示。在沉积USG之前先进行氧化工艺得到阻挡层氧化物，其目的是保护有源器件和硅免受后续工艺的影响。

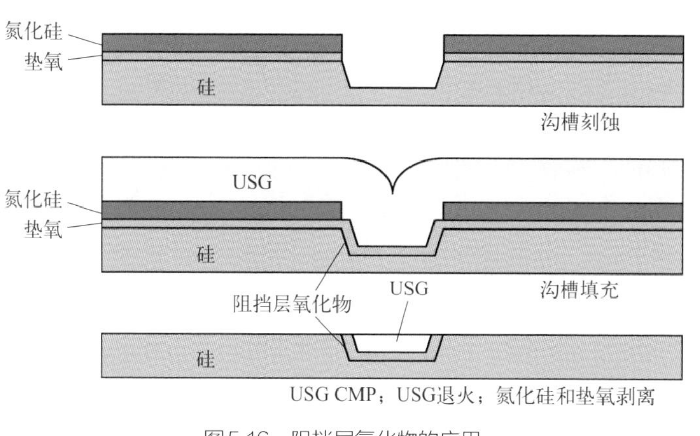

图5.16 阻挡层氧化物的应用

如图 5.17 所示，在离子注入前，先氧化一层注入屏蔽氧化层（screen oxide）有助于减少对硅表面的损伤，还可通过减小沟道效应，获得对杂质注入时结深的更好控制。

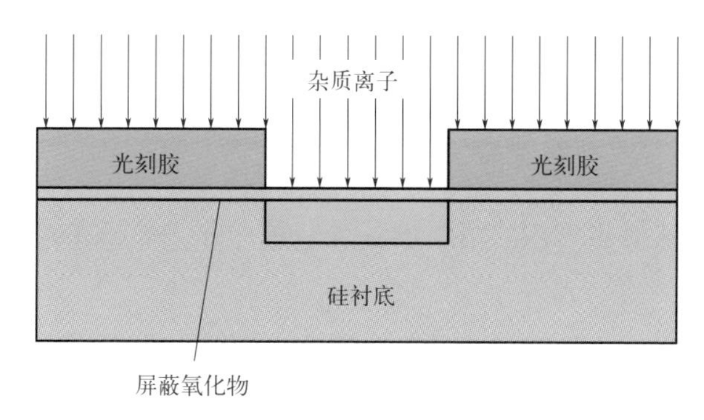

图5.17 注入屏蔽氧化层的应用

5.3.7 氧化硅的应用总结

热氧化的总体目标是按厚度要求生长无缺陷、均匀的 SiO_2 膜。氧化工艺采用哪一种具体方案类型取决于氧化层的厚度和性能要求。薄氧化物，如栅氧，通常用干氧生长。对于厚氧化物，如场氧，一般使用水汽氧化或者干 - 湿 - 干混合方法。

这些不同种类的氧化硅薄膜起着不同的作用，有的氧化硅薄膜成为器件结构的一部分，如栅氧化物是 MOS 器件的一部分，有的则充当了工艺过程中的牺牲品，如垫氧、掺杂阻挡层氧化物等。现将上述的氧化硅各种不同用途总结于表 5.2 之中。值得注意的是，表中的氧化硅不一定是通过氧化生长方法制得，也可能是通过化学气相淀积工艺制备。

表5.2　不同氧化硅的应用

应用	目的	说明
自然氧化物（native oxide）	起到器件保护与表面钝化的作用	室温下生长速率约为 1.5 ～ 4nm/h
场氧化物（field oxide）隔离 / 局部硅氧化（LOCOS）隔离 / 浅槽隔离（STI）	晶体管器件之间的隔离阻挡层	优越性 STI>LOCOS>field oxide
栅氧化物（gate oxide）	用作 MOS 的栅介质材料	非常薄，用掺氯的干氧工艺
掺杂阻挡层（dopant barrier）	作为掺杂或离子注入杂质时，掩蔽不需要掺杂区域	离子注入优于扩散
金属层间介质层（IMD）	芯片金属层间有效的绝缘体层	采用化学气相淀积工艺
垫氧化物（pad oxide）	做氮化硅缓冲层以减小应力	热生长工艺，较薄
阻挡层氧化物（barrier oxide）	保护有源器件和硅免受后续工艺影响	热生长工艺，厚度约几十 nm
屏蔽氧化物（screen oxide）	用于减小注入损伤和沟道效应	热生长工艺，可以较好地控制结深

5.4　氧化设备

用于氧化或其他热工艺的基本设备有三种：卧式炉、立式炉、快速热处理（RTP）设备。

5.4.1　卧式炉

早期半导体产业，卧式炉在硅片氧化等热处理工艺中被广泛使用。卧式炉的命名来自于石英管的水平摆放，其内部结构示意如图 5.18 所示。石英管是用来放置和加热硅片的。炉子通常由控制系统、气体输运系统、工艺管 / 腔系统、晶圆装载系统、排气系统组成。

由于高纯石英在高温下具有较好的稳定性，因此经常用石英管作为反应腔中硅晶圆的载体，石英管也称为石英舟，就像一叶扁舟上带上了很多晶圆乘客一样。

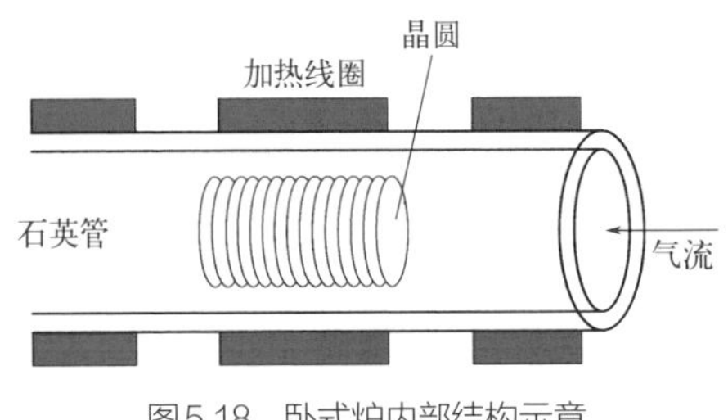

图5.18　卧式炉内部结构示意

凡事都有两面性，石英舟也不是十全十美的，它易碎，内部可能会有金属离子沾污，也不能很好地阻挡外来的钠离子。

石英舟在使用一段时间后，必须进行清洁工作，以免受到粒子沾污的影响。有两种方法可以对石英舟进行清洗。一种是离线操作，把石英舟从氧化炉中拿出来，用 HF 酸溶液清洗其表面，这种方法每一次清洗都会洗去一层石英，会影响石英管的使用寿命。另一种方法是在线清洁，这种方法用在管内生成的等离子体进行清洁，如从 NF_3 中生成的氟的游离基会刻蚀掉沾污层。

除石英外，也可以使用碳化硅管，这种管子可以很好地阻挡金属离子沾污，有更高的热稳定性，但是它比较重，成本也更高。

5.4.2 立式炉

20 世纪 90 年代初卧式炉被立式炉取代，立式炉中石英舟是垂直放置的。立式炉的主要优点有：

① 更小的占地面积。净化间的建筑成本很高，寸土寸金，因此如果设备都能竖起来，占据更小的地盘无疑是令人垂涎的优点。因此立式炉更小的占地面积会降低拥有成本（cost of ownership, COO）。

② 更好的沾污控制能力。在立式炉中气流是从上向下流动的，这样别的机台产生的粒子就没有什么机会掉落到晶圆上，从而减少颗粒沾污。

③ 更好的晶圆处理能力。在卧式炉中，当处理大量大直径晶圆时呈现较高的转矩。转矩是使物体发生转动的一种特殊的力矩。而在立式炉中，这种转矩为零。

④ 更好地控制温度和均匀性，从而得到更高质量的氧化膜。

⑤ 立式炉更易自动化，可改善操作者的安全，而且维护成本更低、在线时间更长。

卧式炉和立式炉系统性能上的比较如表 5.3 所示。

表5.3　卧式炉和立式炉系统性能对比

性能指标	目标要求	卧式炉	立式炉
占地面积	尽可能小	较大	较小
沾污控制	颗粒最少化	差	优
气流均匀性	均匀性要优化	较差	气流分布均匀一致
石英舟选择	要能选择，提高均匀性	不能	容易实现
硅片温度梯度	要尽可能小	大	小
工艺前后炉管气氛控制	要容易控制	较难控制	较好控制
硅片装载	要能自动化	难以自动化	容易自动化
石英更换	更换时间要短、容易	慢、麻烦	快、容易
沾污控制	颗粒最少化	差	优

立式炉的一个改进是快速升温炉，它能迅速将一批硅片温度升到需要的加工温度，减少工艺稳定所需要的时间，工艺结束后也能快速冷却。快速升温炉的发展使得硅片有 100℃ /min 的升温速率和 60℃ /min 的冷却速率，可以同时处理 100 片硅片。它内部拥有先进的温度控制，允许对硅片单独加热和冷却。其内的控制系统可以监控相关的各个温区，以优化硅片上的温度。

5.4.3 快速热处理（RTP）设备

快速热处理（rapid thermal processing, RTP）设备是一种小型的快速加热系统，带着辐射热和冷却源，通常一次处理一片硅片。RTP 具有非常快的加热速度，通常在几分之一秒内可将单个硅片加热到 400 ～ 1300℃。与炉式加热形成鲜明的对比，如图 5.19 所示。

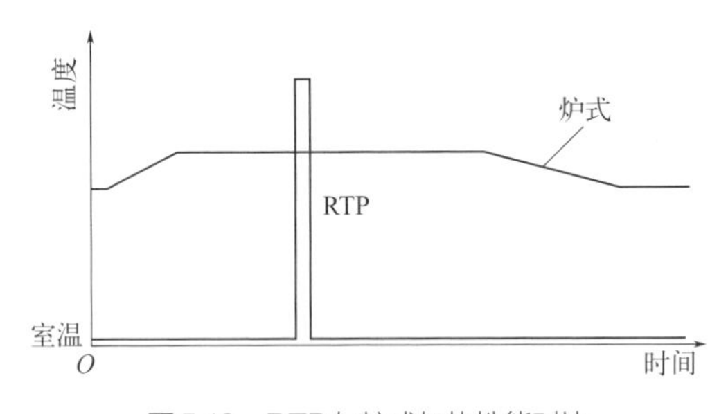

图5.19　RTP与炉式加热性能对比

大多数的 RTP 设备采用多盏卤钨灯组成阵列组装在一起作为热源，如图 5.20 所示。卤钨灯将产生短波长辐射，硅片加热依靠选择性吸收卤钨灯的辐射。RTP 设备在辐射热源和硅片间传输能量时，并不会对反应腔壁加热，因此炉壁称为“冷壁”，它通常是光滑的金属，其上有一个石英窗口，可使来自卤钨灯的热源辐射顺利通过。

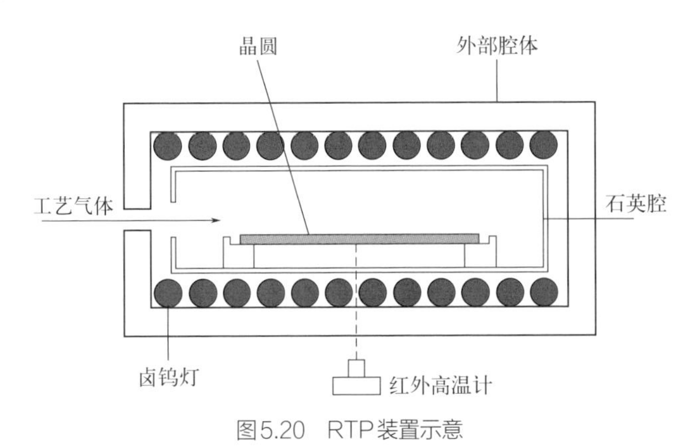

图5.20　RTP装置示意

RTP 在氧化中的应用便是上文介绍过的 RTO。对于深亚微米器件来说，栅氧一般小于 3nm，非常薄，这时候需要对温度及其均匀性进行很好的控制，只有借助于 RTO 才能满足这一要求。

RTP 的温度测量有两种方式：热电偶和光学高温计。热电偶和硅片直接接触，确定硅片的真实温度。虽然热电偶相对可靠，但它响应时间慢，并且在高温时其寿命会变短。光学高温计可以测量远处的温度，其响应时间快。它是通过对硅片加热，探测其红外辐射来完成的，属于间接测量。

RTP 的主要优点有：

① 减少热预算。热预算是温度与时间的乘积。

② 硅中杂质扩散运动最小，尽量避免了杂质的重新分布。

③ 更短的加工时间。

④ 因为是冷壁加热，减少了颗粒等沾污。

⑤ 晶圆与晶圆之间的均匀性更好。

⑥ 适应于自动组合装置，易于工艺集成。

传统立式炉和 RTP 设备之间的性能对比如表 5.4 所示。

表5.4　立式炉和RTP设备之间的性能对比

性能指标	立式炉	RTP 设备
处理硅片数量	一批	单片
壁温	热壁	冷壁
杂质再扩散	较大	较小
加工周期	长	短
热预算	大	小
颗粒沾污	多	少
温度均匀性	差	好
测温	测量气氛温度	测量硅片温度
温度梯度	较小	较大

RTP 在半导体制备中的应用十分广泛，可归结为以下几点：

① 薄栅氧的制备；

② 离子注入之后的退火，以消除硅晶格损伤并激活杂质；

③ 硼磷硅玻璃（BPSG）回流，以改善局部平坦性能；

④ 硅化物的形成，如硅化钴（$CoSi_2$）；

⑤ 阻挡层退火，如氮化钛（TiN）；

⑥ 接触合金的制备；

⑦ 改进淀积膜的致密性，如淀积氧化膜。

图 5.21 所示的国产 RTP 设备，由顺星电子科技有限公司生产，晶圆加工能力最大尺寸为 12 英寸，具有稳定的片间工艺重复性。

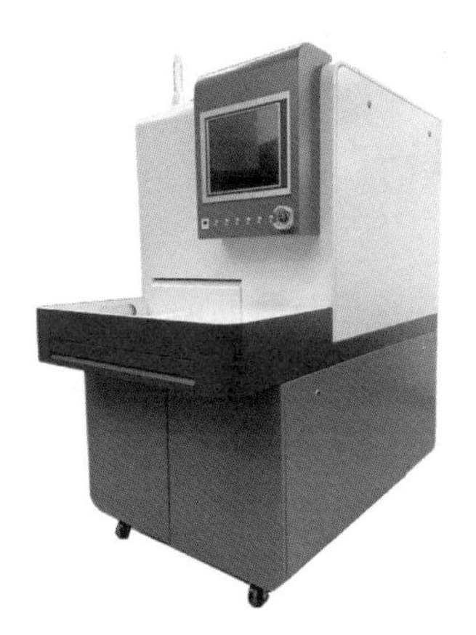

图5.21　国产顺星电子RTP设备

5.5 氧化质量检查及故障排除

5.5.1 氧化质量检查

氧化膜制备后，我们需要对它的质量进行检查，如氧化膜的厚度及均匀性、氧化膜内部的颗粒、氧化膜下方的颗粒。对于栅氧化物，我们还需重点关注它的结构完整性，以及它的 C-V 特性与击穿电压。

测量二氧化硅厚度的方法有很多。如果精度要求不高，可采用简单的比色法；如果精度要求较高，则可以采用双光干涉法或椭圆偏振光法。

比色法是将氧化层表面颜色和颜色 - 厚度标准进行对比，从而确定氧化层的大致厚度。由于氧化层的颜色随着厚度的变化而呈现周期性的变化，因此这种方法误差较大。当薄膜厚度超过 7500Å 时，色彩变化不明显，所以这种方法只适合测量 1000 ～ 7000Å 的膜厚。

双光干涉法需将氧化硅薄膜腐蚀出一个斜面，再用短波长单色光入射进斜面，然后用显微镜观察斜面处的干涉条纹，如图 5.22 所示。根据条纹的个数就可以确定膜厚，其计算公式是

$$t=N\times\lambda/2n \tag{5.6}$$

式中，t 为膜厚；N 为干涉条纹数；λ 为入射光的波长；n 为二氧化硅折射率，可取 1.5。这种方法适合测量厚度在 200nm 以上的薄膜。

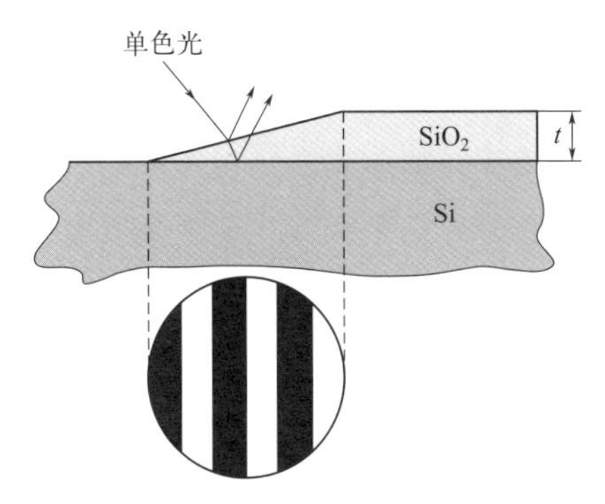

图5.22 双光干涉法测二氧化硅膜厚

椭圆偏振光法是利用椭圆偏振光照射样品表面，观察反射光偏振状态的改变，从而测出样品上膜厚的一种方法。如图 5.23 所示，激光管发出的光经起偏器后成为线偏振光，它的偏振方向由起偏器决定，只要转动起偏器就可以改变偏振光的偏振方向。偏振光经 1/4 波片后变成椭圆偏振光。该偏振光经过样品反射后通常仍然是椭圆偏振光，只是椭圆率和长短轴的方位发生了改变。对于一定厚度的薄膜，转动起偏器可以使反射后的光变成线偏振光。转动检偏器找到消光状态。在消光状态下，一定的膜厚对应一定的起偏器方位角 P 和检偏器方位角 A。测量时，只要读出 P、A 值，就可以计算得出膜厚。该法的测量精度可达 10Å。此外，椭圆偏振法还可以用来检测折射率及膜厚均匀性。

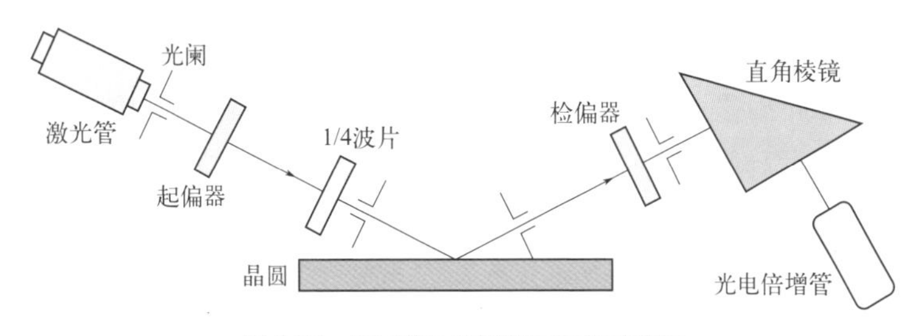

图5.23 椭圆偏振光法测二氧化硅膜厚

在测量膜厚后如果发现薄膜厚度与设计值不符，那么可能的原因有：

① 错误的气流。可能是不同气体的流速比不恰当。譬如掺氯干氧情况下，应检查 HCl 与 O_2 的比率是否正确，因为 HCl 会提高氧化速率。

② 氧源气体有泄漏。可用裸硅样片检测片来检验炉子里是否有 O_2 泄漏的情况。

③ 硅片在正常氧化之前或之后在空气中过度暴露，导致过度的自然氧化物生长。

④ 某些情况下可能是测量设备本身出了问题。此时可用该设备测量氧化物厚度，与标准厚度的硅片相比较，以此来核对测量设备。

氧化膜内的颗粒沾污可能来自炉内的硅片破损、沾污的石英器皿、沾污的装卸台，也可能来自沾污的气体过滤器或气管。为此，需要检查自动处理系统的对准、石英器皿和装卸台的清洁，以及进气的过滤器。

氧化膜下的颗粒沾污可能是由于氧化前清洗不到位，引入了沾污。要检查氧化前清洗步骤的正确设立与可靠执行，还要检查石英器皿和装卸台的清洁。

栅氧化物完整性方面的缺陷类型有膜内可动离子沾污及栅氧化物击穿，这往往与工艺条件密切相关。这方面的检查可以从回顾氧化前清洗步骤开始，推测可能的沾污来源，确认有没有来自气管或有故障的过滤器造成的沾污。可以用无图形检测片来做 C-V 测试，以检测栅氧的完整性，并用表面电荷分析仪在检测片上做氧化物电荷分析。

5.5.2 氧化故障排除

常见的氧化工艺故障有进入炉体的错误气流、立式炉工艺腔内错误的温度均匀性、RTP 设备内不恰当的温度均匀性。

造成进入炉体气流错误的可能原因有：MFC 故障、不正确的工艺菜单。氢氧合成氧化时还有一个可能是错误的 H_2 和 O_2 比率。对应的纠正措施有：检查工艺气体 MFC（O_2、N_2、H_2、HCl 等），进行校准并操作正常；确认气阀功能是否正常，是否有漏气现象；检查是否有空气从石英或炉门的密封圈外漏入炉管内；确认从氧化炉设备软件里调入的是正确的工艺菜单。

立式炉工艺腔内错误的温度均匀性可能是由错误的工艺菜单或热电偶工作方式不正确引起的。对应的纠正措施有：确认正确的工艺菜单被调入；检查在升降温及恒温过程中温度是否均匀；检查热电偶的工作方式，确认没有因过度受热和腐蚀而退化，替换有问题的热电偶，确认热电偶参考点的温度没有漂移。

RTP 设备内不恰当的温度均匀性可能的原因有：加热系统故障或温度测量传感器发生故障。此时，应确认加热灯（如卤钨灯）是否正常工作并且光强是否正确；确认光学高温计测量传感器的正确校准和温度测量；并通过对硅表面反射率测量，来检查硅片表面的反射率有无变化。

第6章 化学气相淀积

本章将主要讲述化学气相淀积（chemical vapor deposition, CVD）工艺，重点讨论氧化硅和氮化硅等绝缘薄膜以及多晶硅的淀积，金属和金属化合物薄膜的淀积将在第7章中介绍。本章首先会对薄膜淀积工艺做一个概述，随后介绍CVD工艺和淀积系统，然后论述介质及其性能，接着描述一种特殊的CVD工艺——外延（epitaxy），最后讨论CVD薄膜质量测量及故障排除。

6.1 薄膜淀积概述

薄膜淀积是芯片制造中一个至关重要的工艺步骤，通过淀积工艺可以在硅片表面生长各种导电薄膜和绝缘薄膜。那么什么是薄膜呢？它指的是厚度远远小于长度和宽度的一层很薄的膜，如图6.1所示为氧化硅薄膜。半导体制造中的薄膜淀积是指任何在硅片衬底上用化学方法或物理方法淀积一层膜的工艺。所淀积的薄膜可以是绝缘体、半导体或者导体，比如二氧化硅（SiO_2）、氮化硅（Si_3N_4）、多晶硅以及金属（Cu、Al、W等）。

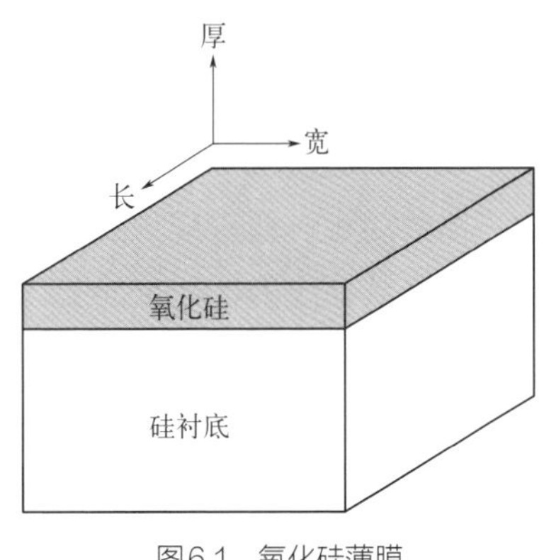

图6.1 氧化硅薄膜

芯片的有源区上方便是由介质层薄膜和金属层薄膜交替堆叠构成的。金属层与层之间通过绝缘介质层上开的通孔来连接。随着芯片越来越复杂，它的金属互连布线增加迫使人们不断提高金属互连层的数量。但是增加金属层的代价很高，据统计，在CMOS工艺中每增加一层金属层就会增加约15%的芯片制造成本。芯片从业人员需在成本、复杂度、性能之间折中考虑，来决定所采用的金属层数。

金属层可分为关键层和非关键层。关键层（critical layers）指的是那些线条宽度被刻蚀为器件特征尺寸的金属层，它往往指的是靠近硅片有源区的第一层金属层。对关键层的要求非常高，因为任何颗粒沾污或电迁移都可能带来灾难性的后果，尤其是极小特征尺寸的情况下。非关键层（noncritical layers）指的是处于关键层上方的金属层，它们的互连线往往有更大的线宽，要求也没关键层那么严苛，但是非关键层的长导线长度将会影响芯片的功耗与速度。关于金属层的淀积将在第7章讨论。

介质层同样分为两种，分别是第一层层间介质（first inter layer dielectric, ILD-1）和层间介质（inter layer dielectric, ILD）。第一层层间介质也被称为金属前绝缘层（pre-metal dielectric, PMD），它是硅芯片有源区和第一层金属层之间的绝缘介质层。在物理上，PMD可以将潜在的可动离子沾污等杂质与晶体管隔离；在电学上，PMD则可以隔离晶体管和互连金属线。层间介质指的是两层金属互连层之间的绝缘介质层。介质层的介电常数是一个重要指标，它将直接影响集成电路的性能与速度。典型的ILD材料是介电常数为3.9左右的SiO_2。

高质量的薄膜需具备如下要求。

（1）高纯度和高密度

薄膜淀积时要避免颗粒、可动离子等各种沾污，这需要高纯度的材料和洁净的薄膜淀积环境。膜密度是衡量膜质量的一个指标，它能表征薄膜中针孔和空洞的密度。一般来说，都要求薄膜结构完整性好，具有极高的致密性。

（2）受控制的化学剂量

化学剂量分析是指在化合物或分子中一种组分的量与另一种组分量的比例。理想的膜要有均匀的组成成分。淀积工艺的一个要求是要在反应中有合适数量的分子，以便使淀积得到的薄膜组分接近于化学反应方程式中对应的组分比例。

（3）低的膜应力

薄膜淀积时要求应力要尽量小，因为淀积时附加额外应力的薄膜将通过裂缝的形式释放此应力，严重的膜应力会使硅片发生形变。

（4）好的厚度均匀性

要求薄膜各处都能均匀一致。厚度均匀性分为：片内均匀性、片间均匀性、批间均匀性。只有薄膜均匀性好，才能避免电阻随着薄膜厚度的变化而变化。对于薄膜，要有好的表面平坦度来尽可能减少台阶和缝隙。

（5）好的台阶覆盖能力

良好的台阶覆盖能力要求淀积的薄膜能够像图 6.2（a）中那样在硅片表面上厚度一致，这种均匀厚度的覆盖我们称为共形台阶覆盖。然而在实际工艺过程中，如果不能很好地控制工艺参数，很容易会在尖处以及沿着垂直侧壁到底部的方向出现厚度不均匀的现象，如图 6.2（b）（c）所示，这种非均匀厚度的覆盖我们称为非共形台阶覆盖。如果淀积的薄膜在台阶上过度变薄，就容易导致过高的膜应力、短路或者出现不希望的诱生电荷。

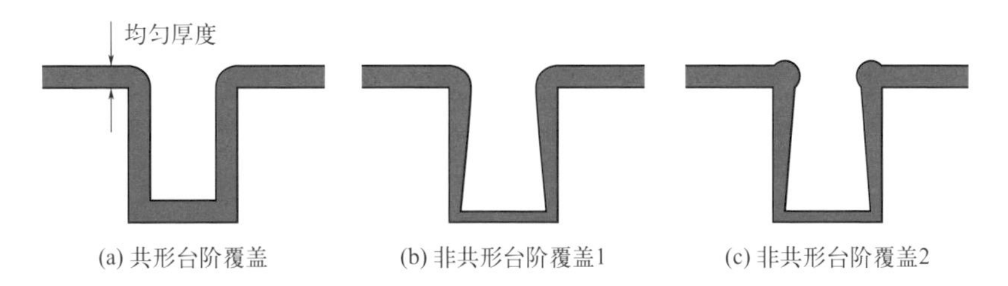

图6.2　共形台阶覆盖与非共形台阶覆盖

（6）优良的高深宽比间隙填充能力

深宽比定义为间隙的深度和宽度的比值。如图 6.3 所示，深宽比为 2∶1。要求在薄膜沉积时要有良好的高深宽比间隙填充能力。典型的高深宽比结构是连接不同金属层之间的通孔。值得注意的是，高深宽比结构往往难于淀积形成厚度均匀的膜，其底部也难以填充，容易产生夹断和孔洞。通常高深宽比通孔的淀积使用填充能力较好的 CVD 法进行，如高密度等离子体化学气相淀积工艺。

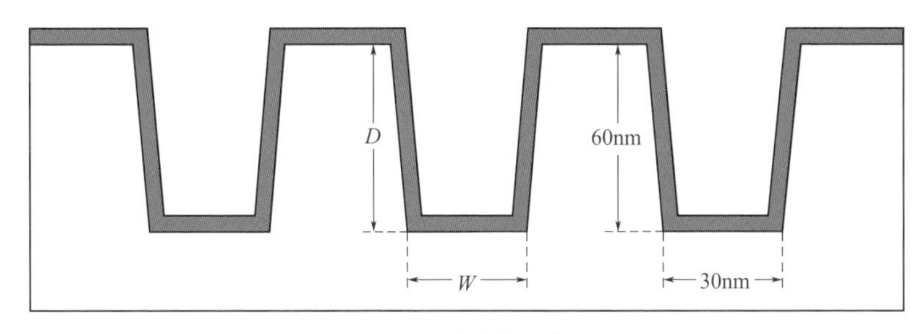

图6.3　深宽比示意

（7）好的介质特性

要求薄膜能提供很好的绝缘性能。

（8）对衬底材料或下层膜具有很好的黏附性

如果黏附性不够好，可能会产生薄膜分层和开裂的现象，开裂的薄膜会导致表面粗糙，杂质也可以穿过薄膜。对于起隔离作用的薄膜，开裂可能会导致短路或漏电流。薄膜对衬底表面的黏附性与衬底的表面洁净度和衬底材料有关。铬、钛、钴因为它们的高黏附性而经常被用来促进黏附性。

薄膜的生长不是一蹴而就的，如图 6.4 所示，它可以分成三个基本的过程。

第一步：晶核形成。被沉积物质的原子或分子倾向与自身相互键合起来，形成晶核。

第二步：岛生长。晶核之间相互凝聚，形成岛。

第三步：形成连续的膜。不同的岛再合并，从而形成薄膜。

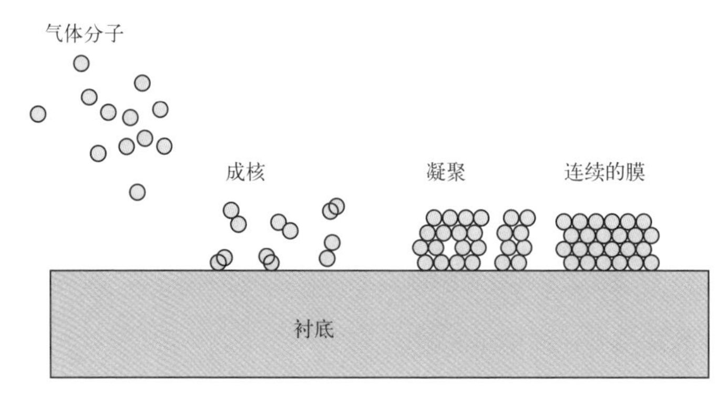

图6.4 薄膜生长的基本过程

6.2 化学气相淀积工艺

化学气相淀积（CVD）是通过气体混合的化学反应在硅片表面淀积一层固体膜的工艺。在集成电路工艺中除了运用 CVD 工艺沉积一些金属阻挡层、种子层外，CVD 主要用于沉积二氧化硅和氮化硅等介质膜。化学气相淀积工艺又可以分为常压化学气相淀积（APCVD）、低压化学气相淀积（LPCVD）、等离子体增强化学气相淀积（PECVD）、高密度等离子体化学气相淀积（HDPCVD）等。在沉积二氧化硅的同时可以掺入不同种类的杂质，从而获得磷硅玻璃（PSG）、硼硅玻璃（BSG）、硼磷硅玻璃（BPSG）、氟硅玻璃（FSG）。

6.2.1 CVD 工艺概述

化学气相淀积工艺中的反应物必须以气相形式参加反应，硅片表面及其邻近的区域被加热从而向反应系统提供足够的能量，参加反应的物质都是源于外部的源气体。CVD 工艺沉积氧化硅与通过氧化方式得到的氧化硅是不同的。如图 6.5

所示，其中图 6.5（b）表示裸硅片；图 6.5（a）为氧化生长法制备二氧化硅，二氧化硅中的硅是由硅衬底提供的；图 6.5（c）为采用 CVD 工艺沉积的二氧化硅，其中硅是来自源气体，它并不像氧化那样消耗衬底的硅。两种工艺相比，往往氧化工艺需要更高的反应温度，制备的氧化硅具有更高的质量；而淀积工艺需要的反应温度相对较低，淀积薄膜的速率更高。

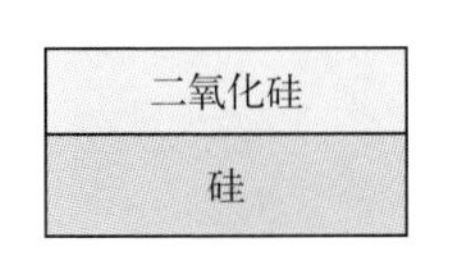

(a) 氧化生长法制备二氧化硅

(b) 裸硅片

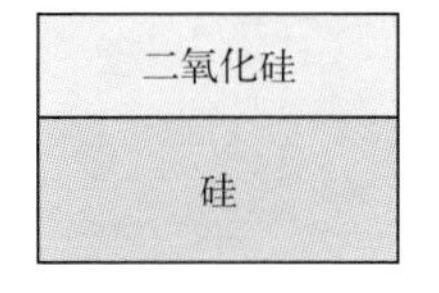

(c) 采用CVD工艺沉积的二氧化硅

图6.5　氧化工艺与化学气相淀积工艺的对比

CVD 系统内发生的化学反应有多种方式，常见的有：

① 高温分解：通过热能促使输入气体分解成原子或分子。

② 光分解：利用光辐射使化合物的化学键断裂分解。

③ 氧化反应：反应物原子或分子和氧发生化学反应。

④ 还原反应：反应物分子和氢发生还原反应。

⑤ 氧化还原反应：反应③与④组合，反应后生成新的化合物。

CVD 工艺反应可分为异类反应和同类反应。如果 CVD 工艺反应是发生在硅片表面或者非常接近表面的区域，称为异类反应，也叫表面催化。如果 CVD 工艺反应发生在硅片表面上方较高的区域，则称为同类反应。在 CVD 工艺中，我们需要的是异类反应，它可以带来更高质量的薄膜。要避免同类反应，因为同类反应会导致生成的薄膜密度低、缺陷高，且与衬底的黏附性差。

如图 6.6 所示，CVD 反应可分为八个步骤：

① 气体传输至待淀积区域；

② 薄膜先驱物的形成；

③ 薄膜先驱物分子向硅片表面扩散；

④ 薄膜先驱物黏附于硅片上；

⑤ 薄膜先驱物扩散到衬底中；

⑥ 发生表面化学反应形成连续薄膜；

⑦ 副产物解吸附从表面移除；

⑧ 从反应腔中去除副产物。

在实际生产中，CVD 反应的时间长短非常重要，最慢的反应阶段会成为整

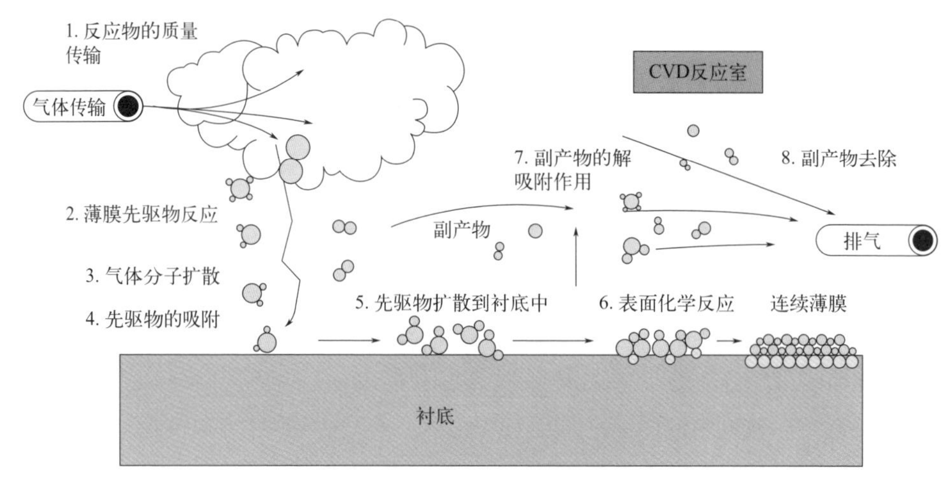

图6.6　CVD反应的八个步骤

个淀积工艺的瓶颈。CVD 沉积薄膜的速度限制因素分为两种情况。一种是发生在较低的反应温度下，由于只有较少的能量来驱动表面化学反应，因此表面反应速度较低，使得反应物到达硅片表面的速度超过表面反应的速度。在这种情况下，淀积速度是受反应速度限制的，称为反应速度限制（reaction-rate limited）因素。此时即使有再多的反应物，由于低温不能提供反应所需的足够能量，反应速度不会增加。如果 CVD 发生在低压下，反应气体到达表面的扩散作用会显著增加，这会增加输运到衬底的反应物，此时沉积速度受限于表面的反应速度，即在较低压下 CVD 工艺也是受反应速度限制的。另一种情况是在高温高压下，CVD 反应速度得到极大提升，此时总体沉积速度受限于到达表面的反应物的多少，因此称为质量传输限制（mass-transport limited）因素，即高温高压 CVD 工艺是受质量传输限制的。

6.2.2　CVD 淀积系统

CVD 具有多种形式的淀积系统，如图 6.7 所示。根据内部气压的不同，CVD 淀积系统可以分为常压化学气相淀积（APCVD）和减压化学气相淀积。减压 CVD 又分为普通的低压化学气相淀积（LPCVD）、使用等离子体的等离子体增强化学气相淀积（PECVD）和高密度等离子体化学气相淀积（HDPCVD）。

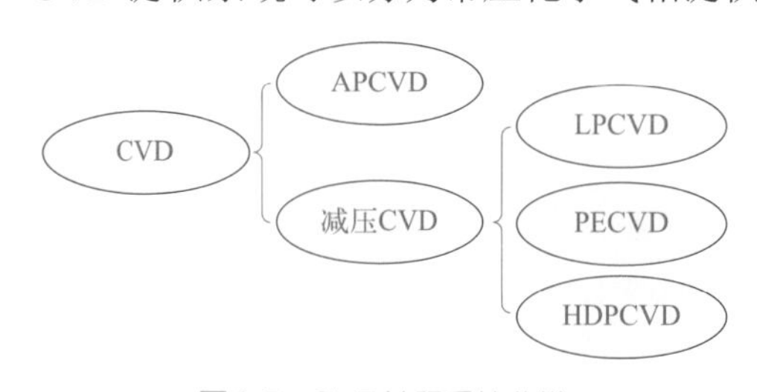

图6.7　CVD淀积系统分类

CVD 反应器的一个主要差别在于它们是热壁反应还是冷壁反应。用热电阻环绕着反应管道就形成一个热壁反应器。热壁反应不仅加热硅片，还加热硅片的支撑物以及反应腔的侧壁。热壁反应会在硅片表面和反应腔的侧壁上都形成膜，因此要求经常清洗或者原位清除来减少侧壁上的颗粒沾污。相比之下，冷壁反应器只加热硅片和硅片支撑物，反应器的侧壁温度较低，没有足够的能量发生淀积反应。冷壁反应减少了反应器中颗粒的形成，是较好的形式。

各类 CVD 反应器及其主要特点与应用如表 6.1 所示。下面几节将具体讨论各种 CVD 工艺及反应器。

表6.1　各类CVD反应器及其主要特点与应用

工艺	优点	缺点	应用
常压 CVD（APCVD）	反应简单、淀积速度快、低温	有颗粒沾污、均匀性差、台阶覆盖能力差	低温淀积二氧化硅
低压 CVD（LPCVD）	高纯度、高均匀性、较好的台阶覆盖能力、大的硅片容量	高温、淀积速度慢、需要真空系统支持、需要更多的维护	高温淀积二氧化硅、氮化硅、多晶硅等
等离子辅助 CVD（PECVD, HDPCVD）	低温、淀积速度快、较好的台阶覆盖能力、良好的间隙填充能力	要求 RF 系统、高成本、易引入化学物质和颗粒沾污	高深宽比间隙的填充、SiO_2（PMD、ILD）、铜种子层、钝化层（Si_3N_4）

6.2.3　APCVD

APCVD 是在常压下发生的化学气相淀积工艺，主要用来沉积二氧化硅和掺杂的氧化硅（如 PSG/BPSG/FSG 等），这些膜可广泛应用于集成电路芯片的制作中，作为 STI、PMD 或 ILD 层。APCVD 系统的优点是：反应系统简单、产量高、加工温度低、具有大直径硅片加工能力。APCVD 系统的缺点包括：有颗粒沾污、需要经常清洁反应腔和传送带、成膜均匀性差、台阶覆盖能力差。因此 APCVD 常被用来淀积相对较厚的介质层，如 PSG 和 BPSG 等。

APCVD 的反应腔如图 6.8 所示，系统采用传送装置来运送硅片，反应气体从反应腔中部流入其中，在热能的作用下，反应气体发生化学反应，在硅晶圆表面沉积薄膜。

有两种主要的工艺方案来淀积二氧化硅。一种是硅烷（SiH_4）和氧气（O_2）；另一种是正硅酸乙酯 TEOS［tetra-ethyl-oxy-silane, $Si(C_2H_5O)_4$］和臭氧（O_3）。SiH_4 和 TEOS 的分子结构分别如图 6.9 和图 6.10 所示。

当用 O_2 氧化 SiH_4 来淀积 SiO_2 时，由于纯 SiH_4 在空气中极易燃且不稳定，为了安全起见，通常需要通入氮气或氩气，将 SiH_4 稀释到很低含量（体积百分

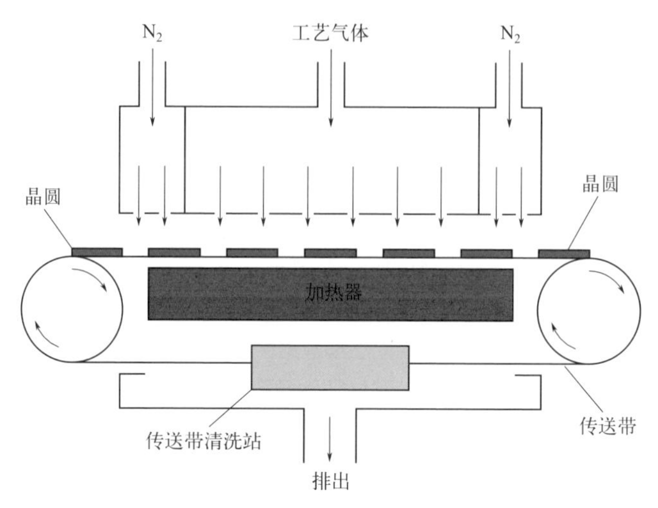

图6.8　APCVD反应腔

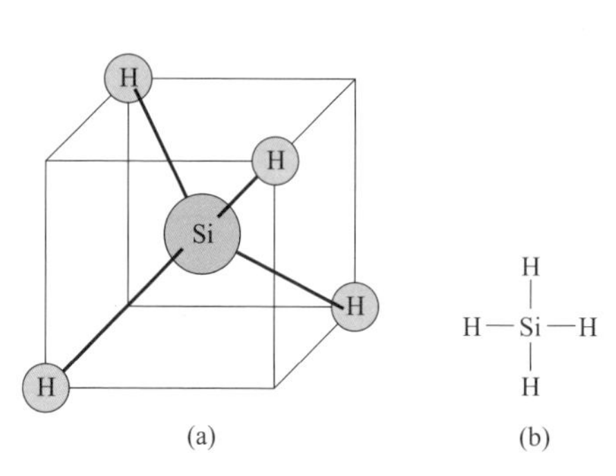

图6.9　硅烷（SiH_4）的分子结构

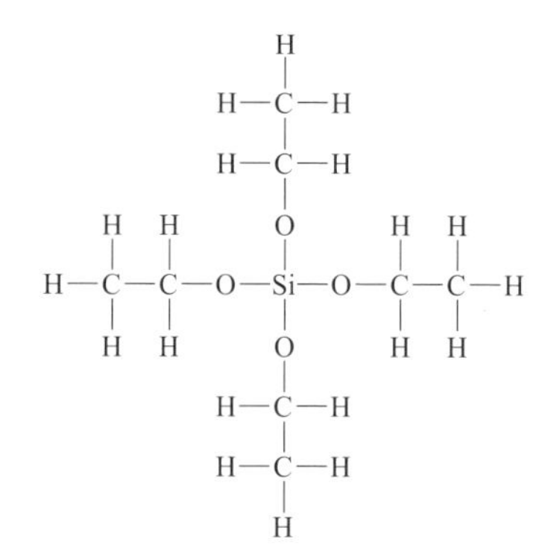

图6.10　TEOS的分子结构

比为 2% ～ 10%）。这一反应在 450 ～ 500℃的低温下进行。其反应方程式是

$$SiH_4+2O_2 \longrightarrow SiO_2+2H_2O \tag{6.1}$$

由于这种工艺方案，台阶覆盖能力和间隙填充能力都相对较差，因此高端应用中不予采用，而是采用 TEOS 作为先驱物。TEOS 是大的有机分子，它具有较高的表面流动性，因此具有较好的台阶覆盖能力、共形能力和间隙填充能力。$TEOS-O_3$ 组合生成的二氧化硅被广泛应用于 PMD 和 ILD 层。其反应方程式是

$$Si(C_2H_5O)_4+8O_3 \longrightarrow SiO_2+10H_2O+8CO_2 \tag{6.2}$$

由于臭氧（O_3）包含 3 个氧原子，比氧气（O_2）有更强的反应活性，其在 400℃时的半衰期小于 1ms，因此，这种工艺方案不需要等离子体，也可以在较低温度下（如 400℃）进行。

相比于 SiH_4-O_2 法，$TEOS-O_3$ 法的优点是：改善了台阶覆盖轮廓，均匀性得

到提升，具有作为绝缘介质优异的电学特性。缺点是：膜多孔，需要增加回流工艺以去掉潮气并增加膜密度，同时增加了热预算。

此外还有一种亚常压化学气相淀积（sub-atmosphere chemical vapor deposition, SACVD）工艺，它内部的压强控制在 200 ～ 600Torr（$1Torr=1.33322\times10^2Pa$）之间，低于 APCVD 中的气压 760Torr。由于该工艺能实现共形生长，具有很强的高深宽比沟槽填充能力，没有等离子造成损伤，基于 TEOS-O_3 的 SACVD 工艺被人们用于做高深宽比沟槽的填充。

6.2.4 LPCVD

与 APCVD 相比，LPCVD 系统有更少的颗粒沾污、更高的产量及更好的薄膜性能，即高纯度、高均匀性、较好的台阶覆盖能力，因此应用更为广泛。除了用于淀积二氧化硅外，还可以淀积氮化硅、多晶硅等。LPCVD 通常在中等真空度下（0.1 ～ 5Torr），反应温度一般在 300 ～ 900℃，LPCVD 工艺可在常规的氧化炉以及多腔集成设备中进行。

LPCVD 反应腔如图 6.11 所示。它与 APCVD 相比，增加了气体压强传感器与抽真空装置，允许更多的硅片（150 ～ 200 片）垂直放置于石英舟内。

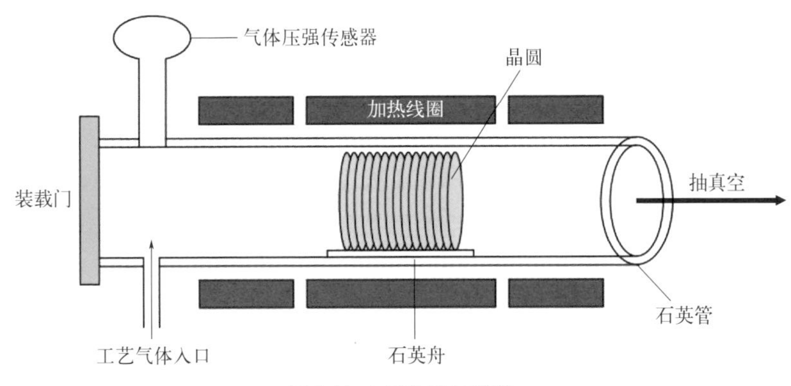

图6.11 LPCVD反应腔

（1）淀积二氧化硅

用 LPCVD 工艺沉积的二氧化硅有很多应用，如侧墙、浅槽隔离填充物、金属层间介质层。它同样有两种先驱物可供选择：硅烷和 TEOS。

用硅烷制备 SiO_2 时，类似于 APCVD，同样使用氧气氧化硅烷，反应方程式同 APCVD，也是在 450℃左右的较低温度下进行。不同于 APCVD 中经常需要稀释硅烷的是，LPCVD 中使用纯硅烷。这种工艺的台阶覆盖能力较差，应用不多。

用 TEOS 制备 SiO_2 时，采用高温下（650 ～ 750℃）热分解 TEOS 得到 SiO_2。其反应方程式如下：

$$Si(C_2H_5O)_4 \longrightarrow SiO_2 + 4C_2H_4 + 2H_2O \qquad (6.3)$$

由于反应腔内被抽真空，反应气体分子的平均自由程增加，促使气体分子在表面更加容易地快速扩散到硅片表面，使得这种方案可以制备均匀性较好的 SiO_2。

（2）淀积氮化硅

氮化硅通常被用作芯片最终的钝化保护层，因为它能很好地抑制杂质和潮气向芯片内部扩散。此外，氮化硅还可以用作扩散阻挡层、刻蚀终止层。用 LPCVD 工艺淀积氮化硅，可以获得具有高度均匀性和良好阶梯覆盖能力的氮化硅膜。

LPCVD 在低压和 700 ～ 800℃高温条件下进行，硅源气体是硅烷或二氯硅烷，氮源气体用氨气。LPCVD 沉积氮化硅的化学方程式如下：

$$3SiH_4+4NH_3 \longrightarrow Si_3N_4+12H_2 \qquad (6.4)$$

$$3SiCl_2H_2+4NH_3 \longrightarrow Si_3N_4+6HCl+6H_2 \qquad (6.5)$$

在 LPCVD 工艺中影响氮化硅薄膜质量的因素有反应物浓度、反应压力、淀积温度和温度梯度。

（3）淀积多晶硅

MOS 结构中的金属部分早期是采用铝金属的，后来采用 LPCVD 法沉积的多晶硅代替铝，这种多晶硅往往是重掺杂的，以使其导电特性接近于金属。掺杂的途径有两种。一种是直接掺杂，即在 LPCVD 淀积多晶硅薄膜过程中，直接通入所需的杂质元素作为掺杂剂，常用的掺杂源是磷烷、砷烷、乙硼烷。另一种方法是先淀积多晶硅膜，再通过离子注入或扩散进行掺杂。

采用掺杂多晶硅作为栅电极主要是出于以下一些原因：

① 多晶硅和下面的二氧化硅拥有更好的界面特性；

② 比金属铝具有更高的可靠性；

③ 可以和后续的高温工艺相兼容；

④ 可以实现栅的自对准工艺。

LPCVD 淀积多晶硅，可通过在 750℃热分解硅烷或二氯硅烷得到，其反应方程式如下所示。淀积速率为 10 ～ 20nm/min，加入乙硼烷可以提高反应速率，因为乙硼烷激发形成的 BH_3 会催化气相反应的发生。

$$SiH_4 \longrightarrow Si+2H_2 \qquad (6.6)$$

$$SiH_2Cl_2 \longrightarrow Si+2HCl \qquad (6.7)$$

采用硅烷进行 LPCVD 沉积多晶硅的装置示意如图 6.12 所示。

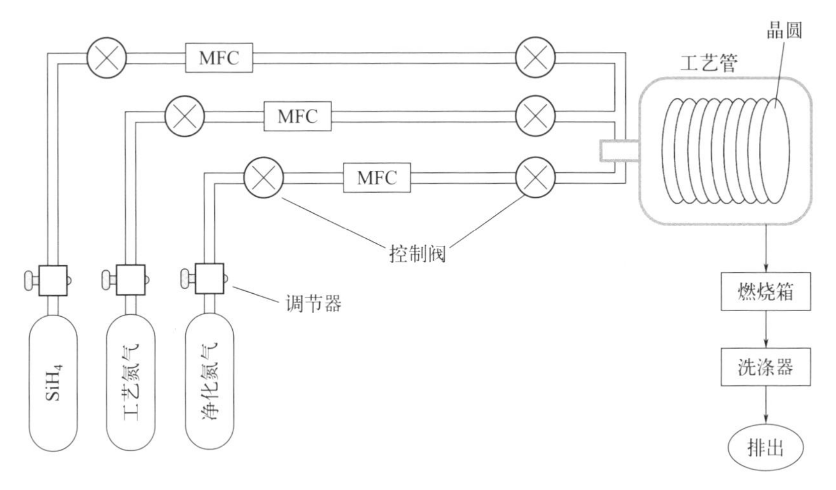

图6.12　LPCVD沉积多晶硅装置示意

使用 LPCVD 工艺、SiH_4 源气体淀积多晶硅的工艺菜单如下：

① 待机，通净化氮气流；

② 待机，通工艺氮气流；

③ 装载晶圆至塔中，保持工艺氮气流；

④ 将塔升至工艺腔，保持工艺氮气流；

⑤ 关闭氮气流，抽真空至 <2mTorr；

⑥ 稳定晶圆温度，通工艺氮气流，并进行漏气检查；

⑦ 设置工艺压强约 250mTorr，保持工艺氮气流；

⑧ 关闭工艺氮气流，打开 SiH_4 气流，进行沉积；

⑨ 半闭 SiH_4 气流，通工艺氮气流，恢复到常压；

⑩ 降塔，使晶圆温度降低，保持工艺氮气流；

⑪ 卸载晶圆，保持工艺氮气流；

⑫ 待机，通净化氮气流。

值得注意的是，加热分解硅烷时要控制好温度。当温度低于 550℃时会得到无定型硅，温度高于 900℃时会得到单晶硅，温度区间为 550 ～ 900℃时才会得到多晶硅。

（4）淀积氧化氮化硅

用 LPCVD 工艺还可以沉积氧化氮化硅（SiO_xN_y）薄膜，它是含氧的氮化硅，它兼有氧化硅和氮化硅的优点。与纯氮化硅相比，氧化氮化硅降低了膜应力，改善了热稳定性，提高了抗断裂能力。它可以通过氧化 Si_3N_4 或者用 NH_3 氮化 SiO_2 的方法来制备。

6.2.5 PECVD

等离子体（plasma）又叫作电浆，可以形象地理解为各种带电粒子混在一起构成的糨糊。它是由部分电子被剥夺后的原子及原子团被电离后产生的正负离子组成的离子化气体状物质，它被认为是除固、液、气外，物质存在的第四态。在自然界，火焰、太阳都会产生等离子体，在大气层中也存在一些奇异多彩的等离子体现象，如球状闪电、极光等。在日常生活中，还出现了等离子体电视。

等离子体具有两个鲜明特点：

① 等离子体呈现高度不稳定态，有很强的化学活性。

② 等离子体是一种很好的导电体，利用经过巧妙设计的磁场可以捕捉、移动和加速等离子体。

这两点促使它在半导体行业大有用处。等离子体不光为半导体工艺服务，它还为材料、能源、信息、环境空间、空间物理、地球物理等学科的进一步发展提供新的技术和工艺。

在 CVD 工艺中引入等离子体，具有以下一系列优点：

① 更低的工艺温度（250 ～ 450℃）；

② 高的淀积速率；

③ 淀积的膜对硅片有较好的黏附性能；

④ 对高的深宽比间隙有好的填充能力（用高密度等离子体）；

⑤ 针孔和空洞相对较少，有高的膜密度；

⑥ 由于工艺温度低，所以应用范围较广。

PECVD 的反应腔如图 6.13 所示。反应在真空环境下进行，硅片放置于托盘上，电极施加射频（RF）功率。反应气流进入到反应腔中部时会在 RF 作用下形成等离子体。反应的副产物被抽出腔体。

PECVD 系统由于借助了等离子体的活性，对热能的需求大大降低了。以淀积氮化硅为例，LPCVD 需要 700 ～ 800℃的高温，而 PECVD 只需要在 300 ～ 400℃进行。实际上，正是由于早期芯片上栅极材料使用了铝，其熔点只有 660℃，使用了铝后便不能用 LPCVD 工艺在铝上淀积氮化硅，人们才采用只需要较低温度的 PECVD 工艺。生成氮化硅薄膜时，硅源用硅烷，氮源用氮气（N_2）和氨气（NH_3），其反应如下：

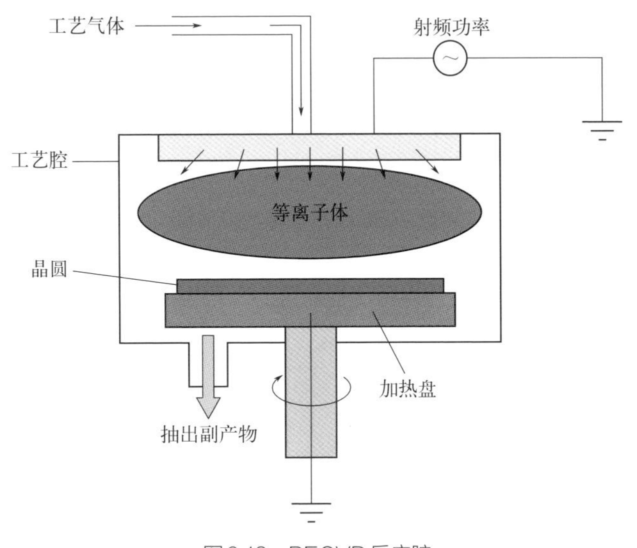

图6.13　PECVD反应腔

$$SiH_4+N_2+NH_3 \longrightarrow Si_3N_4+\text{副产物} \tag{6.8}$$

用 PECVD 淀积二氧化硅时，可以选用硅烷和一氧化二氮（N_2O）的组合。一氧化二氮（nitrous oxide），又称笑气，它无色、有甜味，是一种危险气体。一氧化二氮是一种氧化剂，在一定条件下能支持燃烧，但在室温下稳定。它有轻微麻醉作用，并能致人发笑。在实际生产中，我们应该大量通一氧化二氮，通过调控硅烷流速来控制淀积速率。这是因为硅烷是易燃易爆的气体，而且比一氧化二氮更贵。其反应式如下：

$$SiH_4+N_2O \longrightarrow SiO_2+\text{副产物} \tag{6.9}$$

利用等离子体辅助沉积薄膜的缺点是等离子体会对硅片造成一定的损伤。PECVD 工艺的优点是制得的薄膜针孔少、较均匀、台阶覆盖能力好。但它遇到高深宽比间隙需要填充时就显得力不从心了，这时就需要借助 HDPCVD。

6.2.6　HDPCVD

高密度等离子体化学气相淀积（HDPCVD）是利用激发混合气体的 RF 源在低压下制造出高密度的等离子体，RF 偏压被施加在硅片上，从而推动等离子体在低压下以高密度混合气体的形式向硅片表面做定向运动，并淀积薄膜。在偏压作用下等离子体的定向移动使得用 HDPCVD 工艺可以填充深宽比为 4∶1 甚至更高的间隙。

在淀积高深宽比沟槽时，有可能会出现如图 6.14（a）所示的钥匙孔效应，即填充介质 SiO_2 中间出现了孔洞，这是不受欢迎的。为此人们开发出了淀积 -

刻蚀 - 淀积工艺，即先淀积一段时间［图 6.14（b）］，当要开始形成钥匙孔效应时，马上利用氩离子溅射刻蚀掉间隙入口多余的膜，从而形成一个更开阔的倾斜入口［图 6.14（c）］，然后再次淀积［图 6.14（d）］。这个过程可以循环进行，直至完成介质沉积。越是狭小的沟槽需要越多的淀积 - 刻蚀循环才能形成完美的介质沉积。一个能同时提供淀积、刻蚀这两种功能的工具就是 HDPCVD 装置。

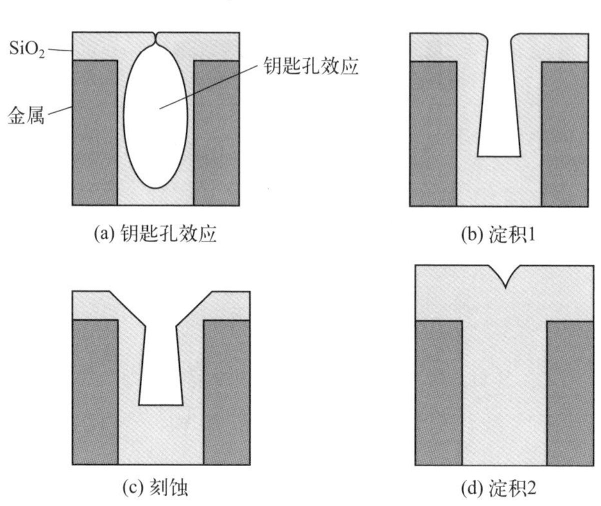

图6.14　钥匙孔效应及淀积 - 刻蚀 - 淀积工艺

利用 HDPCVD 可以沉积 USG 和 FSG，用于 IMD，其反应式如下：

$$SiH_4 + O_2 + Ar \longrightarrow USG + \text{副产物} \qquad (6.10)$$

$$SiH_4 + SiF_4 + O_2 + Ar \longrightarrow FSG + \text{副产物} \qquad (6.11)$$

6.2.7　CVD 过程中的掺杂

（1）PSG

在淀积 SiO_2 的过程中，向反应源气体中加入 PH_3 后，就会形成磷硅玻璃（phospho-silicate glass, PSG）。在 PSG 中，磷其实是以 P_2O_5 的形式存在，即 PSG 是由 P_2O_5 和 SiO_2 的混合物所组成。其中 P_2O_5 的含量不可过高，一般 P_2O_5 质量分数不超过 4%，这是因为 PSG 具有吸潮作用。

在 SiO_2 中引入 P_2O_5 可以减小薄膜应力，进而改善膜的完整性。同时，PSG 层还可以有效地固定杂质离子，杂质离子会被吸附到磷原子上，这样就不能通过 PSG 层扩散达到硅片表面。

可以应用 HDPCVD 系统在 600 ～ 650℃的温度下淀积 PSG。由于 PSG 具有相对平坦的表面和良好的间隙填充能力，常采用 PSG 作为第一层层间介质。

（2）BSG

在反应源气体中通入乙硼烷（B_2H_6）就可以得到硼硅玻璃（boron-silicate glass, BSG）。BSG 需要高温回流工艺来促使表面的台阶平坦化，并使薄膜更加致密。此外，BSG 不能很好地阻挡杂质离子。

（3）BPSG

硼磷硅玻璃（boro-phospho-silicate glass, BPSG），即掺杂了硼和磷的二氧化硅。在淀积PSG的反应气体中掺入乙硼烷，就可以形成三元氧化薄膜系统（B_2O_3-P_2O_5-SiO_2），即 BPSG。掺杂后，二氧化硅原有的有序网络结构由于硼磷杂质（B_2O_3、P_2O_5）的加入而变得疏松。为了在淀积后获得致密、平坦的薄层，BPSG 沉积后同样需要高温回流工艺，在高温条件下 BPSG 变软具有一定的流动能力，BPSG 薄膜具有卓越的填孔能力。BPSG 回流条件一般是维持 800 ～ 1000℃高温一小时。回流还可以提高 BPSG 固定可动离子杂质的能力。

（4）FSG

氟硅玻璃（fluorinated silicate glass, FSG）就是氟化的氧化硅，它作为第一代低 *k* 值 ILD 淀积材料被用在 0.18μm 节点的器件上。通过在 SiO_2 中掺入氟，材料的介电常数会从 3.9（SiO_2）降低到 3.5（FSG）。为了制备 FSG 薄膜，需要在 SiH_4 和 O_2 的混合反应气体中掺入 SiF_4。

采用 FSG 的问题是氟化学键的不稳定以及由此导致的腐蚀缺陷，因此需要限制氟的含量在 6% 左右。此外如果氟遇到水，会产生腐蚀 SiO_2 的 HF。

6.3 介质及其性能

对于介质薄膜的淀积，人们除了关心淀积薄膜的质量，如均匀性、致密性、间隙填充能力、台阶覆盖能力外，最关心的莫过于介质材料本身的介电常数，因为这直接关系到了芯片的性能。本节将主要围绕介电常数展开讨论，首先论述介电常数 *k* 的重要性，然后依次介绍低 *k* 材料、超低 *k* 材料及高 *k* 材料的发展与应用。

6.3.1 介电常数 *k*

非导电材料的介电常数是指材料在电场影响下存储电势能的有效性，代表隔离材料作为电容的能力，高 *k* 介质意味着同等条件下可以存储更多的电能。在集成电路制备行业，介电常数通常用 *k* 来表示。最低的 *k* 值媒介为空气，其值为 1。

不同方法制备的绝缘薄膜其 k 值有细微差别，热生长 SiO_2 的 k 值大约为 3.9；PECVD SiO_2 的 k 值大约为 4.1 ～ 4.3。

相比于氧化硅，另一种常见的绝缘介质氮化硅的介电常数则较高。所以尽管氮化硅能很好地阻挡可动离子沾污，还可以阻挡 BPSG 的硼和磷扩散到晶体管的源、漏区，PMD 的主体成分也不使用氮化硅。因为氮化硅高的介电常数（6.9 ～ 7.0）会导致 RC 延迟的增加，降低芯片速度。采取的折中方案就是先淀积一层比较薄的氮化硅，主体介质材料仍然是氧化硅。

SiO_2 与 Si_3N_4 的性能对比如表 6.2 所示。

表6.2　SiO_2 与 Si_3N_4 的性能对比

性能	SiO_2	Si_3N_4
介电常数 k	3.9 ～ 4.3	6.9 ～ 7.0
介电强度	$>1\times10^7$V/cm	$>1\times10^7$V/cm
阻挡性能	不能阻挡潮气、杂质和可动离子沾污	可以阻挡潮气、杂质和可动离子沾污
紫外光透光性	对紫外光透明	常规氮化硅对紫外光不透明

芯片性能的一项指标是信号的传输速度。芯片的微缩化需求导致金属互连的线宽不断减小，使得传输信号导线电阻 R 增大。更致命的是，导线间距的缩小产生了更多的寄生电容 C。最终增加了 RC 信号延迟，RC 信号延迟无疑会降低芯片速度，减弱芯片性能。RC 信号延迟也称为互连延迟。

从本质上讲，减小互连尺寸带来的寄生电阻和电容效应导致了更大的信号延迟。而这与晶体管的发展趋势正好相反，对晶体管而言，随着栅长变小，延迟变小，晶体管的速度会增加。我们看待问题要有全局观，不能仅仅从互连延迟的增加就反对线宽的减小，这显然是逆潮流的，因为线宽减小不仅意味着晶体管速度变快，还意味着芯片更轻，做成的电子产品更易携带。

既然线宽注定是要不断减小的，那么如何才能抵消 RC 信号延迟的增加呢？一方面，人们采用电阻率更低的铜替代传统的铝，从而降低了导线电阻 R。另一方面，由于电容 C 正比于绝缘介质的 k 值，人们便通过寻找低 k 材料来降低寄生电容 C。低 k 值的绝缘介质可以减小芯片总的互连电容，减小 RC 信号延迟，提高芯片性能。

6.3.2　低 k 材料

减少绝缘介质的 k 值，可以减少相邻导线间的电耦合损失，这是因为绝缘介质存储更少的电荷并花更短的时间来充电，从而提高金属导线的传导速率。尤其是对于现代晶体管，金属线间隔很近的纳米器件，低 k（low k）材料作为 ILD 至关重要。

传统的二氧化硅绝缘体具有 3.9 ～ 4.3 的介电常数。新型绝缘体的介电常数则较低，通过减少互连中的电容并在高性能逻辑中防止金属线之间的串扰，将大大提高芯片速度。通常把 k 值低于 3.9 的材料称为低 k 材料。用低 k 材料代替传统的氧化硅成为集成电路工艺发展的必然选择。对低 k 材料的性能要求主要有：

① 电学方面：低介电常数、低介电损失、低漏电流、高可靠性。

② 机械方面：低应力、好的黏附性、低收缩性、好的硬度、抗开裂。

③ 工艺方面：易于图形制作、好的间隙填充能力、低针孔、少颗粒、易于平坦化。

④ 热学方面：高导热、热稳定性好、低的热扩散系数。

⑤ 化学方面：低杂质、低湿气吸收、易于干法刻蚀、耐酸碱、无侵蚀、可接受的存储寿命。

⑥ 金属化搭配方面：低的接触电阻、低应力、低电子迁移、表面光滑、与金属兼容。

特大规模集成电路（ultra large scale integration, ULSI）互连中曾考虑的低 k 值 ILD 材料有氟硅玻璃（FSG, k 值为 3.4 ～ 4.1）、纳米多孔硅（k 值为 1.3 ～ 2.5）、HSQ（氢硅倍半环氧乙烷，k 值为 2.9）、非晶氟化碳（a-C∶F, k 值为 2.8）、聚乙醚（PAE, k 值为 2.6 ～ 2.8）等。其中 FSG 是典型代表，用于深亚微米 CMOS 集成电路互连线间的介质隔离材料。

业界普遍采用的黑金刚石（black diamond, SiCON）材料，它的 k 值范围是 2.7 ～ 3.0，能够满足 45nm 节点的技术需求。八甲基环四硅氧烷（OMCTS）是淀积 SiCON 的前驱物，OMCTS 分子式是 $C_8H_{24}Si_4O_4$，在常温下呈现液态，沸点在 175℃左右，通过载气 He 把 OMCTS 输入到反应腔中，在等离子体的作用下发生化学反应，生成 SiCON，其反应式如下：

$$C_8H_{24}Si_4O_4+O_2+NH_3 \longrightarrow SiOCN+\text{副产物} \tag{6.12}$$

6.3.3 超低 k 材料

随着集成电路特征尺寸的进一步缩小，为了有效降低金属间的寄生电容 C，降低 RC 延迟，人们努力寻找超低 k 材料（ultra lok k, ULK）。超低 k 材料的研发给化学家、物理学家、材料学家和集成电路工程师们带来了极大的挑战，因为某种材料的 k 值低了后，其力学性能、热稳定性能并不理想。多孔超低 k 介质是一个主流的研究方向。多孔介质是一种含有空气隙的介质材料，它的沉积方法主要有旋涂技术和化学气相淀积技术。

通常把介电常数小于或等于 2.5 的材料称为超低 k 材料。目前，业界采用的是多孔 SiCOH 超低 k 材料，它是采用 PECVD 技术制备的由硅、碳、氧、氢组成的掺碳非晶玻璃材料。在适当的等离子体条件下，科研实验室可获得平均孔尺寸小于 2.5nm、孔隙率为 30%、k 值仅为 1.95 的超低 k 纳米多孔介质薄膜。除了拥有极低的介电常数外，SiCOH 薄膜还具有优良的电学性能，它的漏电流极低，耐压性能好。SiCOH 薄膜也具有较好的力学性能，它具有可接受的硬度、弹性模量，防开裂性能较优，此外它具有较低的热膨胀系数，热膨胀系数与铜接近，有助于两者的集成。

目前产业界量产的 SiCOH 薄膜其 k 值在 2.47 左右。它的制备工艺流程如下：首先利用二甲基乙氧基硅烷（DEMS）和氧化环己烯（CHO）在等离子体作用下沉积有机硅玻璃薄膜，然后利用紫外光辐照处理，排除有机气体，最终在晶圆表面形成多孔的 SiCOH 介质薄膜。

6.3.4 高 k 材料

寻找特殊 k 值材料的另一个极端是研发高 k 材料，用于替代 MOS 结构的栅氧材料——二氧化硅。

随着集成电路工艺的不断发展，为了提高集成电路的集成度，同时降低器件的功耗和提升器件的性能，就必须使集成电路的特征尺寸不断按比例缩小，同时工作电压不断降低。为了抑制短沟道效应，除了沟道掺杂浓度不断增加、源漏的结深不断降低外，栅氧的厚度也不断降低。栅氧厚度的降低有助于提高栅极电容，从而提高栅对沟道的控制能力。

对于厚度大于 4nm 的栅氧化硅层，它是理想的绝缘体，尤其是与多晶硅栅搭配使用。但是随着栅氧厚度的不断降低，当氧化硅的厚度小于 3nm 时，它不再是理想的绝缘体，栅极与衬底间会出现明显的量子隧穿效应，即衬底硅中的电子会以量子的形式穿过栅氧进入到栅极，从而形成栅极漏电流。这个电流会随着栅氧厚度的减小呈指数级增加。栅氧每减小 0.2nm，隧穿电流就增大 10 倍。栅极漏电流会显著增加集成电路的功耗，功耗的增加除了浪费能源外，还会导致器件发热并影响器件的可靠性。

当晶体管内部特征尺寸进入到 0.18μm 节点时，栅氧的厚度已小于 3nm，集成电路制造企业开始使用氮氧化硅（SiON）代替纯 SiO_2 作为栅介质层。这种方

法仍保持 SiO_2 作为主要的栅介质，通过 SiO_2 膜里掺入氮使之成为致密的 SiON 来提高栅介质的介电常数。因为传统栅介质 SiO_2 的 k 值是 3.9，而纯的 Si_3N_4 的 k 值可达到 7，通过改变掺杂氮的多少可以实现对 SiON 栅介质介电常数调控的目的。同时，该方法仍然采用 SiO_2 作为栅介质的主体，因此与前期技术有良好的连续性和兼容性，在这一阶段受到了人们的欢迎。使用 SiON 的原因有：

① SiON 具有较高的 k 值，在相同等效栅电容的情况下，允许有更厚的物理氧化层；

② SiON 具有较高的电子绝缘特性，在相同厚度情况下，它的栅极漏电流大大降低；

③ SiON 中氮原子的掺入还能有效地抑制 PMOS 中多晶硅栅极掺杂的硼离子在栅介质中的扩散，从而能避免硼离子扩散穿过介质层到达衬底影响器件的阈值电压。

随着特征尺寸进一步缩小到 90nm 及以下，栅氧的厚度也减小到 2nm 左右，栅极漏电流和硼离子扩散变得愈发严重，这就要求 SiON 中氮的含量越来越高。这时需要更先进的等离子氮化工艺来沉积 SiON 材料，以提高栅氧中氮的含量，并起到控制氮分布的作用，控制氮主要分布在栅介质的上表面，远离 SiO_2 和沟道界面，这有助于改善 SiO_2 和 Si 衬底的界面特性。

当特征尺寸进入到 45nm 节点以后，栅氧的厚度已经小于 2nm，这时由 SiON 和多晶硅栅组成的搭档已经难以抵挡极高的栅极漏电流、急剧增加的功耗，无法解决栅介质层完整性问题以及可靠性问题。2007 年，Intel 宣布在 45nm 节点采用全新的高 k 栅介质氧化铪（HfO_2）来替代传统的 SiO_2，同时利用金属栅代替多晶硅栅，这被称为 HKMG（High-*k*, Metal Gate）工艺。

其实，研究人员一直在高 k 材料领域不断进行基础研究，发现了很多的高 k 材料，如 Si_3N_4、Al_2O_3、Ta_2O_5、TiO_2、Ta_2O_3、HfO_2 等。只是它们总是只能满足某一方面的特定要求或者不能很好地与其他工艺兼容。直到工艺发展到最后，逼迫人们不得不放弃以传统的氧化硅为主的介质材料。

HfO_2 的介电常数可达 25 左右。但是其结晶温度较低，低于 600℃，这将导致后续的高温工艺会使其结晶化，引起栅极漏电流急剧增加。幸运的是，可以通过向 HfO_2 中掺入 Si、N 的方法使其结晶温度提高到 1000℃。不幸的是，HfO_2 掺杂后得到的 HfSiON 介电常数会降低，虽然 HfSiON 的介电常数随着 N 的增多而增大，但最大也只能达到 16。

通过改变工艺流程和改用金属栅极，可以使 HfO_2 和 HfSiON 与当前的硅工艺相兼容。目前，HfO_2 和 HfSiON 已经成为最合适的栅极高 k 介质材料，这主要是基于以下两点：

① HfO_2 和 HfSiON 具有很高的电子绝缘特性；

② HfO_2 和 HfSiON 的 k 值范围是 15 ～ 25，比 SiON 的 k 值 4 ～ 7 要大得多，在相同等效氧化层厚度下，HfO_2 和 HfSiON 的厚度可以是 SiON 的 3 ～ 6 倍多，而这将显著减小量子隧穿效应，改善栅极漏电流及其引起的功耗。

而在金属栅极（metal gate）制备时不同 MOS 可采用不同的金属，NMOS 的金属栅极材料可选用 Ta-AlN，PMOS 的金属栅极材料可选用 TaN。

除了取代超薄栅氧化硅外，高 k 介电材料还可以应用于半导体存储器中，如动态随机存储器（dynamic random access memory, DRAM），作为其中电容的介质材料以存储信息。对 DRAM 器件而言，必须要有一定的电容容量才能保证存储信息的电荷在刷新时能够正常恢复。为了提高 DRAM 容量需要不断减小器件的特征尺寸，这就意味着电容面积减小，在电介质厚度不变时为了保持同样的电容大小，根据电容公式必须提高介质的介电常数以抵消面积减小带来的影响。例如，可以采用基于二氧化锆的高 k 材料，其介电常数在 26 左右，可采用原子层沉积（atomic layer deposition, ALD）方法制备。ALD 也被称为原子层化学气相沉积（atomic layer chemical vapor deposition, ALCVD）。原子层沉积是一种将物质以单原子膜形式一层一层地镀在衬底表面的工艺，它与普通 CVD 有相似之处，但在 ALD 中，新一层原子膜的化学反应是直接与之前一层相关联的，这种工艺每次反应只沉积一层原子。

6.4 外延

6.4.1 外延概述

外延（epitaxy）就是在单晶衬底上淀积一层薄的单晶层，新淀积的这层称为外延层。由于外延工艺可以很好地控制薄膜厚度、掺杂浓度、掺杂区域，而这些都与硅片衬底无关，这就为器件设计者在优化器件性能方面提供了极大的便利性。

外延在集成电路制造中最常见的应用就是外延硅，外延硅层比硅衬底本身拥有更好的质量，尤其是杂质氧的含量比较少。外延层广泛应用于双极型器件（图 2.11）和 CMOS 器件［图 4.31（b）］。外延层还可以减少 CMOS 器件的闩锁效应。IC 制造中最普通的外延反应是高温 CVD 系统，它是化学气相淀积的一种特殊形式。

如果外延生长膜和衬底材料相同，例如硅衬底上外延硅，这样的膜生长称为同质外延。如果膜材料与衬底材料不一致，则称为异质外延，例如在硅上外延 SiGe。

外延硅常用的气体源包括 $SiH_4/SiH_2Cl_2/SiHCl_3$，需要在 1000℃以上的高温下进行。采用硅烷，在 1000℃时，反应式如下：

$$SiH_4 \longrightarrow Si+2H_2 \tag{6.13}$$

如采用 SiH_2Cl_2，则需要 1150℃，反应式如下：

$$SiH_2Cl_2 \longrightarrow Si+2HCl \tag{6.14}$$

在外延时可以同步掺杂，常用的掺杂源气体分别是砷烷 AsH_3、磷烷 PH_3 和乙硼烷 B_2H_6，它们的反应温度均在 1000℃，反应方程式如下：

$$2\,AsH_3 \longrightarrow 2As+3H_2 \tag{6.15}$$

$$2\,PH_3 \longrightarrow 2P+3H_2 \tag{6.16}$$

$$B_2H_6 \longrightarrow 2B+3H_2 \tag{6.17}$$

外延具体的工艺方法有很多种，上文提到的原子层沉积其实也是外延的一种特殊形式，它又被称为原子层外延（atomic layer epitaxy, ALE）。除此之外，还有气相外延、液相外延、固相外延、分子束外延、金属有机化学气相淀积等。下面对常用的气相外延（vapor phase epitaxy, VPE）、分子束外延（molecular beam epitaxy, MBE）、金属有机化学气相淀积（metal-organic chemical vapor deposition, MOCVD）做简要介绍。

6.4.2 气相外延（VPE）

在半导体制造中，气相外延发挥了重要作用。在气相状态下，将半导体材料淀积在单晶片上，其生长薄层的晶体结构是单晶衬底的延续，而且与衬底的晶向保持对应的关系，这一工艺称为气相外延。气相外延的特点有：

① 外延温度高，生长时间长，可以制备较厚的外延层；

② 在外延过程中可以通过掺杂改变杂质的浓度和导电类型。

气相外延工艺的典型就是硅气相外延和砷化镓气相外延。这里以硅气相外延为例。硅气相外延时用到的硅源主要是硅的气态化合物：硅烷、二氯硅烷、三氯硅烷、四氯化硅等。该工艺往往以高纯氢气作为输运和还原气体，通过化学反应生成硅原子并沉积在硅衬底上，生长出晶体取向和衬底相同的硅单晶外延层。这一工艺被广泛应用于半导体器件和集成电路芯片的制造中。

在众多的外延工艺中，气相外延最为成熟，易于控制外延层厚度、杂质浓度和晶格的完整性，在硅外延工艺中一直占据着主导地位。

6.4.3 分子束外延（MBE）

分子束外延出现得较晚，但技术先进，生长的外延层质量好。缺点是生产效率低、费用高，适合外延层薄、层数多或结构复杂的应用场合。分子束外延是一种特殊的真空镀膜工艺。在超真空条件下，由装有各种所需组分的炉子加热而产生的蒸气，经小孔准直后形成的分子束，然后喷射到适当温度的单晶片上，同时控制分子束对衬底的扫描，就可以使分子按晶体排列一层层地长在基片上形成薄膜。

分子束外延技术的特点有：

① 分子束外延所需的生长温度较低，降低了界面上热膨胀引入的晶格失配效应。

② 生长速率极慢，约为1μm/h，相当于每秒只生长一层单原子层，这样有利于精确控制沉积薄膜的厚度、结构与组分。

③ 分子束外延生长需要超高的真空度，这样在外延过程中可避免沾污，因此可以生长出高质量的外延层。

④ 分子束的束流强度易于控制，这使得膜层组分及掺杂浓度可以随着源的变化而迅速做出调整。

分子束外延不仅可用来制备现有的大部分器件，而且也可以制备许多新器件，包括其他方法难以实现的，如高电子迁移率晶体管。分子束外延这种工艺使用起来灵活多变，可以用这种技术制备出几十个原子层的单晶薄膜，也可以交替生长不同组分、不同掺杂的薄膜。

除了应用在半导体领域，分子束外延在诸如光学等其他领域也有用武之地。我们在公交车上看到的车站预告板，在体育场内看到的超大显示屏，其发光元件往往都是由分子束外延制造的。

6.4.4 金属有机 CVD（MOCVD）

金属有机化合物化学气相沉积法简称 MOCVD 法，也称为金属有机化合物气相外延法（metal-organic vapor phase epitaxy），简称 MOVPE 法。它是把反应物质全部以有机金属化合物的气体分子形式，用氢气作载带气体送到反应室，进行热分解反应而形成化合物半导体的一种技术。MOCVD 工艺的特点有：

① 通过气体混合器的阀门及流量计控制，可以改变化合物半导体薄膜的组成、膜厚、导电类型及掺杂浓度；

② 所用的设备结构比较简单，易于大面积生长；

③ 气体流速较大，具有生长周期短、生长速度快的特点。

通常所生长的薄膜材料主要为三五族化合物半导体，如砷化镓（GaAs）、砷化镓铝（AlGaAs）、氮化铟镓（InGaN），或是二六族化合物半导体，如锑化镉（CdTe）。这些化合物半导体薄膜主要应用在光电元件领域，如发光二极管（LED）、激光二极管（laser diode）及太阳能电池（solar cells），有时也应用于新型微电子器件的研发。

6.5 CVD 薄膜质量影响因素及故障排除

6.5.1 CVD 薄膜质量影响因素

这里以 PECVD 工艺沉积薄膜为例，来介绍影响薄膜质量的关键因素。影响 PECVD 工艺质量的因素主要有气压、射频功率、衬底温度、射频电源的工作频率、极板间距和反应室尺寸等。

形成等离子体时，如果气体压力过大会导致反应速率增加，同时气压过大会导致气体分子平均自由程减小，不利于薄膜的台阶覆盖。如果气压太低，又会导致薄膜的密度下降，容易形成针孔缺陷。

射频功率越大则离子的轰击能量越大，功率一开始增加时会导致淀积速率上升，当功率加到一定程度后，反应气体完全电离，淀积速率趋于稳定。

衬底温度主要影响薄膜的电子迁移率与光学性能，温度升高，有利于提高薄膜的致密性，使膜的缺陷密度下降。

射频 PECVD 通常采用 50kHz ～ 13.56MHz 频段射频电源，频率高则意味着离子的轰击作用强，淀积的薄膜会更加致密，此外高频时淀积薄膜的均匀性更好，但对衬底的损伤也比较大。

PECVD 极板间距的选择应使起辉电压尽量低，以减少对衬底的损伤。极板间距较大时对衬底损伤小，但太大会影响薄膜均匀性。反应室尺寸增大可以提高生产效率，但也会降低薄膜的均匀性。

6.5.2 CVD 故障检查及排除

仍以 PECVD 工艺为例，PECVD 设备常见问题有无法起辉、辉光不稳、淀积速率低、薄膜质量差、反应腔体压强不稳定等，这些故障对应的处理措施如下。

（1）无法起辉

① 真空度太差，检查腔体真空度是否正常。

② 射频电源故障，检查射频源电源功率输出是否正常。

③ 反应气体进气量小，检查气体流量计是否正常，若正常，则应加大进气量进行试验。

④ 射频匹配电路故障，检查射频源反射功率是否在正常值范围内，若异常，则检查匹配电路中的电容和电感是否损坏。

⑤ 腔体极板清洁度不够，用万用表测量腔体上下极板的对地电阻，正常值应在数十兆欧以上，若异常，则清洁腔体极板。

（2）辉光不稳

① 真空室气压不稳定，应检查真空系统是否有泄漏情况，检查腔体进气量是否正常。

② 电源电流不稳定，测量电源供电是否稳定。

③ 电缆故障，检查电缆接触是否良好。

（3）淀积速率低

① 真空腔体气压低，应调整工艺气流的流量。

② 射频功率不合适，应调整射频功率。

③ 样品温度异常，应检查冷却水流量及温度是否有异常。

（4）薄膜质量差

① 样品表面不够洁净，应清洁样品表面。

② 样品温度异常，应校准热电偶，检查温控系统是否有异常。

③ 工艺腔体不干净，应清洗工艺腔。

④ 薄膜淀积过程中压强异常，应检查真空泄漏情况。

⑤ 射频功率设置不合理，应检查射频电源并调整功率。

（5）反应腔体压强不稳定

① 检查气体流量计是否正常。

② 检查真空泵是否异常。

③ 检查阀门开关是否正常。

④ 检查设备真空系统的波纹管是否有裂纹。

6.5.3 颗粒清除

LPCVD 反应通常是热壁的，颗粒容易淀积在反应器的内壁上。尽管可以通过减小气相反应物的分压，来减少这些颗粒淀积物。但是治标不治本，热壁反应需要周期性地清洗维护来去除反应腔内的颗粒。

有两种清洗方法，一种是取出清洗，另一种是原位清洁。传统的管道清洁方法是取出脏的石英管，换上先前清洗过的管子。清洁时需要手工转动内部泡有氢氟酸的管道。基于生产和安全的考虑，希望能够用原位清洁的方法。如采用能与反应器内壁上固体沉积物反应的氟气（能产生等离子体），生成挥发性的产物并被排出系统。LPCVD 的原位清洁减少了设备的停工时间，降低了颗粒数，减少了个人接触化学物质的机会。

PECVD 是典型的冷壁反应，硅片被加热到较高温度，而其他部分未被加热。相对于热壁反应，冷壁反应产生的颗粒更少，这样可以减少清洗的时间和次数。PECVD 反应腔还可以在淀积前利用等离子体对硅片进行刻蚀清洗，这种原位清洁可以去除硅片在装载过程中引入的沾污。

等离子体辅助的清洁方法可以分为 RF 等离子体清洁与远程等离子体洁净两种。在 RF 等离子体清洁方案中，等离子体可以去除工艺部件和腔壁中的介质薄膜，使用的是氟碳化合物，如 CF_4、C_2F_6、C_3F_8 等。在等离子体作用下，氟碳化合物分解，产生大量的活性氟游离基 F·，它将去除各种颗粒沾污、不需要的氧化硅和氮化硅。RF 清洁反应式如下：

$$CF_4 \longrightarrow CF_3+F \quad (6.18)$$

$$F+SiO_2 \longrightarrow SiF_4+\text{副产物} \quad (6.19)$$

$$F+Si_3N_4 \longrightarrow SiF_4+\text{副产物} \quad (6.20)$$

在等离子体清洁工艺中，可以通入诸如一氧化二氮和氧气的氧源，使得它和氟碳化物里的碳反应，促使生成更多的氟游离基，保持氟碳比大于 2，可以提高清洁效率。

RF 等离子体清洁的缺点是具有离子轰击作用，导致腔体部件受损，利用远程等离子体清洁的方案可以避免这个缺点，它对腔壁的作用更加温柔，能够延长其使用寿命。这种方案中，等离子体腔体远离待清洗的工艺腔，首先等离子腔中微波功率促使 NF_3 中的 F 变成氟游离基 F·，然后再将 F·输运到工艺腔中进行清洁。这样由于工艺腔中不存在等离子体，因此避免了离子轰击。但这种方案的成本更高。

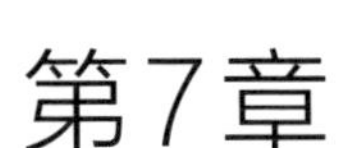

第7章 物理法沉积薄膜

物理法沉积薄膜指的是沉积薄膜时没有发生任何化学反应，只有物质的转移和形态的改变。物理方法可分为物理气相淀积（physical vapor deposition, PVD）和旋涂（spin coating）两类。物理气相淀积又可以分为蒸发和溅射两种工艺，主要用来做金属薄膜。旋涂一般用来沉积光刻胶和介质薄膜。本章首先介绍集成电路工艺中常用的金属，然后依次介绍金属淀积工艺和旋涂沉积薄膜的方法，接着描述传统的铝互连工艺与比较新的铜互连工艺流程，最后讨论金属薄膜的质量检查及故障排除。

7.1 集成电路工艺中的金属

所谓金属化指的是在芯片表面沉积一层金属。除了一些起辅助作用的阻挡层和种子层金属外，集成电路工艺中金属的用途主要有三类：

① 接触（contact）。它指的是将硅芯片内部结构（源、漏、栅等）与第一层金属层之间在硅表面的连接。接触往往使用钨金属。

② 互连（interconnect）。它的用途是通过由导电材料（铝、铜等）制成的连线将电信号传输到芯片的不同部分。

③ 通孔（via）。现代芯片往往不止一层互连线结构，需要多层金属连线，如图 7.1 采用了 4 层金属层。穿过介质层从某一金属层到毗邻的另一金属层形成电通路的开口，称为通孔。通孔可选择钨或铜。

集成电路工艺中，常用的金属和金属合金有：铝、铝铜合金、铜、硅化物、金属填充塞、阻挡层金属。常用金属与硅、掺杂多晶硅的电阻率与熔点如表 7.1

所示。从中可以发现两个特点：a. 铝的熔点较低，其他金属的熔点都较高；b. 掺杂多晶硅的电阻率比硅小很多，但还是比金属高些。

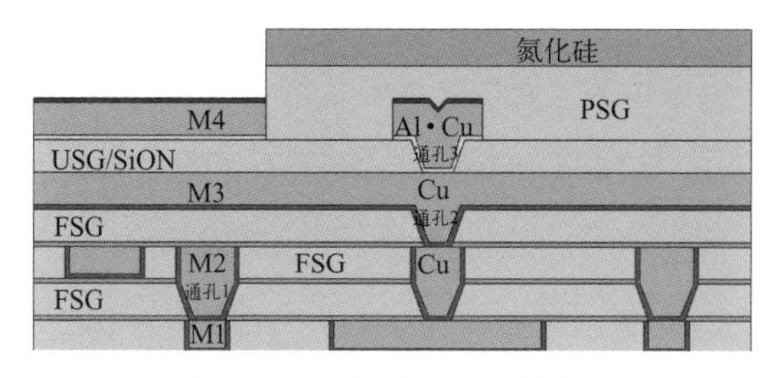

图7.1　4层金属与3层通孔结构

表7.1　常用金属与硅、掺杂多晶硅的电阻率与熔点

材料	电阻率 /（μΩ·cm）	熔点 /℃
铝（Al）	2.65	660
铜（Cu）	1.678	1083
钛（Ti）	60	1670
钨（W）	8	3417
钽（Ta）	13 ～ 16	2996
钼（Mo）	5	2620
铂（Pt）	10	1772
硅	$\approx 10^9$	1414
掺杂多晶硅	≈ 500 ～ 525	1410

7.1.1　铝

铝在室温下具有 2.65μΩ·cm 的低电阻率，比金及银的电阻率稍高。但是金、银比铝昂贵得多，而且在氧化膜上附着不好，并且银比较容易被腐蚀，在硅和二氧化硅中有较高的扩散率。因此，早期的互连金属人们选择的是铝。铝作为互连金属具有如下优点：

① 低电阻率，导电性能好。

② 铝能够和氧化硅发生化学反应，加热后生成氧化铝（Al_2O_3），这促进了铝和氧化硅之间的黏附。

③ 铝能够容易地沉积到硅片上。

④ 铝能够容易地被刻蚀，可用湿法刻蚀不影响下层薄膜。

铝氧化后生成的氧化铝一方面促进了和衬底的黏附，另一方面还能避免空气中潮气等造成的影响，起到保护芯片的作用，正因为这个原因，现代高端芯片虽然下层金属互连不使用铝，但其最顶层的互连金属往往仍然选用铝基的金属薄膜。

在加热过程中，铝和硅之间容易出现不良反应，该反应导致铝和硅形成微合金，这一过程被称为结“穿通”。如图 7.2 所示，当发生这种现象时，铝就像尖刺一样戳入有源区，硅向铝中扩散，而在硅片中又留下了空洞。结尖刺的问题可以通过向铝中添加少量的硅（1% 左右）来解决，通过在 400℃热退火工艺下于铝、硅界面处形成铝硅合金。此外，还可以通过先沉积一层阻挡层（如氮化钛）加以解决。

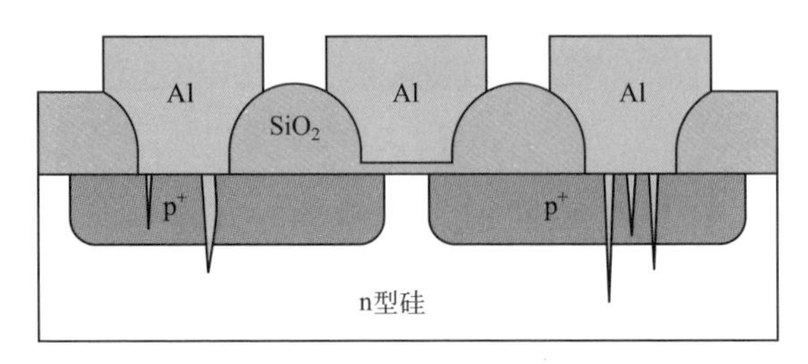

图7.2　结“穿通”现象

7.1.2　铝铜合金

由于铝是一种多晶材料，它内部是由很多单晶粒构成，使用铝互连还有一个缺点就是铝的电迁移现象。如图 7.3 所示，在大电流密度情况下，电子和晶粒中铝原子碰撞引起铝原子逐渐移动，从而产生空洞，引起铝连线变薄，甚至可能断路。即便暂时没有空洞，剩下的部分也会形成更高的电流密度，从而加剧电迁移的发生，直至最终断开。而铝原子移到的区域，堆积起来形成小丘，相邻的连线之间有可能被短路，而本来它们之间应该是不通的。因此铝的电迁徙现象会引起芯片的可靠性问题，即使短期芯片工作正常，时间长了还是可能会出现问题。

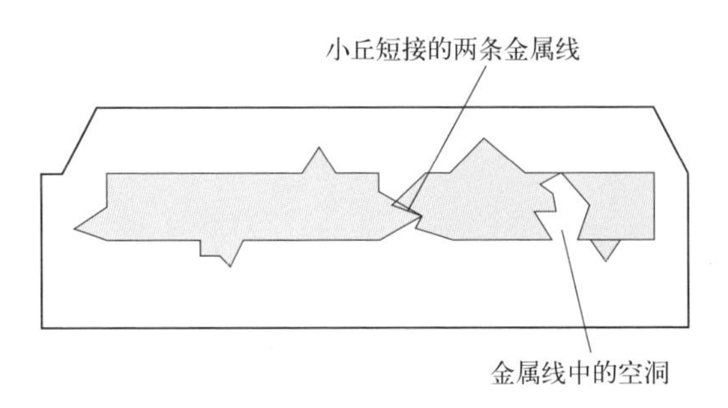

图7.3　铝的电迁移现象

尤其在超大规模集成电路中，芯片温度会随着电流密度而增加，两者都会使芯片中铝金属更容易出现电迁徙现象。解决的办法就是向铝中掺入少量的铜，用铝铜合金作为金属互连线。由铝和铜形成的合金，当铜含量在 0.5% 左右时，其连线中的电迁移会得到抑制。此时铜的作用就像胶水一样，把铝内部的各个小晶粒牢牢地粘在一起，防止它们乱跑。

7.1.3 铜

随着集成电路工艺的发展，芯片上集成度的提升，金属互连布线层数的增加，迫切需要一种更低电阻率的金属取代传统的铝。于是，铜进入了人们的视野，采用铜作为互连金属材料，具有如下的一系列优点：

① 更低的电阻率。在室温下，电阻率由铝的 2.65μΩ•cm 减小到铜的 1.678μΩ•cm，这样可以降低 RC 信号延迟，从而增加芯片的速度。

② 更高的集成度。使用铜允许更窄的线宽，使得集成度得到提升，从而可以减少需要的金属层数。

③ 更好的抗电迁移性能。铜不需要考虑像铝那样的电迁移问题，因此芯片可靠性得以增加。

④ 更小的功耗。由于铜线宽减小，可以降低器件的功耗。

⑤ 更少的工艺步骤数。使用新颖的铜双大马士革工艺可以同步完成通孔和互连的制作（详细流程将在 7.5 节介绍），这样可以减少 20% ～ 30% 工艺步骤数。

虽然铜有上述优点，但使用铜时，人们还是遇到了一些挑战：

① 铜能通过扩散快速进入氧化硅和硅，导致严重的金属沾污，一旦进入有源区将会损坏器件。

② 常规的等离子体刻蚀工艺对铜不适用，不容易通过刻蚀得到铜图案。

③ 铜容易被空气中的氧气氧化，但氧化铜并不能形成保护层以阻止铜的进一步氧化。

好在办法总比困难多，人们还是想出了相应的对策：

① 铜要扩散，人们就想办法不让它扩散，可以在铜工艺前先沉积阻挡层（如钽和氮化钽），以此来阻挡铜的扩散。而在与源、漏和栅区接触时根本不给铜机会，还是采用传统的钨塞，从而从根本上杜绝铜沾污硅的问题。

② 针对铜不易被刻蚀成图形的特性，人们“欺软怕硬”，巧妙地避开刻蚀铜的问题，而是通过刻蚀介质层，然后再通过镶嵌铜的方法得到铜的图形结构。

③ 针对铜会被不断氧化的问题，人们在做最上层的金属时，仍然选用传统的铝基金属，因为铝表面氧化后会变得很致密，可以保护好下面的铝，以免被继续氧化。

为了更好地比较铝和铜，先将它们的特性和工艺特点总结在表 7.2 中。

表7.2　铝、铜的特性及工艺特点对比

比较项	铝（Al）	铜（Cu）
电阻率 /（μΩ・cm）	2.65	1.678
抗电迁移	弱	强
刻蚀工艺	易	难
化学机械抛光（CMP）	可以	可以
空气中抗侵蚀能力	强	弱

7.1.4　硅化物

硅与难熔金属发生化学反应形成的物质称为硅化物（silicide），它是一种具有热稳定性的金属化合物。硅化物受欢迎的原因是它具有较低的电阻率，这对于减小源漏和栅区硅的接触电阻非常重要，从而可以提升芯片的性能。

常用来形成硅化物的金属有钛、钴、钨等，它们及其他硅化物的特性如表7.3所示。

表7.3　硅化物的特性

硅化物	电阻率 /（μΩ・cm）	形成的典型温度 /℃	最低熔化温度 /℃
钛 - 硅（$TiSi_2$）	13 ～ 25	600 ～ 800	1330
钴 - 硅（$CoSi_2$）	10 ～ 18	550 ～ 700	900
钨 - 硅（WSi_2）	70	900 ～ 1100	1440
钽 - 硅（$TaSi_2$）	35 ～ 45	900 ～ 1100	1385
钼 - 硅（$MoSi_2$）	100	900 ～ 1100	1410
铂 - 硅（PtSi）	28 ～ 35	700 ～ 800	830

在硅上加热金属形成期望的电接触界面，被称为欧姆接触（图7.4），这个工艺过程被称为烧结或退火。在现代芯片设计中，往往使用难熔金属和硅片上露出的源、漏以及多晶硅栅发生反应生成硅化物，这一技术被称为自对准硅化物技术，因为这些金属不会与二氧化硅发生反应，只与硅或多晶硅反应，这样生成的硅化物能很好地与源、漏、栅实现对准。自对准硅化物技术提供了一个减小接触电阻、增强附着性、形成稳定接触结构的工艺。

难熔金属和多晶硅反应生成的硅化物被称为多晶硅化物，它的电阻率要比多晶硅低得多。如果直接使用掺杂多晶硅作为栅电极，它具有较高的电阻率，约500μΩ・cm，这将导致RC延迟增加。因此必须借助多晶硅化物来降低电阻率和RC延迟。

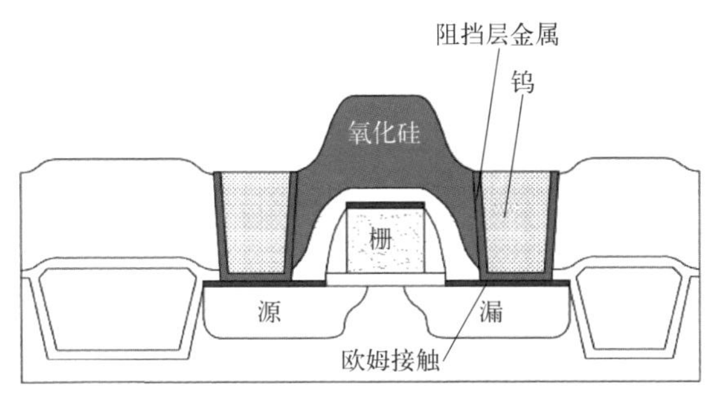

图7.4　欧姆接触

7.1.5　金属填充塞

金属填充塞指的是连接不同金属层或者第一层金属与硅之间的金属填充物。早期曾经使用过铝，但是随着器件尺寸的缩小，铝电迁移造成的空洞会有断路的风险，如图 7.5 所示。

由于钨（W）具有很高的熔点，即使在高电流密度下，扩散率也很低，不会像铝那样形成空洞和小丘，也不存在电迁移现象，此外钨具有较好的台阶覆盖能力和高深宽比间隙填充能力，因此常用钨作为第一层金属和下面硅的连接材料，称为钨塞，如图 7.6 所示。在铜双大马士革工艺出现前，钨也是连接不同金属连线的优选材料。钨是难熔材料，熔点为 3417℃，在 20℃时其体电阻率为 52.8μΩ・cm。

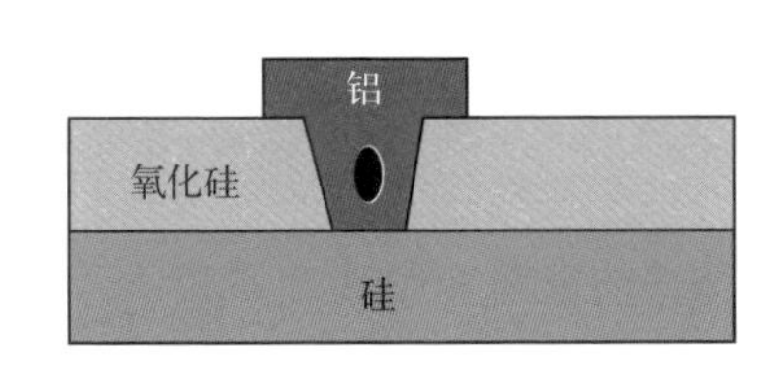

图7.5　铝电迁移造成的空洞

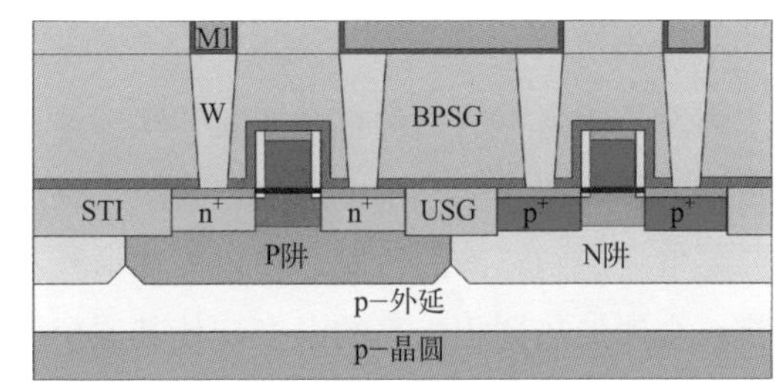

图7.6　CMOS 器件中的钨塞

钨塞的制作工艺是：首先进行氧化硅的沉积、平坦化，然后通过光刻及刻蚀，形成接触孔的图案，接着沉积阻挡层，最后进行钨的淀积与平坦化。

7.1.6　阻挡层金属

所谓阻挡层金属顾名思义就是指阻挡金属扩散的其他金属或金属化合物。在淀积金属或金属塞之前，往往要先沉积一薄层阻挡层金属，以阻止上下层材料的互相混合。

对阻挡层的要求除了能够很好地起到阻挡扩散作用外，还要求其能抗电迁

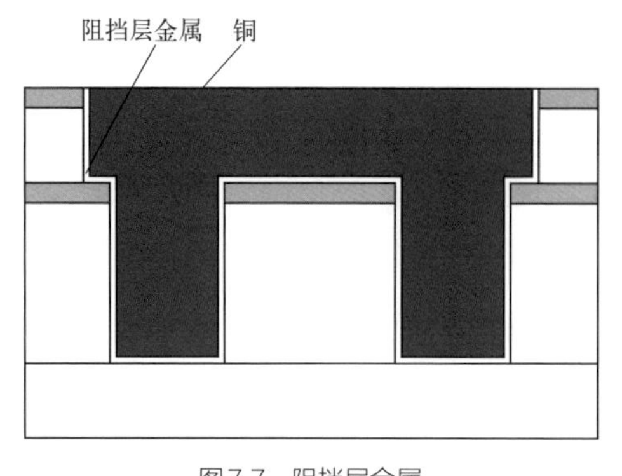

图7.7　阻挡层金属

移、抗侵蚀、抗氧化、有很好的附着特性、高导电率、具有很低的欧姆接触电阻，并要求它在高温下具有很好的稳定性。例如沉积钨之前，常沉积氮化钛（TiN）和钛（Ti）作为阻挡层和促黏层。

在沉积铜之前，往往预先沉积氮化钽和钽作为阻挡层，如图 7.7 所示。氮化钽具有电阻率低、熔点高、界面稳定、晶格和晶界扩散的激活能高等一系列优异的性能，是当前制备铜扩散阻挡层的首选材料。

7.2　金属淀积工艺

金属淀积工艺主要包括蒸发、溅射、金属 CVD 和铜电镀。前两者属于物理过程。后两者虽属于化学过程，但它们与金属薄膜制备高度相关，所以放在这里一并介绍。

7.2.1　蒸发

蒸发是最简单的一种金属薄膜淀积工艺。首先将待蒸发的金属块（如铝）放进坩埚，然后在真空系统中加热金属块，并使之蒸发变成气态的原子，此后（金属）蒸气流遇到较冷的衬底，便以固体形式凝结沉积在衬底表面。蒸发时必须把待沉积金属加热到相当高的温度，使其原子获得足够的能量而脱离金属表面。在蒸发时必须保持腔体为真空环境，这样（金属）蒸气的平均自由程就会增加，在真空腔体中保持直线运动，容易沉淀到衬底表面。

按热源的不同，蒸发可分为电阻加热蒸发和电子束蒸发两种，分别如图 7.8、图 7.9 所示。普通的电阻加热方式容易引入杂质污染，特别是钠离子污染，而且很难沉积高熔点金属。电子束蒸发装置中，被加热的金属块放置坩埚中，通过电子束进行直接加热，避免了待蒸发材料和坩埚壁发生反应而影响薄膜质量，因此电子束蒸发可以获取高纯薄膜。

蒸发的最大缺点是不能产生很好的台阶覆盖，不能形成深宽比大于 1 的连续薄膜，此外其不适合淀积合金薄膜。在超大规模集成电路制备中，往往使用溅射法。

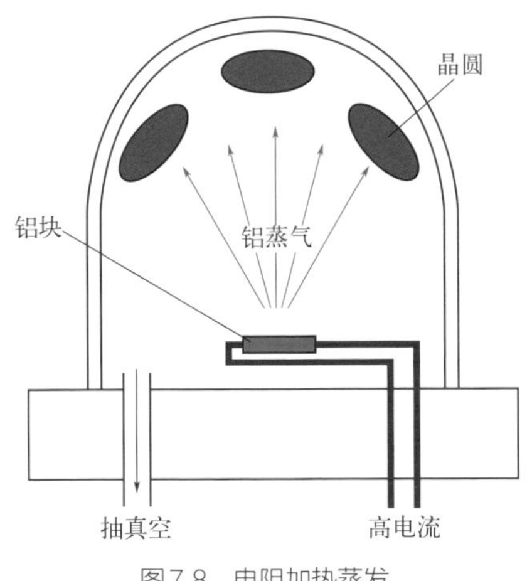

图7.8　电阻加热蒸发

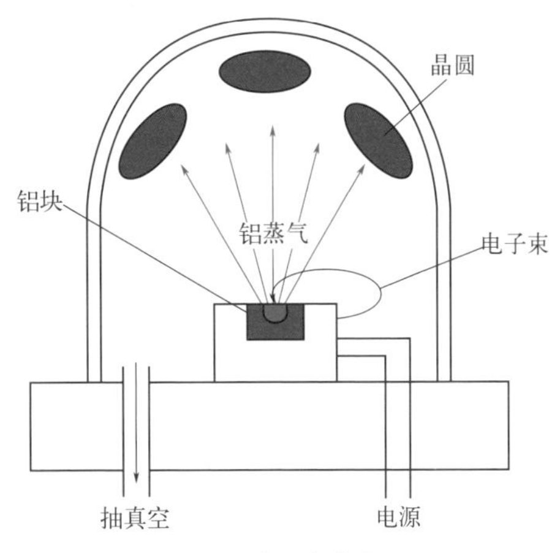

图7.9　电子束蒸发

7.2.2　溅射

溅射类似于飞驰的汽车开过泥坑后溅起尘土导致尘土飞扬，或者子弹打在墙上引起碎块四处飞溅。在半导体溅射工艺中，高能粒子首先被加速，再撞击高纯度靶材料固体（图 7.10），从靶材中撞击出原子，这些被撞击出的原子穿过真空，最后淀积在硅片上。

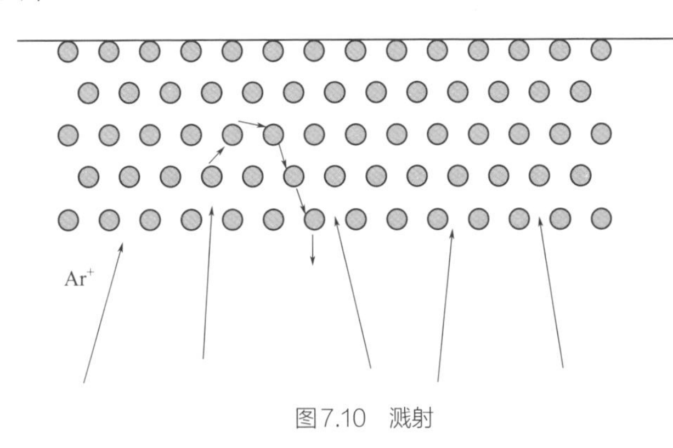

图7.10　溅射

溅射具有如下的优点：

① 沉积薄膜质量更高，具有更好的台阶覆盖能力和间隙填充能力；

② 能够淀积难熔金属；

③ 具有淀积合金的能力，并能保持合金的组分不变；

④ 可以为大直径晶圆（直径 200mm 及以上）淀积均匀薄膜；

⑤ 易于多腔集成，能够在淀积金属前清除硅片表面沾污和本身氧化层。

溅射与蒸发两种常见物理气相淀积（PVD）工艺性能上的对比如表 7.4 所示。

表7.4 蒸发与溅射性能对比

比较项	蒸发	溅射
均匀性	低	高
薄膜质量	杂质多	更纯净
晶圆直径	小	大
工艺控制	差	优
处理数量	批量	单片
设备成本	低	高

在图 7.10 中选用氩作为溅射材料，相当于子弹。那么为什么选择氩呢？一个原因是它相对较重并且是惰性气体，这就避免了和生长薄膜或靶材发生化学反应的可能。另外一个原因就是氩相对便宜，在空气中的含量百分比虽不及氮气和氧气，但在稀有气体中的排名较靠前。

高能电子撞击中性的氩原子，碰撞电离外层电子，于是产生了带正电荷的氩离子。带正电荷的氩离子在等离子体中被阴极靶材的负电位强烈吸引，当这些氩离子通过辉光放电区时，它们被加速并获得动能。当氩离子轰击靶表面时，氩离子的动量便被转移给靶材，以撞击出一个或多个原子，这些原子最后淀积到晶圆表面，这就是溅射的机制。入射离子的能量必须大到能够撞击出靶原子，但又不能太大以致渗透到靶材料内部。典型溅射离子的能量范围为 500 ～ 5000eV。

根据上述溅射的机制，溅射工艺流程可分为如下六个基本步骤：

① 在真空腔等离子体中产生带正电的氩离子，并向带有负电势的靶材料加速；

② 氩离子在被加速过程中获得动量，并轰击靶材；

③ 氩离子通过物理过程从靶上撞击出原子；

④ 被撞击出的原子迁移到晶圆表面；

⑤ 被溅射的原子在晶圆表面凝聚形成薄膜；

⑥ 其他副产物由真空泵抽走。

溅射淀积的速率取决于溅射产额，即每个入射离子轰击靶以后，由靶喷射出的原子数。溅射产额取决于：轰击离子的质量与能量、轰击离子的入射角、靶材的组分和它的几何形状。

溅射系统主要有三类：射频溅射系统、磁控溅射系统、离子化的金属等离子体方案。

在射频（RF）溅射系统中，等离子体由 RF 场产生，RF 频率通常为 13.56MHz。RF 溅射系统的溅射产额不高，导致它的淀积速率较低，因此应用受到限制。

如图 7.11 所示，磁控溅射系统是在靶的周围和后面装置了磁体，以俘获并限制电子于靶的前面。这样设置可以增加离子在靶上的轰击率，产生更多的二次电子，从而增加等离子体中电离的速率，相当于增加了更多的子弹。更多的氩离子引起对靶材更多的溅射，因而增加了淀积速率。因此，磁控溅射是最常用的 PVD 系统。

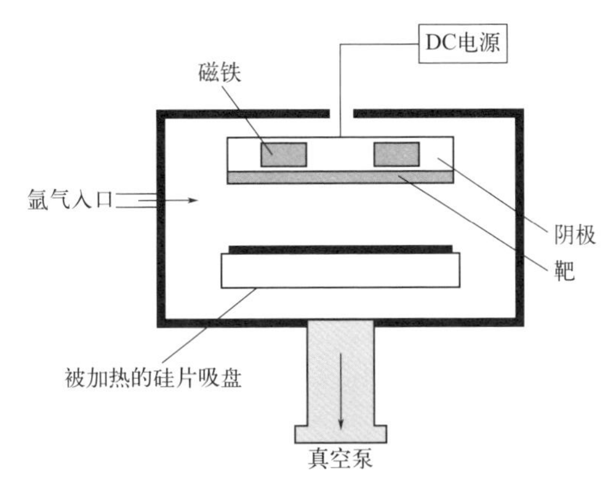

图7.11　磁控溅射系统

为了在接触孔或通孔的底部和边沿取得更好的覆盖，可以利用如图 7.12 所示的准直溅射来实现。任何从靶上被溅射出的倾斜角大的原子都被淀积在准直器上，只有直线方向较小倾斜角的原子才能顺利通过准直器并最终淀积在接触孔或通孔的底部。准直溅射的作用归功于添加的准直器，准直器在接触孔或通孔中减少了对侧墙的覆盖。

第三种溅射系统是离子化的金属等离子体（ionized metal plasma, IMP）方案。当芯片的特征尺寸缩小时，溅射进入具有高深宽比的通孔和狭窄沟槽的能力受到

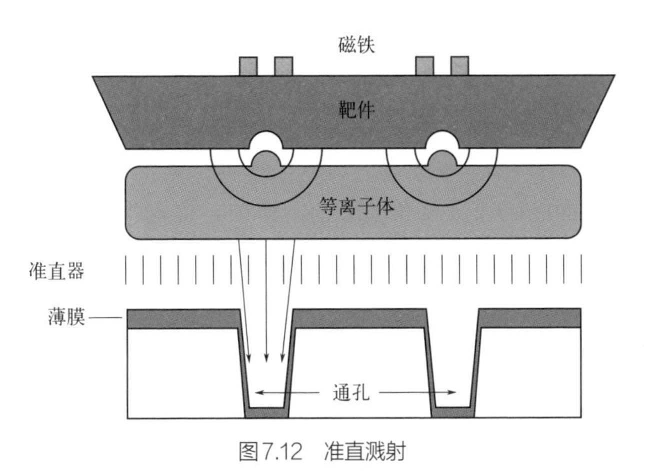

图7.12　准直溅射

限制，此时可以考虑 IMP 工艺。IMP 方法是在压强为 20 ～ 40 mTorr 的射频等离子体中，将溅射的金属离子化，在硅片上施加负的偏置电压，这样正负吸引，正的金属离子就会沿着垂直路径向硅片中的通孔或沟槽底部运动。

7.2.3 金属 CVD

由于化学气相淀积（CVD）具有良好的台阶覆盖以及对高深宽比接触孔优秀的填充能力，在淀积一些金属时，也考虑使用 CVD 方法。采用这种工艺的有钨 CVD 和铜 CVD。

经常用钨 CVD 工艺来沉积上文所述的钨塞，这种方法淀积的钨塞具有良好的台阶覆盖能力和间隙填充能力，且具有良好的抗电迁移特性。钨淀积可采用六氟化钨与氢气反应得到，其反应方程式为

$$WF_6+3H_2 \longrightarrow W+6HF \tag{7.1}$$

在淀积钨之前往往还要预先沉积 2 层薄膜：钛和氮化钛。钛膜的作用是降低接触电阻，提高黏结性能，采用溅射工艺进行；氮化钛是起阻挡层作用，阻止钨与硅之间的扩散，通常也使用 CVD 工艺淀积。

铜 CVD 工艺主要用来淀积铜种子层，在电镀铜前必须先淀积一薄层铜种子层。铜种子层必须连续、无针孔和空洞，且具有良好的台阶覆盖，否则就可能在后续的电镀铜工艺中产生空洞。采用 CVD 工艺可以胜任这项任务。CVD 制备铜种子层时，首先选择合适的先驱物，然后通过氢气还原得到铜。

7.2.4 铜电镀

高性能芯片的互连材料往往使用金属铜。而沉积铜的方法是电化学电镀（electro-chemical plating, ECP）的方法。ECP 是一种工业上传统的镀膜方法。铜电镀工艺具有工艺简单、成本低廉、增大电流可提高沉积速率等优点。

铜电镀工艺是采用电流和湿法化学品将靶材上的铜离子转移到硅片表面的过程。铜电镀系统包括铜靶材（阳极）、硅片（阴极）、电镀液、脉冲直流电流源等。其中电镀液由硫酸铜、硫酸和水组成。电镀铜金属的基本原理如图 7.13 所示，将具有导电表面的硅片沉浸在硫酸铜溶液中，含铜种子层的硅片与电源阴极相连，固体铜块沉浸在溶液中并与阳极相连。当接通电源时，溶液中将产生电流，阳极上的铜发生反应转变成铜离子，铜离子在外电场的作用下向阴极的硅片定向移动，到达阴极后，铜离子与阴极的电子发生反应生成铜原子，并镀在硅片表面，其反应式如下：

$$Cu^{2+} + 2e^- \longrightarrow Cu \tag{7.2}$$

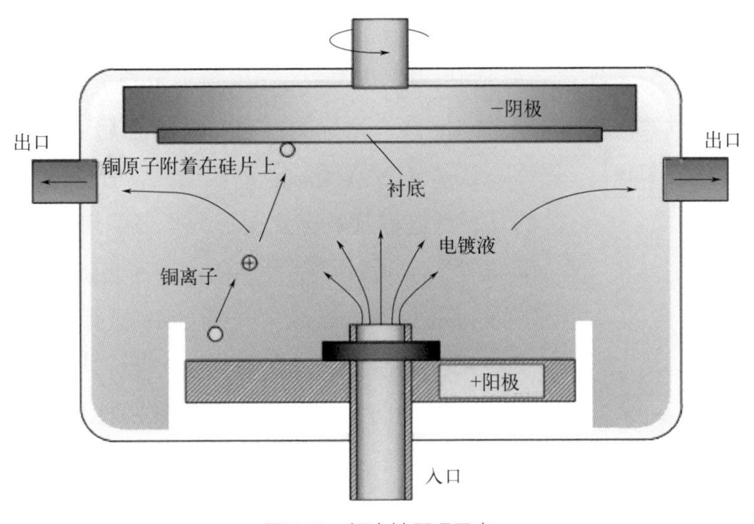

图7.13　铜电镀原理示意

7.3 旋涂

与上述薄膜制备工艺相比，旋涂法可以说是一种最简单直接的方法。它首先将待沉积薄膜制成液状，然后滴在硅片表面，利用离心力将液体甩均匀，再进行固化，就得到了所需的薄膜。旋涂法具有工艺条件温和、操作控制简单等优势，是一种高性价比的沉积薄膜方法。

旋涂法制备的薄膜，主要有两个因素会影响薄膜厚度：胶体本身特性（黏度、浓度、表面张力等）和旋涂时的旋转速度。

在集成电路工艺中，旋涂法得到应用的场景主要有两个。一个是光刻时的旋涂甩胶步骤，这一步将光刻胶均匀地涂敷在晶圆表面等待曝光。另一个是旋涂介质（SOD），用于金属层间的介质层，这里的介质层需要特别低的相对介电常数，如硅基多孔低 k 材料等。目前，旋转低 k 电介质技术仍然落后于 CVD 技术。

7.4 铝互连工艺流程

早期的金属互连工艺使用的是铝互连，现代高端芯片最顶层的金属互连层也往往选用铝。如上文所述，为防止铝的扩散和电迁移，往往需要向铝中加入少量的硅和铜，也就是说，实际上使用的是铝硅铜合金。

在溅射铝之前，往往还要溅射一层钛，它的作用除了阻挡扩散外，还为钨塞与铝之间提供了良好的结合。溅射铝后还要溅射一层氮化钛，它是作为抗反射层来使用的，便于下一次光刻工艺的开展。这样其实金属层形成了三明治的结构。

如图 7.14 所示，铝互连的完整工艺流程如下：

① 淀积层间介质层，并用 CMP 进行抛光；

② 对介质层进行光刻和刻蚀，在介质层上开出通孔；

③ 先淀积防止钨扩散的氮化钛阻挡层，然后再进行钨淀积填充通孔，最后利用 CMP 去除通孔外的钨；

④ 溅射钛、铝硅铜合金、氮化钛三明治结构，并进行第二次光刻和刻蚀工艺，得到铝互连线的结构。

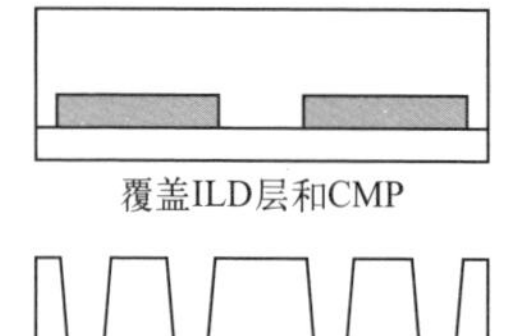

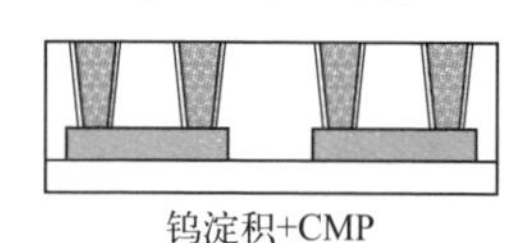

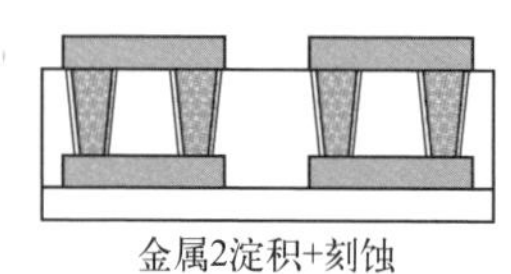

图7.14 铝互连工艺流程

因为芯片往往需要布置多层金属互连线，每增加一层金属连线，就需要重复执行上面的四大步工艺流程。

7.5 铜互连工艺流程

现代高端集成电路的制备，往往更多地使用铜互连工艺。与传统的铝互连工艺相比，铜大马士革工艺可以减少 20% ～ 30% 的工艺步骤数。铜互连工艺可分为单镶嵌工艺与双镶嵌工艺，这两种方法又分别被称为单大马士革工艺（single-Damascene）与双大马士革工艺（dual-Damascene）。据说有一位工程师为解决铜不能干法刻蚀，而人们又想用铜来替代铝作为互连线这一难题，一次偶然的机会来到大马士革寻找灵感。大马士革是叙利亚首都，它的镶嵌手工艺品比较有名。机缘巧合之下，他看到了一位从事金属镶嵌的匠人。在观摩匠人镶嵌工艺的时候，工程师脑海中浮想联翩：雕刻与刻蚀相似，镶嵌与沉积殊途同归，都可以得到想要的图案，铜虽然不能被刻蚀，但可以通过类似镶嵌的方法沉积。于是，大马士革工艺就这样产生了。

7.5.1 单大马士革工艺

单大马士革工艺主要用于金属 1 互连的制备工艺，即连接晶体管有源区的第一层金属互连线。它的工艺流程如图 7.15 所示。

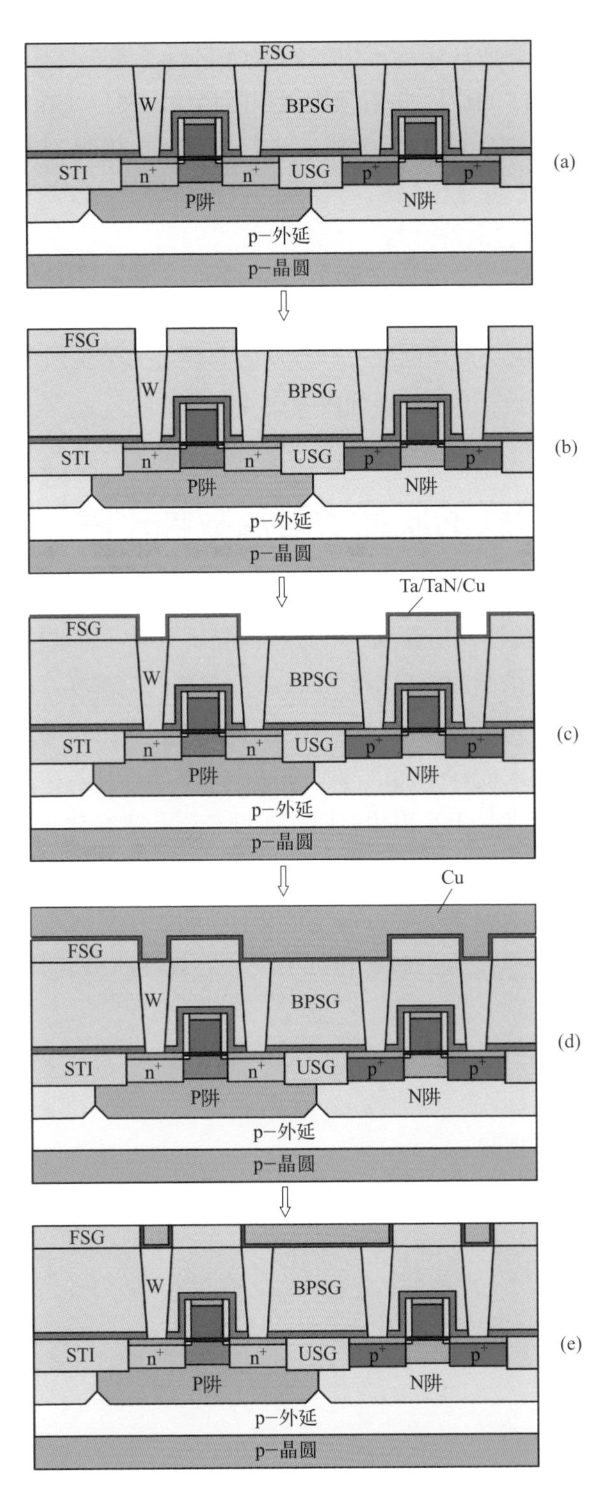

图7.15　单大马士革工艺流程

首先沉积金属间介质层，如采用 FSG 低 *k* 材料［图 7.15（a）］。然后对其进行光刻、刻蚀［图 7.15（b）］。接着依次沉积阻挡层金属钽（Ta）、氮化钽（TaN）及铜（Cu）种子层［图 7.15（c）］，随后进行电化学电镀得到铜互连层［图 7.15（d）］，最后利用 CMP 将露出来的铜磨去，只保留镶嵌在 IMD 中的铜［图 7.15（e）］，这就是第一层金属连线层。

7.5.2 双大马士革工艺

双大马士革工艺用于后续的通孔和互连的制作，由于是同步镶嵌了这两种结构，因此称为双大马士革工艺。详细内容见 4.2 节。

7.6 金属薄膜的质量检查及故障排除

我们在选用金属材料及检查沉积的金属薄膜质量时，主要应关注以下指标：

① 导电能力。要求高的电导率，并且能传导高电流密度。

② 淀积性能。要易于淀积，淀积后可以获得均匀的结构与组分。

③ 黏附性能。要求能与下面的薄膜或衬底能够紧紧黏附在一起，不易脱落。

④ 便于光刻。要求易于平坦化表面，通过光刻可获得高分辨率的金属图案。

⑤ 抗腐蚀性。具有很好的抗腐蚀特性。

⑥ 高可靠性。要求能够经受住各种温度的考验。

⑦ 较低应力。具有很好的抗机械应力能力，以减少硅片扭曲及材料失效的可能性。

若发现金属薄膜质量不理想，在进行故障排除时，重点应关注如下四种问题：

① 薄膜厚度不达标。

② 薄膜均匀性不理想。

③ 金属膜的附着力。

④ 金属膜的应力。

第8章
扩散

本征半导体本身在半导体制造行业用处不大，只有向本征半导体中掺入杂质才能改变它的电学特性，变成 n 型半导体或者 p 型半导体，才能发挥它的用武之地。向晶圆衬底或者薄膜中掺入杂质的过程称为掺杂。掺杂会提高半导体的导电性，杂质浓度越高，导电性越好。通过掺杂，形成 N 区和 P 区，继而构成 PN 结和 BJT、MOS 管等各种晶体管器件，这些器件是组成集成电路的基础。所以说，掺杂是半导体工艺中重要的一环。

掺杂有两种方法：扩散和离子注入。扩散是半导体工业早期所使用的一种掺杂手段，后来由于离子注入工艺更优，在掺杂领域渐渐取代了扩散工艺。但扩散作为一个物理现象，依然伴随在集成电路的制造过程中，所以我们仍然需要学习扩散。本章首先介绍扩散的基本原理，然后描述扩散的工艺流程，最后讨论扩散的应用。下一章将介绍离子注入工艺。

8.1 扩散原理

扩散的本质是物质从高浓度区域向低浓度区域的运动，这个物质可以是原子、分子或离子。扩散作为一种自然现象，在生活中随处可见。较常见的是气体和液体的扩散，例如食堂饭菜的香味在你接近食堂的时候就能闻到，实际上是气体扩散到你的鼻子里了；一滴黑墨水滴在一瓶清水的表面，很快整瓶水都被染黑了，这是液体的扩散。固体扩散由于在室温下比较慢，所以不易为人所察觉，例如一堆煤炭堆在白墙旁边，过上一年半载移走煤炭，墙上也必然留下污点，这其实就是固体的缓慢扩散在起作用。甚至，动物的迁徙有时候也是扩散的一种表现。

在半导体工业中作为掺杂的手段，也涉及向固体中扩散。很显然，我们不能让杂质自己慢慢在常温下扩散，我们必须加热，给它足够能量，加快扩散的进程。图 8.1 给出了杂质向硅中扩散的示意。图 8.1（a）是刚开始扩散时，杂质堆积在表面；图 8.1（b）是在高温下杂质已经向内部移动到某一位置，我们把杂质移动的距离称为结深。

(a) 刚开始杂质堆积在硅片表面

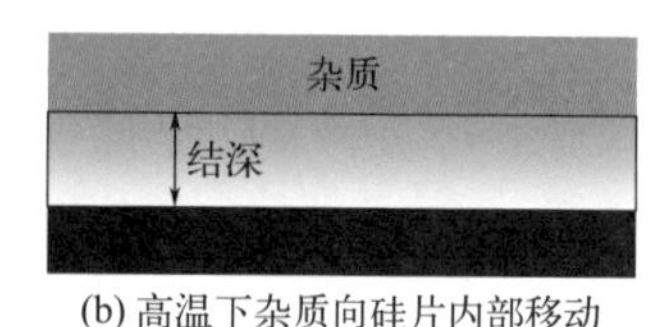

(b) 高温下杂质向硅片内部移动

图8.1　杂质扩散

图 8.2 给出了掺杂浓度随着离开晶圆表面距离变化的关系。我们可以很清楚地从图中看到，硅衬底在未掺杂前也是有一定杂质的，只不过杂质浓度较低，远低于表面处堆积的杂质浓度。根据扩散的基本原理，表面处的杂质会从高浓度的表面区域向低浓度的内部区域移动。

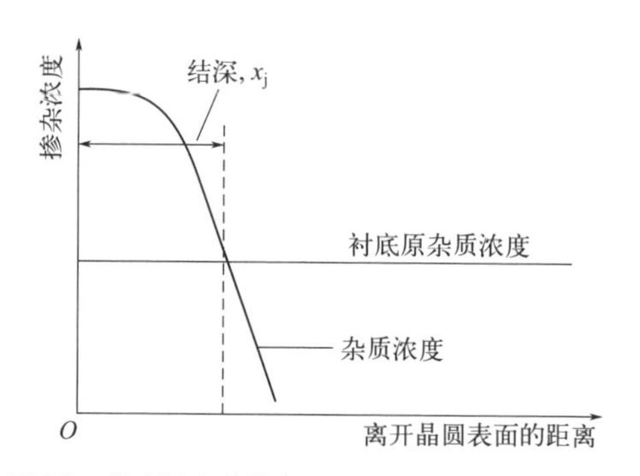

图8.2　掺杂浓度随着离开晶圆表面距离变化的关系

扩散现象必须具备两个基本条件：浓度梯度和能量。可以用菲克第一定律来描述扩散这一物理现象，即

$$J=-D\frac{\partial C}{\partial x} \tag{8.1}$$

式中，J 表示单位时间内杂质的扩散量；D 为杂质扩散系数，物质的扩散系数 D 表示它的扩散能力，是物质的物理性质之一，扩散系数的大小主要取决于扩散物质和扩散介质的种类及温度和压力；$\frac{\partial C}{\partial x}$ 为沿 x 方向杂质浓度的变化率；负号表示扩散的方向与杂质浓度增加的方向相反，即扩散是沿着杂质浓度下降的方向进行。

杂质在硅单晶中的扩散有两种形式：替位式杂质和间隙式杂质。如图 8.3 所示，个头和硅原子差不多大的杂质一般是可以占据硅晶格中本来硅原子所在的位置，这称为替位式杂质或替代式杂质，常见掺杂元素硼、磷、砷等都是替位式杂质。而个头和硅原子相比相差较大的杂质进入硅单晶后，杂质原子不占据晶格上硅原子位置，而是从一个晶格间隙运动到另一个晶格间隙，这种杂质称为间隙式杂质，如金、银等重金属杂质是间隙式杂质。更多的杂质所属类型如表 8.1 所示。

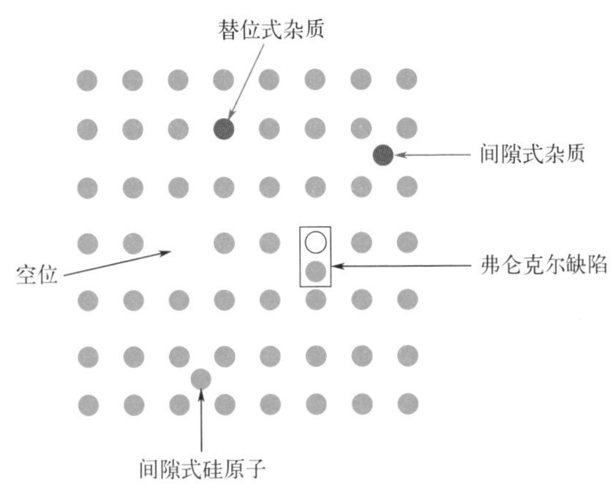

图8.3 替位式杂质、间隙式杂质及其他点缺陷（空位、间隙式硅原子、弗仑克尔缺陷）

表8.1 硅中的杂质及其类型

类型	杂质
替位式	P、As、B、Al、Ga、Sb、Ge
间隙式	O、Na、Au、Cu、Fe、Ni、Zn、Mg

硅晶格中除了这两种杂质造成的点缺陷外，还有其他三种点缺陷，分别是空位、间隙式硅原子、弗仑克尔缺陷。一个硅晶格中的原子离开了原来的位置，就留下来一个空位缺陷，空位缺陷也称为肖特基缺陷（Schottky defect），跑走的硅原子躲到硅晶格的间隙中，成为间隙式硅原子。如果离开的硅原子没走远，而是与空位组成一对，则称为弗仑克尔缺陷（Frenkel defect），即空位和间隙原子成对出现的缺陷为弗仑克尔缺陷。

值得注意的是一般间隙式杂质的扩散系数要比替位式的大 6 ～ 7 个数量级，因此绝对不允许用手直接触摸硅片，就是防止汗中的钠离子进入到硅中快速扩散。

通常，半导体制备中的扩散工艺都是选择性扩散，即只需要向硅晶圆的某一个部分进行杂质扩散。那么如何才能实现局部掺杂呢？实现这一目的需要在待掺杂衬底表面先生长一层掩蔽膜，然后借助光刻和刻蚀工艺对掩蔽膜图案化，将待掺杂的局部区域暴露出来，而将不需要掺杂的区域保护起来，如图 8.4 中的二氧化硅。掩蔽膜可以起到阻挡杂质向半导体衬底中扩散的作用，由于常见掺杂物（B、P 等）在二氧化硅里的扩散系数要比在硅中的扩散系数小，所以直到在硅中扩散完成，掺杂物在二氧化硅中的扩散还远没有到达硅边界，最后待扩散完成后再去掉掩蔽层就可以。

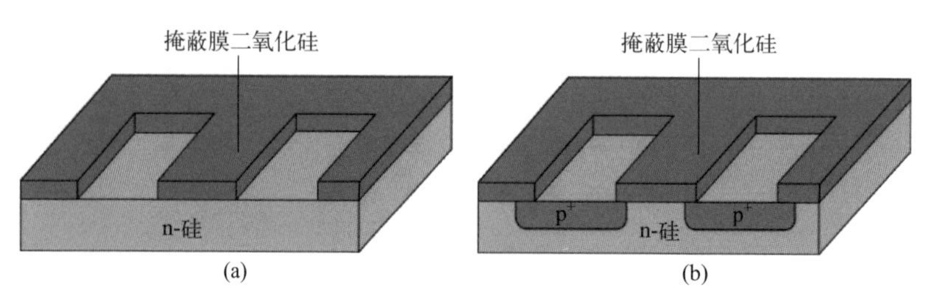

图8.4　扩散原理示意

8.2 扩散工艺步骤

扩散工艺按照掺杂源的不同，可以分为气态源扩散、液态源扩散和固态源扩散等。常见扩散源如表 8.2 所示。

表8.2　常见扩散源及类型

类型	杂质源
气态源扩散	B_2H_6、PH_3、AsH_3
液态源扩散	$POCl_3$、$B(CH_3O)_3$
固态源扩散	BN、B_2O_3、Sb_2O_3、As_2O_3

扩散工艺可在扩散炉中进行，其装置示意类似于之前章节中制备介质薄膜时所介绍的。图 8.5 给出了用三氯氧磷（$POCl_3$）扩散磷的装置示意，$POCl_3$ 是无色透明发烟液体，它易挥发，可以与 O_2 反应生成 P_2O_5，然后 P_2O_5 再和 Si 反应生成 P，P 原子聚集在硅表面，并在热能的驱使下扩散进入硅内部。它的反应方程式如下：

$$4POCl_3+3O_2 \longrightarrow 2P_2O_5+6Cl_2 \tag{8.2}$$

$$2P_2O_5+5Si \longrightarrow 5SiO_2+4P \tag{8.3}$$

采用气态源 B_2H_6 扩散硼杂质的反应方程式如下：

$$B_2H_6+3O_2 \longrightarrow B_2O_3+3H_2O \tag{8.4}$$

$$2B_2O_3+3Si \longrightarrow 3SiO_2+4B \tag{8.5}$$

$$2H_2O+Si \longrightarrow SiO_2+2H_2 \tag{8.6}$$

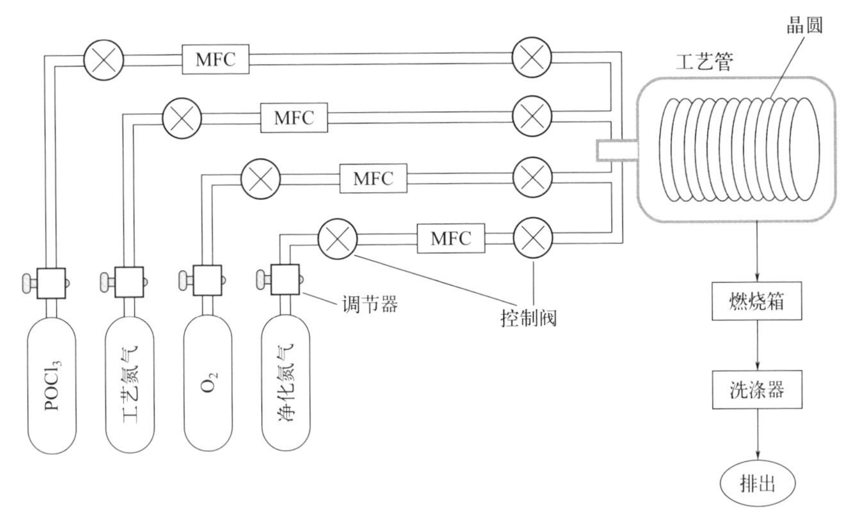

图8.5 用三氯氧磷（$POCl_3$）扩散磷的装置示意

扩散的基本工艺步骤如图 8.6 所示。首先进行硅片清洗（a），然后热氧化制备一层二氧化硅（b），随后该层氧化硅将作为掺杂掩蔽层，然后进行光刻（c）和刻蚀（d），去胶后进入到扩散环节（e）。一般硅中固态杂质的热扩散需要三个步骤：预淀积、推进、激活。在预淀积过程中，先形成杂质氧化物（f），并和表面的硅发生反应生成二氧化硅和杂质（g），杂质此时仅能进入到硅片中很薄的一层。预淀积是为整个扩散过程建立起浓度梯度。此时表面的杂质浓度最高，随着向内部深入，杂质浓度逐渐减小。热扩散第二步是推进，也称为再分布。这个过程需把温度上升到 1000 ～ 1250℃，促使淀积的杂质穿过硅晶体，在硅中形成所期望的结深（h）。在这个步骤中，硅片中总的杂质含量并没有增加，只是通过推进扩散进行了杂质再分布。热扩散第三步是激活。这时温度上升得更高些，使得杂质原子与硅晶格中的硅原子键合在一起，从而激活杂质的电学性能，提高硅的电导率（i）。

扩散工艺一个重要的参数便是控制好热预算，所谓热预算指的是温度与时间的乘积。过高的热预算会导致杂质的再扩散现象。如图 8.7 所示，图 8.7（a）是离子刚刚注入之后的掺杂剖面，图 8.7（b）则是过高的热预算导致杂质的再次扩散，不光结深变大，而且源、漏区有连接起来的风险。所以在杂质已经掺杂到位后，后续的工艺一定要考虑到长时间高温对杂质再分布的影响，因为扩散是一个无法改变的自然规律，我们只能规避它，这也是让高温维持较短时间的快速热处理工艺（RTP）日益受宠的原因之一。

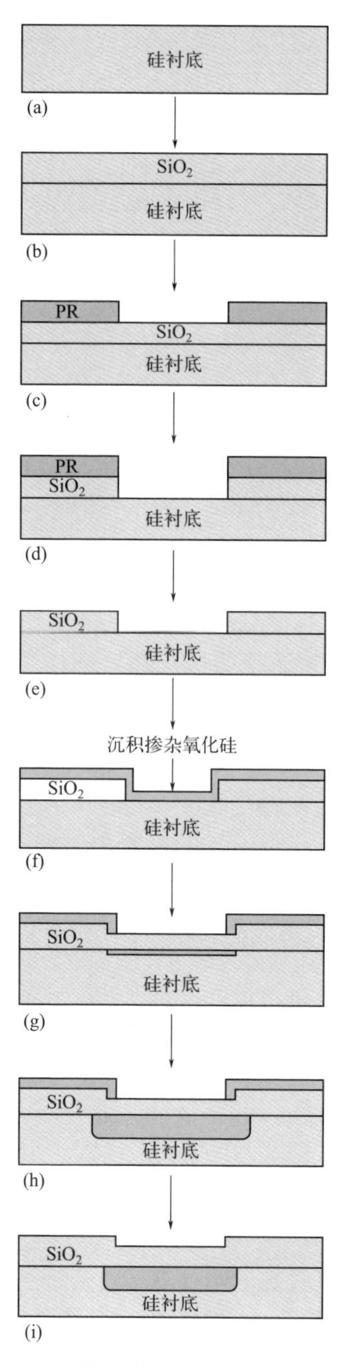

图8.6　扩散的基本工艺步骤

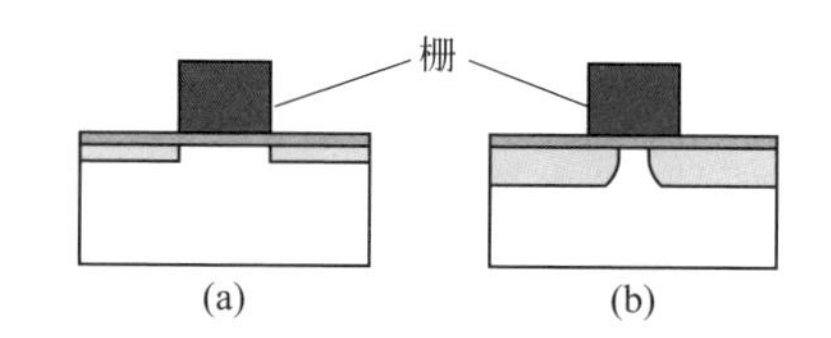

图8.7　过高的热预算导致杂质的再扩散现象

8.3 扩散应用

扩散在早期半导体工业中是用于硅掺杂的一种工艺手段，但是扩散有个缺点是：它会横向扩散。人们希望它只进行纵向扩散，但是它也会各向同性扩散，即向各个方向一视同仁地扩散，包括横向扩散到掩蔽层下方，如图 8.8 所示。一开始人们还能容忍，但随着特征尺寸的不断缩小，源、漏之间的间距不断缩小，如果任由它横向扩散，源和漏就要连接起来了，这是绝对不可以的。所以到了 1975 年前后，鉴于扩散不能独立地控制结深和掺杂浓度这一缺点，它被离子注入工艺所取代。

虽然现在扩散不怎么用于掺杂工艺，但我们要牢记：扩散这个现象是一直存在的，尽管不是那么受欢迎。此外，扩散在半导体产业中还是有一些用武之地的。例如，离子注入工艺之后的杂质推进就需要用到扩散的原理，如图 8.9 所示，在 CMOS 器件的阱制作阶段，离子注入完成后，需要扩散来帮助杂质到达我们期望的结深。阱一般需要比较深的结深，如果光靠离子注入的话需要非常高的离子注入能量，这个成本是巨大的，而离子注入之后的高温退火步骤通过扩散就可以完成。

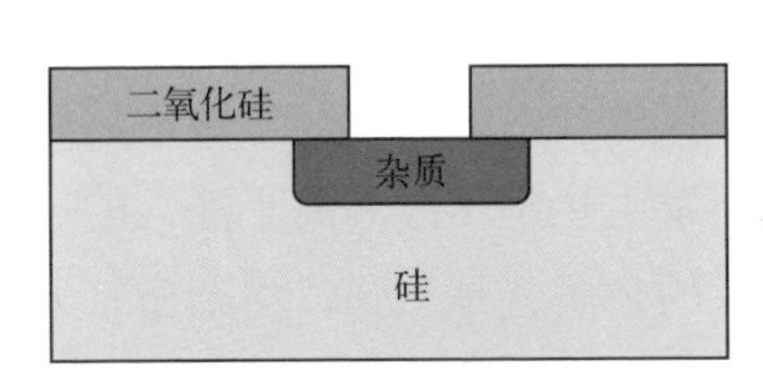

图8.8　杂质的横向扩散

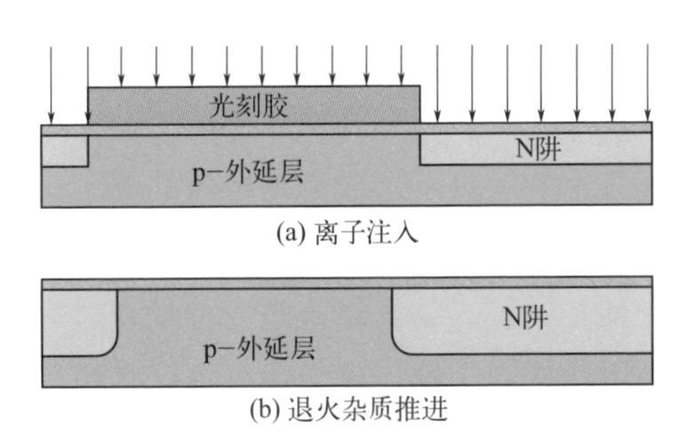

图8.9　阱制作

扩散的另一个应用是超浅结（ultra shallow junction, USJ）的研发。一些小器件需要特别浅的结，硼离子由于个头比较小，又轻，如果用离子注入机来注入硼离子的话，能量太高，往往会注入得比较深，不适合超浅结的制作。这时可以改用热扩散工艺来进行超浅结的研发。

第9章

离子注入

离子注入可以独立控制掺杂浓度和深度，实现精准掺杂的目的，因此已经成为掺杂工艺的主流。本章将围绕离子注入工艺、离子注入机、离子注入中的沟道效应、离子注入的应用、离子注入后的质量测量及离子注入中的相关安全问题展开讨论。

9.1 离子注入工艺

离子注入是一种向硅衬底中注入可控制数量的杂质，以改变其电学性能的方法。离子注入工艺首先将要掺杂的杂质原子或分子离子化，经磁场选择和电场加速到一定的能量，形成一定电流的离子束，然后再被打到硅晶圆内部去。杂质被注入后，与硅原子多次碰撞后能量逐渐被消耗，在硅片内移动到一定距离后就会停在某一位置。离子注入是一种物理过程，即不发生化学反应。离子注入的过程就像用枪打靶一样，离子注入机就是枪，要注入的杂质就是子弹，将杂质打入到硅晶圆中。离子注入的示意如图 9.1 所示。

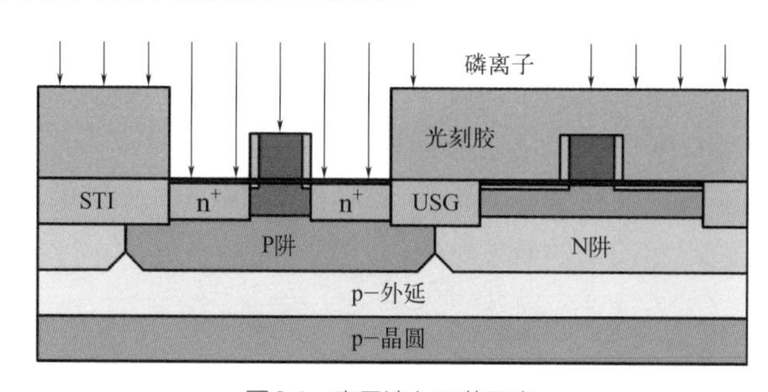

图9.1 离子注入工艺示意

如图 9.2 所示，与各向同性的扩散相比，离子注入可以获得各向异性掺杂剖面，可以独立控制杂质剖面和掺杂浓度。图 9.2（a）中产生了明显的横向扩散，而图 9.2（b）中的离子注入工艺则比较精准地实现了有光刻胶掩蔽的地方不被掺杂的目标。此外，离子注入只需要用光刻胶就可以作为掩蔽层；而扩散工艺需要在高温下进行，它的掩蔽层材料不能是光刻胶，而是要用二氧化硅这样的硬掩膜材料。离子注入与扩散工艺的详细对比如表 9.1 所示。

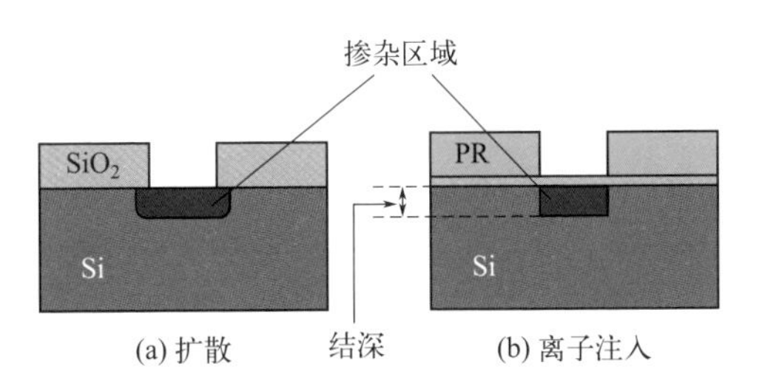

图9.2　扩散与离子注入掺杂剖面对比

表9.1　离子注入与扩散工艺对比

离子注入	扩散
低温工艺	高温工艺
各向异性掺杂剖面	各向同性掺杂剖面
可以用光刻胶作为掩蔽层	必须用二氧化硅之类的硬掩蔽层
可批量处理或单片处理	批量处理
可以独立控制结深和掺杂浓度	不能独立控制结深和掺杂浓度

离子注入工艺的主要优点有：

① 对杂质穿透深度有精确的控制；

② 可以准确控制杂质含量；

③ 较好的杂质均匀性；

④ 不需要高温，它是低温工艺；

⑤ 注入的离子能穿过薄膜；

⑥ 可以实现高浓度掺杂，不像扩散受到固溶度极限的限制，固溶度极限指的是一定温度下硅能够吸收的杂质数量是一定的。

离子注入需要实现两个主要目标：

① 把杂质注入希望的深度，往往通过调节离子能量来实现。

② 向晶圆中引入均匀、可控制数量的特定杂质，即控制掺杂浓度并且实现均匀掺杂，这主要通过调控离子束流和注入时间来控制。

要实现上述目标，我们需要关注离子注入工艺中的两个主要参数：剂量和射程。

剂量（Q）是单位面积晶圆表面注入的离子数，单位是 cm^{-2}，其公式是

$$Q = It/enA \tag{9.1}$$

式中，Q 为剂量；I 为离子束流，单位是 A；t 为注入时间，单位是 s；e 是电子电荷，为 1.6×10^{-19}C（库仑）；n 为离子电荷，例如 B^+ 为 1；A 为注入面积，单位是 cm^2。

射程指的是离子注入过程中，从进入晶圆起到停止点所通过路径的总距离。一般来说，离子注入机的能量越高，意味着杂质在硅片中会跑得越远，射程也就越大。投影射程 R_p 是杂质离子在硅片中注入的深度，它取决于杂质离子的质量和能量、靶的质量以及离子束相对于硅片晶体结构的方向。值得注意的是，并不是所有离子的射程都是一样的，有的离子射程远，有的射程近，甚至还有的离子会发生横向移动。

注入离子在穿行晶圆的过程中与硅原子发生碰撞，导致能量损失，并最终停止在某一深度。在这个过程中，主要有两种能量损失机制：核阻碍和电子阻碍。可以用下面的公式表示

$$S=S_n + S_e \tag{9.2}$$

式中，S 表示总的能量损失；S_n 表示核阻碍引起的能量损失；S_e 则表示电子阻碍引起的能量损失。核阻碍是入射离子和硅原子的原子核发生碰撞，散射明显，硅晶格也会遭到损伤，是主要的能量损伤机制。电子阻碍则是入射离子和硅原子中的电子发生碰撞，由于是大家伙撞击电子这个小不点，因此离子的入射方向几乎不会发生明显改变，能量损失也较小，对晶格的损伤可以忽略不计。

离子注入工艺的缺点有：

① 高能杂质离子轰击硅晶圆会对晶体结构产生明显损伤，需要后续的高温退火进行修复。

② 离子注入工艺在离子注入机内进行，注入设备比扩散设备更复杂。

9.2 离子注入机

离子注入机与光刻机、刻蚀机和镀膜机并称半导体制造四大核心装备，开发难度仅次于光刻机。离子注入机的主要部件有：离子源、离子束吸取电极、质量分析器、加速与聚焦系统、扫描系统、工艺室。

（1）离子源

离子源提供所需的掺杂离子。在合适的气压下，使含有杂质的气体受到电子碰撞而发生电离。常用的掺杂源有 B_2H_6、PH_3、BF_3、AsH_3 等。

（2）离子束吸取电极

离子束吸取电极的作用是将离子源产生的离子收集起来形成离子束。

（3）质量分析器

反应气体中难免会有其他少量气体，从离子源吸取的离子就会混入其他不需要的离子，这就需要借助质量分析器选出需要的离子。质量分析器的核心是一个磁分析器。在相同磁场作用下，不同荷质比（离子电荷与质量的比）的离子会以不同的曲率半径做圆弧运动。只有荷质比合适的离子偏转角度正好，顺利通过磁分析器。

（4）加速与聚焦系统

为了保证注入硅片的离子具有一定的射程，必须把离子通过电场加速到一定的能量，加速器的内部是由一系列被介质隔离的加速电极组成。聚焦器由电磁透镜组成，它的作用是将离子束聚集起来，以保证离子注入的均匀性。

（5）扫描系统

离子束需通过扫描器以覆盖整个注入区。扫描系统有不同的形式，如常用的静电扫描系统由两组平行的静电偏转板组成，一组完成横向偏转，一组完成纵向偏转。在平行电极板上加上电场，阳离子就会向电压较低的电极板一侧偏转，改变电压大小就可以改变偏转角度。

（6）工艺室

工艺室就是晶圆“受刑”的地方，在这里晶圆被经过扫描器的离子轰击。离子束轰击硅片的能量转化为热，会导致硅片温度升高。因此必须要有相应的硅片冷却系统，用来控制温度，防止出现由加热引起的问题。一般晶圆的温度应控制在 50℃以下，如果温度超过 100℃，光刻胶就会起泡脱落，在去胶的时候很难清洗干净。离子注入中，影响硅片温度的因素有离子束能量、注入时间、扫描速度和硅片尺寸等。

9.3 离子注入中的沟道效应

沟道效应是离子注入中的一个重要效应。由于单晶硅原子的排列是长程有序的，当注入离子未与任何硅原子碰撞减速，而是穿透于晶格间隙时，就发生了沟道效应。沟道效应会导致不受控制的掺杂剖面，因此是一个不受欢迎的坏效应。图 9.3 给出了沟道效应的示意，我们看到上面的那个杂质离子由于注入晶格间隙，导致它畅通无阻，注入深度过深。

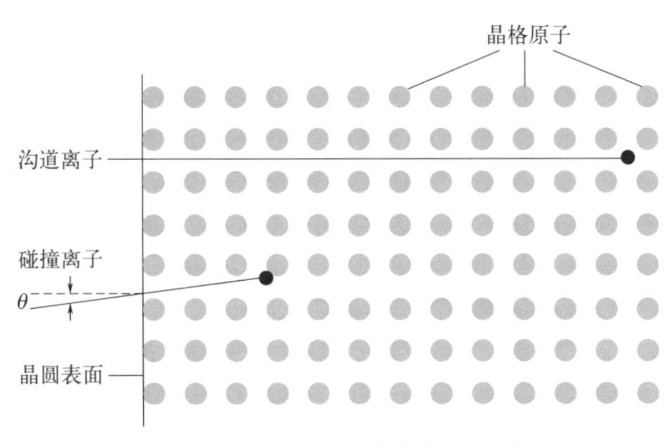

图9.3 离子注入工艺中沟道效应示意

人们采取了一系列的方法来抑制沟道效应：

① 倾斜硅片。这是减小沟道效应最常用的方法。它把硅片相对于离子束运动方向倾斜一个角度。（100）硅片常用角度是偏离垂直方向 7°，以保证杂质离子进入硅片中很短距离内就会发生碰撞。

② 增加掩蔽氧化层。在离子注入工艺之前于硅片表面生长或淀积一薄层氧化层（10 ～ 40nm），称之为掩蔽氧化层（screen oxide），也称为牺牲氧化层（sacrificial oxide），因为它是为离子注入工艺淀积的，并在注入之后需要去除。这也是一种常用方法。注入离子通过这样一层非晶氧化层后进入硅片，它们的方向是随机的，因而可以减小沟道效应。

③ 硅预非晶化。在离子注入之前使单晶硅预先非晶化，以损坏硅表面一薄层的单晶结构。这种方法的原理类似于方法②，只是不需要新生长一层氧化硅，而是直接破坏单晶硅表面一薄层的结构，使随后注入的离子先打在非晶结构的硅上，也可以产生较小的沟道效应。

9.4 离子注入的应用

离子注入能够重复控制杂质的浓度和深度，因而在几乎所有的应用中都优于扩散。离子注入还可以实现常见杂质的高浓度掺杂。因此，离子注入广泛应用于半导体器件制作的不同环节，如埋层、倒掺杂阱、阈值电压调整、轻掺杂漏区（LDD）、源漏注入、多晶硅栅等。

不同的应用场景往往需要不同的注入剂量和能量。大注入剂量、低能量时，由于掺杂浓度较大，但深度较浅，主要用于源漏极掺杂和 LDD 掺杂，如源漏掺杂可以选择注入剂量为 $10^{16}cm^{-2}$，能量为 20keV，如图 9.1 所示。小注入剂量、高能量的情形也被广泛使用，如采用 $10^{13}cm^{-2}$ 的小注入剂量、MeV 量级的高能量，可以用于阱的制作，如图 9.4 所示。

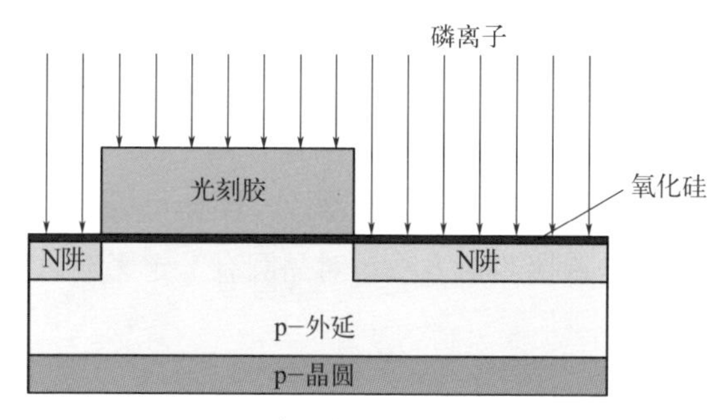

图9.4　离子注入用于N阱的制作

绝缘体上硅（silicon on insulator, SOI）材料在现代集成电路制备工艺中发挥重要作用，如图 9.5 所示，可以将鳍式场效应晶体管（FinFET）制备在 SOI 上。借助于离子注入工艺，就可以制备 SOI 材料。先向晶圆中注入大量的氧，然后通过退火，使其中注入氧的区域生成一层二氧化硅层，二氧化硅上层仍然是硅单晶，后面的 CMOS 器件就可以制作在 SOI 上，这样能有效防止载流子乱跑到硅衬底中引起无谓的能量损耗。这种工艺称为 SIMOX（separation by implantation of oxygen，通过注入氧进行隔离）。

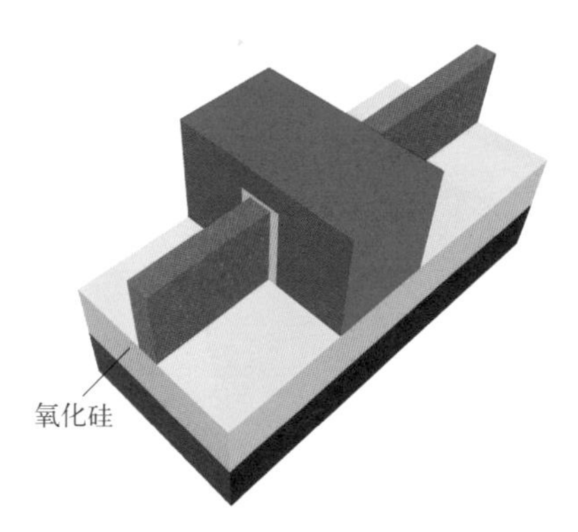

图9.5　SOI FinFET结构示意

此外，利用离子注入还能制作 DRAM 中的深沟槽电容器。由于普通的离子注入很难对深沟槽侧壁和底部同时重掺杂，这时需要采用等离子体浸没离子注入（plasma immersion ion implantation, PIII）工艺进行。在这种工艺中，晶圆被浸没在等离子体中，等离子体中的离子在晶圆负脉冲偏压的作用下注入晶圆中。

9.5 离子注入后的质量测量

离子注入并退火后，需对离子注入的结果进行质量检查。质量检查的方法主要有两种：四探针法和热波法。

离子注入退火后通过两探针测电压，两探针测电流，如图 9.6 所示，获取薄层电阻。薄层电阻直接反映了掺杂浓度和结深，因此可以用四探针法来检查掺杂工艺的结果。四探针法是直接测量方法，对晶圆有一定影响，用来检测晶圆是一个不错的选择。

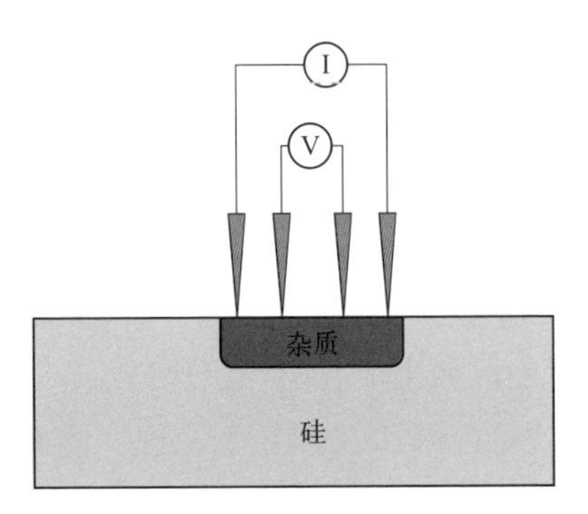

图9.6 四探针法

热波探测方法的原理是：激光照射硅衬底时会产生热波扩散现象，扩散热波会被衬底里离子注入后杂乱的晶格原子所阻挡，导致该区域的热密度高于别的区域，这样表面会发生热膨胀，使得硅的反射率发生变化，从反射率的变化可以间接获取晶圆内的损伤程度，而晶格损伤又反映了注入的剂量，这样我们就知道了掺杂的情况。热波法需要在离子注入刚完成后马上进行。它是一种非破坏性的方法，所以可以测量量产的晶圆，但缺点是测量精度不高，热波信号会随着时间发生变化。

离子注入工艺中出现的主要问题有：晶圆充电、颗粒沾污、金属沾污、工艺缺陷。

(1) 晶圆充电

离子注入设备中大量的高能电子落到晶圆上，晶圆被迫充电。晶圆充电对MOS中的薄栅氧介质层带来的影响比较大。SiO_2的介电强度约为10MV/cm，如果是4nm厚的栅氧，其击穿电压只需4V。解决的办法是使用专门设计的电子枪减少电子对晶圆的轰击，或者使用正电荷吸引并中和电子。

(2) 颗粒沾污

由于现代集成电路内部器件的结构尺寸都很小，一些大的颗粒就可能会阻挡离子束前进的步伐，尤其是低能注入的时候。一旦这样的情况发生，就会导致该被掺杂的地方没有被掺杂到，影响器件的电学性能，从而导致良率的降低。如图9.7所示，中间区域由于被颗粒挡住，没有被掺杂到。解决的办法是加强清洗环节，去除颗粒潜在的威胁。

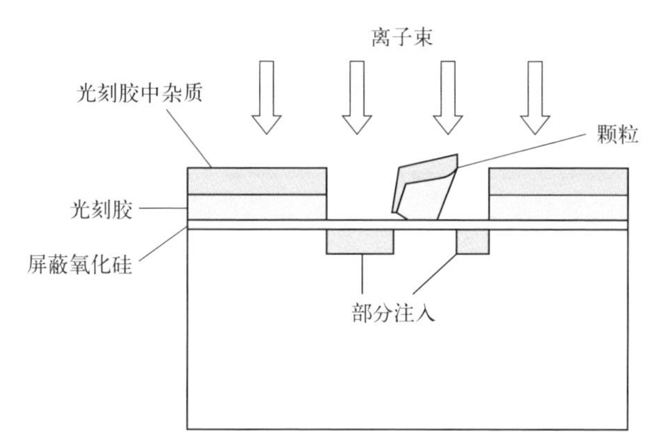

图9.7 离子注入中的颗粒沾污

(3) 金属沾污

由于离子注入机中的质量分析器是通过荷质比来选择所需要掺杂的离子的，但是有些金属离子的荷质比居然和待掺杂离子的荷质比一样，这样这些金属离子就会混进来并被注入到晶圆中，这显然是有害的，会造成可动离子沾污。例如，Mo^{2+}和BF_2^+的荷质比都是1∶49，质量分析器就不能把它们区分开，Mo^{2+}会造成严重的金属沾污。解决的办法是不能使用标准不锈钢材料作为离子源容器，应该采用石墨和钽材料。

(4) 工艺缺陷

工艺方面的缺陷主要是由沟道效应和注入阴影效应引起的问题。沟道效应是注入杂质恰好打入硅晶格的间隙导致掺杂深度过大，如图9.3所示。正如9.3节所述，避免沟道效应的一个主要方法就是让入射离子和晶圆之间呈现一个倾斜的夹角。可这个倾斜入射又导致了注入阴影效应。如图9.8中向上箭头所指处，由于倾斜的离子束被多晶硅阻挡，导致有部分类似于阴影的区域没有被掺杂到。

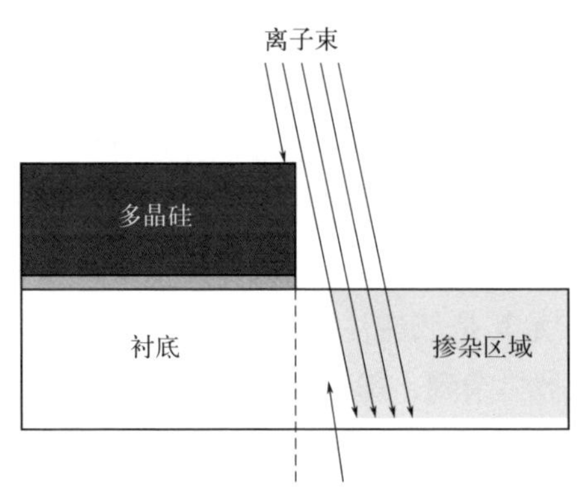

图9.8 离子注入阴影效应

9.6 离子注入中的安全问题

离子注入是半导体工业中较危险的工艺之一。主要有四个方面需要我们注意：化学、电磁、机械、辐射。在安全方面一个通用的准则是：出了安全方面的事故，应及时撤离，专业的事让专业的人做，让受过相关培训的专业人员来进行事故处理与调查。

在化学安全方面，大部分掺杂材料都是有剧毒的，而且具有易燃易爆的特性。例如AsH_3、PH_3、B_2H_6易燃易爆，P、B、As、Sb这些元素都有一定的毒性。BF_3具有腐蚀性，如果使用BF_3作为掺杂源，它里面的F^-会和H^+发生反应生成HF，湿法清洗内部部件时需要戴上双手套：普通洁净室手套和橡胶手套。

在电磁安全方面，需要意识到离子注入机内部加速电极的电压可加至50kV。

在机械安全方面，涉及可移动部件、门、阀，及加热的表面。

在辐射安全方面，需要注意高能离子可导致较强的X射线辐射，正常情况下，这些X射线会被遮蔽住，不会溢出。

第3篇

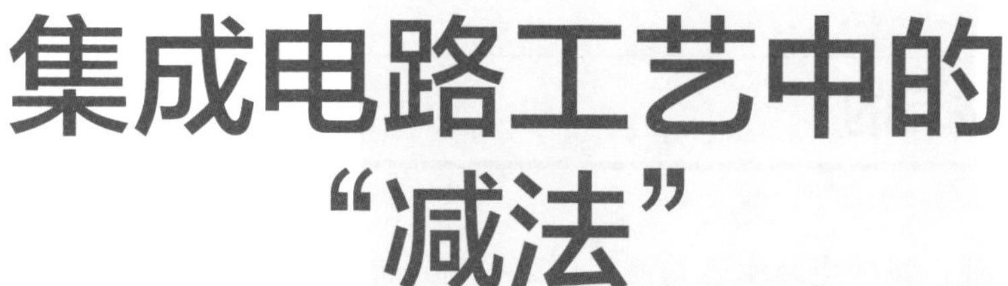

集成电路工艺中的“减法”

集成电路工艺中的“减法”主要包括清洗硅片、刻蚀和化学机械抛光。清洗硅片减去硅片上的沾污，得到纯净的硅片。刻蚀减去不需要的部分材料，得到想要的结构图案。化学机械抛光减去表面的凹凸结构，得到抛光的平整表面。

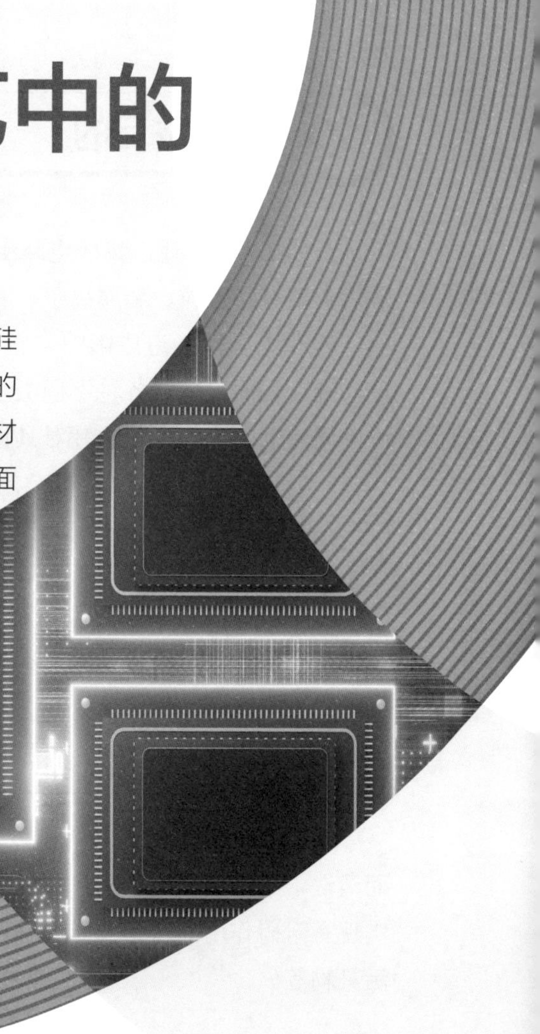

第10章 清洗硅片

本章首先解释清洗目的，然后介绍基于化学湿法清洗工艺的清洗硅片标准流程，接着描述干法清洗工艺——等离子体干洗和气相干洗，最后讨论硅片清洗设备。

10.1 清洗目的

正如 3.1 节所述，集成电路工艺的诸多环节都有可能引入各种沾污，常见的沾污类型有：颗粒、金属离子、有机残留物、自然氧化层等。它们都会对晶体管的结构和电学性能造成影响。它们的影响及可能来源如表 10.1 所示。在不同时刻，硅片表面可能有各种不同类型的沾污，只有知道了各种潜在的沾污来源，明确不同沾污的影响，才能针对具体的沾污类型制订出具体的清洗方案。

表10.1 各种沾污的影响及来源

沾污类型	潜在影响	可能来源
颗粒	良率降低、氧化层击穿	气体、设备、环境、化学试剂、去离子水
金属离子	PN 结漏电、氧化层击穿、阈值电压偏离、少子寿命降低	人、设备、化学试剂、离子注入工艺、反应离子刻蚀工艺
有机残留物	氧化速率改变	光刻胶、化学试剂、存储容器、室内气氛
自然氧化层	外延质量变差、栅氧化层退化、硅化物质量差、接触电阻增大	环境湿气、去离子水冲洗

为了有效、彻底地去除前面工艺中造成的污染，必须对硅晶圆进行仔细的表面清洗，为后续工艺创造良好的条件。硅片清洗的主要目的是去除各种对电路的实现有阻碍作用的灰尘及颗粒沾污、自然氧化层、有机物残留、金属或离子导电污染物等。

10.2 清洗硅片的标准流程

硅片上的洁净度直接决定了芯片的良率，因此必须把硅片彻底洗干净，要求能用无沾污的化学溶液有效地去除所有类型的表面沾污，且不会损伤硅片本身。

标准的硅片清洗流程如图 10.1 所示。首先用水虎鱼溶液（H_2SO_4、H_2O_2 混合溶液）去除有机物和金属沾污；然后用超纯水（ultra pure water, UPW, 即去离子水）清洗残留的水虎鱼溶液，并用稀释的氢氟酸（DHF）去除自然氧化层，再次用超纯水清洗掉残留的 DHF 溶液；接着用 SC-1 标准洗液（NH_4OH、H_2O_2、H_2O 混合溶液）去除颗粒沾污，并用超纯水洗掉残留的 SC-1 洗液；下一步用 SC-2 标准洗液（HCl、H_2O_2、H_2O 混合溶液）去除金属沾污，再用超纯水洗掉残留的 SC-2 洗液；最后进行干燥处理，通常在旋转干燥器中进行离心干燥，并用低沸点的有机溶剂进行置换干燥。

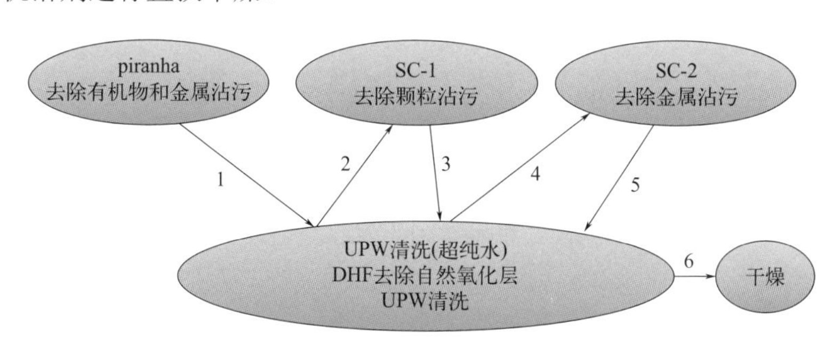

图10.1　硅片清洗流程

用各种不同化学溶液对不同杂质进行化学反应和溶解作用，以去除表面沾污的过程称为化学湿法清洗。如果同时配合诸如超声、升温、抽真空之类的物理方法，则清洗效果更佳。物理方法可以使沾污从晶圆表面脱附或解吸，并用大量去离子水冲洗，以达到清洗表面的目的。

超声波清洗是半导体工业中广泛采用的一种清洗方法。在清洗过程中，将硅片浸没在清洗液中，利用超高频率的声波能量将硅片正面和背面的颗粒有效去除。该方法工艺简单、操作简便、清洗效果好、清洗速度快、易于实现自动化清洗，此外它还可以对具有复杂形貌的硅片表面进行清洗。超声波清洗的缺点是噪声大、使用的换能器易坏；在空穴泡爆破的时候，巨大的能量会对硅片造成一定的损伤；颗粒尺寸变小时，清洗效果不佳，对于粒径只有零点几微米的小颗粒，需要利用兆声清洗才能去除。超声清洗的原理是利用超声波空化效应、辐射压和声流，先将硅晶圆置于槽内的清洗液之中，利用槽底部的超声振子工作，把能量传递给液体。当振动比较强的时候，液体会被撕开并产生很多气泡，这些气泡就是超声波清洗的关键所在，它们储存着清洗的能量，一旦这些气泡碰到晶圆表面，便会发生爆破，释放出来的巨大能量就可以清洗晶圆的表面。在清洗液中加入合适的表面活性剂，有助于增强超声波清洗效果。超声波清洗机一般由槽体、机械手、人机界面和电控柜组成。除装载和取出硅晶圆外，其余步骤均由机械手来实现，机械手在各槽之间的转化通过可编程逻辑控制器（programmable logic controller, PLC）来实现。

10.3 干法清洗工艺

除了上述湿法清洗工艺外，硅片清洗还可以采用干法工艺，即不采用化学溶液的清洗技术。干法清洗的优点是清洗后无废液，具有节能环保的特点，它可以有选择性地进行硅片的局部清洗工序。干法清洗又可以分为等离子体干洗和气相干洗两种。

任何湿洗法清洗，表面都会有残留。与湿法清洗不同，等离子体干洗的原理是基于等离子体中活性粒子的“活化作用”实现去除硅片表面沾污的目的。该方法可以将晶圆表面彻底净化，得到超高洁净度的表面。在所有清洗方法中，等离子体干洗是最为彻底的剥离式清洗。在对表面洁净度要求较高的工艺中，等离子体干洗正在取代湿法清洗而得到广泛使用。等离子体干洗的清洗过程是：

① 气体被激发到等离子态；

② 气相物质被吸附到硅片表面；

③ 被吸附基团与硅片表面分子发生反应；

④ 产物分子解吸形成新的气相物质；

⑤ 反应残余物脱离表面。

根据用途的不同，可以构造不同的等离子体清洗设备，并通过不同种类的气体、调整装置的特征参数等方法使工艺流程最佳化。但万变不离其宗，等离子体清洗装置的基本结构是相同的，主要包括：真空泵、真空室、高频电源、电极、气体导入系统、工作传送系统及控制系统。

气相干洗是利用气体和沾污反应从而起到去除沾污的作用，一般使用卤素气体，但这种方法往往只能有针对性地去除某一类沾污。例如 HF 蒸气可以很好地去除氧化膜沾污，尤其是对那些结构较深的部分，如沟槽，能够进行有效的清洗，但缺点是不能有效去除其他沾污类型。

10.4 硅片清洗设备

在 Fab 厂内都希望设备所占的面积尽可能少，对硅片清洗机也不例外。因此产业界提出了堆叠式清洗机的概念。如图 10.2 所示，它是我国北方华创公司研发的 SC3000A 12 英寸堆叠式单片清洗机。它内部包括堆叠式的三层工艺腔室、多层晶圆传输系统、各工艺腔室独立的工艺体系等。该设备可广泛应用于前道工艺（front end of the line, FEOL）清洗（成膜前 / 后清洗、栅极清洗、硅化物清洗、标准 RCA 清洗）及后道工艺（back end of the line, BEOL）清洗（通孔刻蚀后的清洗、沟槽刻蚀后的清洗、衬垫去除后的清洗、钝化层清洗），适用于 90 ～ 28nm 节点集成电路的制备。

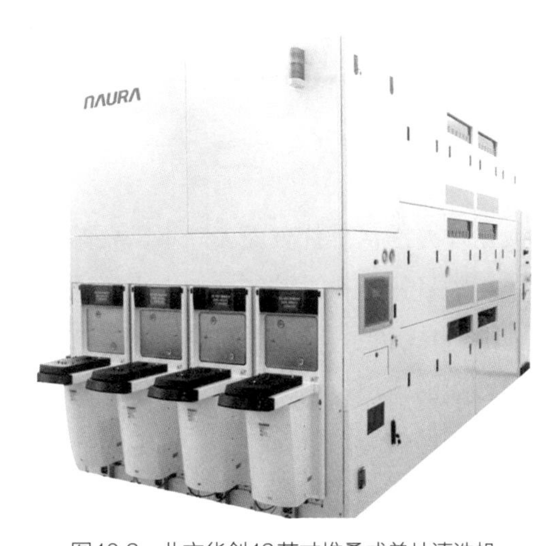

图10.2　北方华创12英寸堆叠式单片清洗机

上述的前道工艺和后道工艺指的是晶圆制造中的前、后两部分环节。前道工艺指的是在硅晶圆上制备晶体管的流程，后道工艺指的是之后的通孔、互连线、介质层、钝化层等的制备。在前道工艺的清洗中要求更严苛，要能通过使用无沾污的化学试剂对硅片进行清洗，去除硅片表面的各种沾污，且不会对硅或二氧化硅造成刻蚀或损伤。后道工艺要求相对要稍低一些，它主要关注颗粒、多晶硅栅完整性、接触电阻、通孔质量、有机残留物及金属中短路和断路的情况。

第11章 刻蚀

刻蚀工艺是集成电路制造中的重要一环，它是从硅晶圆表面去除一部分材料的工艺过程。本章首先对刻蚀工艺进行概述，然后依次介绍湿法刻蚀和干法刻蚀工艺，最后讨论刻蚀质量检查。其中干法刻蚀是本章的重点。

11.1 刻蚀概述

11.1.1 刻蚀原理

刻蚀是采用化学或物理方法从硅片表面去除不需要的材料的过程。刻蚀往往在光刻工艺之后进行，它的目标是在涂胶的硅片上正确地复制掩膜图形，将图形转移到刻蚀薄膜上，如图 11.1 所示。图案化的光刻胶在刻蚀中不会受到刻蚀源显著的侵蚀，它起到掩蔽膜的作用，用来在刻蚀中保护硅片上的无需刻蚀区域而选择性地刻蚀掉未被光刻胶保护的区域。

刻蚀工艺对图形质量的好坏至关重要，如果材料被刻蚀掉后才发现图形质量有问题，就无法再返工，所谓覆水难收，此时的硅片将成为废片。

11.1.2 刻蚀分类

根据刻蚀源的不同，刻蚀工艺可分为两种：湿法刻蚀和干法刻蚀。

湿法刻蚀是用液体化学试剂以化学方式去除硅片表面未被光刻胶保护的下层材料，它是通过化学反应生成可溶性的化合物从而达到去除材料的目的。由于湿法刻蚀时掩膜下会出现横向钻蚀，形成各向同性的刻蚀剖面（图 11.2），导致刻蚀后图形的分辨率下降，一般湿法刻蚀用于刻蚀图形尺寸较大的情况，如大于 3μm。

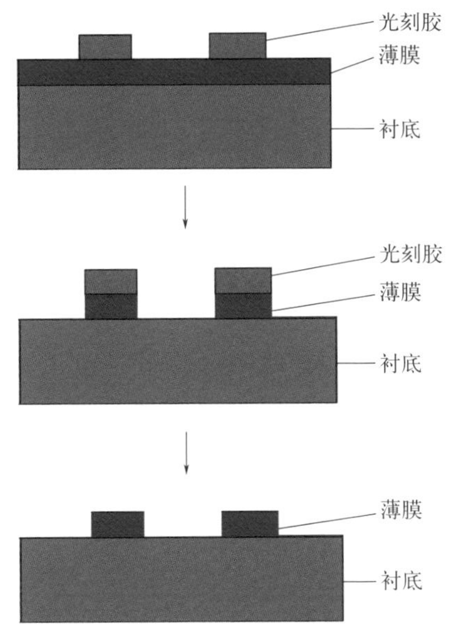

图11.1 刻蚀原理示意

类似于上一章的干法清洗，干法刻蚀也分为气体干法刻蚀和等离子体干法刻蚀。气体干法刻蚀采用卤素气体和待刻蚀材料发生化学反应生成挥发性化合物气体，从而达到移除刻蚀材料的目的。气体干法刻蚀使用较少，一般干法刻蚀主要默认是等离子体刻蚀。等离子体刻蚀是将硅片表面暴露在气态中产生的等离子体中，等离子体通过光刻胶中开出的窗口，与待刻蚀薄膜发生物理或化学反应，从而除去暴露的表面材料。等离子体刻蚀可以得到各向异性的刻蚀剖面（图 11.3），刻蚀质量较高，因此使用非常广泛。

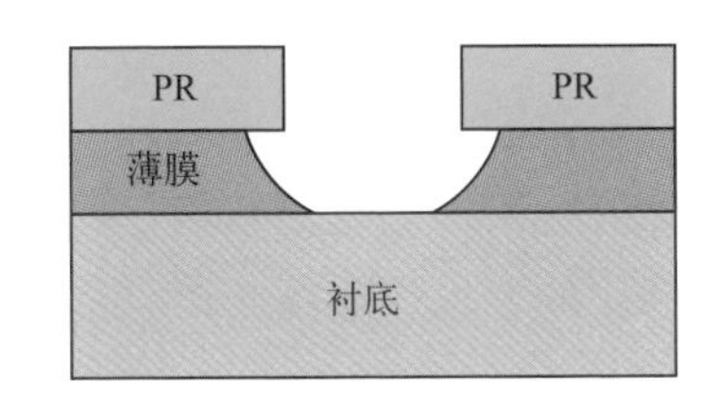

图11.2 各向同性刻蚀剖面

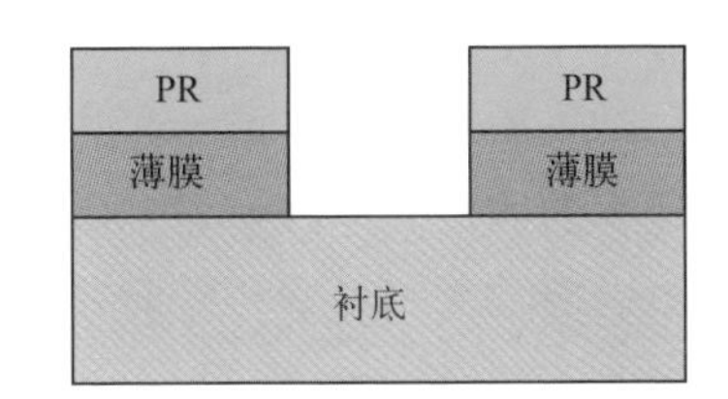

图11.3 各向异性刻蚀剖面

上述利用光刻胶掩蔽层进行选择性刻蚀掉部分薄膜的工艺称为有图形刻蚀，绝大部分刻蚀属于有图形刻蚀。但在整个集成电路工艺中，有时候也会出现需要去除掉整层薄膜的情况，如剥离工艺，或者无差别地刻蚀掉某一层薄膜的上面部分，如反刻工艺，这些称为无图形刻蚀。

根据刻蚀对象的不同，刻蚀可以分为二氧化硅的刻蚀、氮化硅的刻蚀、多晶硅的刻蚀、金属的刻蚀等。

11.1.3 刻蚀参数

刻蚀的主要参数有：刻蚀剖面、刻蚀偏差、选择比、刻蚀速率、刻蚀因子、均匀性、残留物、聚合物、等离子体诱导损伤、颗粒沾污。

（1）刻蚀剖面

刻蚀剖面指的是被刻蚀薄膜刻蚀之后的侧壁形状。主要有 2 种基本的刻蚀剖面，即各向同性和各向异性刻蚀剖面，分别如图 11.2 和图 11.3 所示。一般来说，湿法刻蚀由于会发生钻蚀，得到的是各向同性剖面；等离子体刻蚀只在垂直硅片表面的方向进行，可得到接近 90°的垂直侧墙，得到的是各向异性剖面。

（2）刻蚀偏差

刻蚀偏差指的是刻蚀后线宽与设计尺寸间距的变化，它通常是由横向钻蚀引起的，但也可能是由刻蚀剖面引起的。如图 11.4 所示，刻蚀偏差＝ W_b-W_a。式中，W_b 是刻蚀前光刻胶的线宽；W_a 是去除光刻胶后被刻蚀材料的线宽。

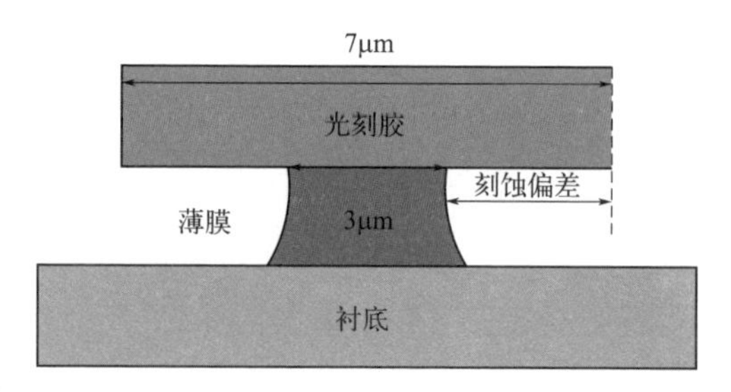

图11.4　刻蚀偏差

（3）选择比

选择比是有图形刻蚀时的一个重要参数，它指的是同一刻蚀条件下两种不同材料刻蚀速率的比。高选择比意味着对待刻蚀薄膜刻蚀的速率较快，而对掩膜层的刻蚀速率则慢得多。关键尺寸越小，对选择比的要求就越高。可以用如下公式表示刻蚀选择比。

$$S=E_1/E_2 \tag{11.1}$$

式中，E_1 为待刻蚀薄膜的刻蚀速率；E_2 为掩蔽层的刻蚀速率。

（4）刻蚀速率

刻蚀速率是指刻蚀过程中移去硅片表面材料的速率，其单位一般用 Å/min 表示。在保证图形质量的情况下，通常希望刻蚀速率快一些。刻蚀速率与很多因素有关，如待刻蚀材料、刻蚀机、刻蚀气体、刻蚀参数等。如图 11.5 所示，刻蚀速率可以用如下公式表示。

$$R=\Delta d/t \tag{11.2}$$

式中，R 表示刻蚀速率；Δd 表示刻蚀深度，即为 d_0-d_1 的值；t 表示刻蚀时间。

图11.5　刻蚀速率公式示意

（5）刻蚀因子

刻蚀因子是纵向刻蚀深度和横向刻蚀量之间的比值。显然，刻蚀因子越大，刻蚀的各向异性就越好，刻蚀质量就越高。

（6）均匀性

刻蚀均匀性是衡量刻蚀工艺可重复性的一个指标，它分为片内（within the wafer, WIW）均匀性和片间（wafer to wafer, WTW）均匀性。具有高深宽比沟槽的刻蚀速率要比低深宽比沟槽的刻蚀速率慢，这被称为深宽比相关刻蚀（aspect ratio dependent etching, ARDE）。通过测量刻蚀前后不同处的厚度变化，以平均值和标准偏差来描述刻蚀非均匀性。测量的点越多，结果越精确。

（7）残留物

刻蚀残留物是刻蚀以后留在硅片表面不想要的材料。它往往覆盖在腔体内壁或被刻蚀图形的底部。残留物的产生有多种可能的原因，例如选择了不恰当的化学刻蚀剂，被刻薄膜中的污染物污染，腔体中的污染物污染，以及薄膜中不均匀的杂质分布。

（8）聚合物

聚合物一般出现在等离子体干法刻蚀中，它是在刻蚀过程中由光刻胶中的碳转化而来，并与刻蚀气体和刻蚀生成物结合在一起而形成。聚合物的形成不一定是坏事，因为聚合物如果落在刻蚀图形的侧壁上，就会在侧壁上形成抗刻蚀膜，从而防止横向刻蚀，即能阻挡对侧壁的刻蚀，增强刻蚀的方向性，形成高的各向异性图形，实现对图形关键尺寸的良好控制。

（9）等离子体诱导损伤

在等离子体刻蚀时，包含具有能量的离子、电子和激发分子的等离子体会引起晶圆上的敏感器件产生等离子体诱导损伤，例如非均匀等离子体在晶体管栅电极会产生陷阱电荷，可能会引起薄栅氧化硅的击穿。

（10）颗粒沾污

等离子体带来的硅片损伤有时是由硅片表面附近的等离子体产生的颗粒沾污

而引起的。因为氟产生的刻蚀生成物具有较高的蒸汽压，所以氟基气体等离子体比氯基或溴基等离子体产生的颗粒少。

11.2 湿法刻蚀

早期的刻蚀技术是利用化学溶液与待刻蚀薄膜之间发生化学反应来移除未被光刻胶保护的薄膜部分，生成气体、液体或其他可溶解在刻蚀剂里的副产物，从而达到刻蚀的目的，这种方法称为湿法刻蚀，也称为化学腐蚀。

理想的情况是被光刻胶保护下的薄膜应该毫发无损，但理想与现实总是差距甚远，横向钻蚀是湿法刻蚀难以规避的魔咒，如图 11.4 所示，湿法刻蚀会产生较大的刻蚀偏差，产生各向同性的刻蚀剖面。此外，湿法刻蚀还有其他诸多缺点：刻蚀槽的安全性，难以控制刻蚀槽的参数，刻蚀均匀性不佳，可能引起光刻胶脱落和起泡，化学试剂的处理费用昂贵等。因此，湿法刻蚀渐渐失宠，只能用于特征尺寸大于 3μm 的场合，其他刻蚀场合则大部分采用干法刻蚀。

湿法刻蚀分为三个步骤：

① 反应物扩散到待刻蚀材料的表面；

② 反应物与待刻材料发生化学反应；

③ 反应后的产物离开刻蚀表面，随溶液排除。

湿法刻蚀的主要参数有：

① 浓度——刻蚀溶液的浓度；

② 温度——湿法刻蚀槽内的温度；

③ 时间——硅片浸没在腐蚀试剂中的时间；

④ 搅拌——溶液槽的搅动；

⑤ 批次——为了减少颗粒沾污，并保证合适的溶液强度，使用一定批次后需更换溶液。

具体的刻蚀方法有浸泡法和喷射法。它们各有千秋：浸泡法方法简单，喷射法所需的化学试剂较少，腐蚀较快。腐蚀完成以后，还需要用去离子水进行清洗，并干燥处理。

湿法刻蚀并非一无是处，它还是有很多优点的：

① 所需设备简单；

② 对下层材料具有较高的刻蚀选择比；

③ 对器件不会造成等离子体诱导损伤。

鉴于此，湿法刻蚀在集成电路工艺中也会起到一定作用，如晶圆清洁、剥离全部薄膜、去除氧化硅、去除残留物、大尺寸图形腐蚀。这里以湿法腐蚀氧化硅为例，来说明湿法刻蚀的应用。

湿法腐蚀氧化硅时，可以用氢氟酸（HF）来去除氧化硅，由于该反应较快，常用被氟化铵缓冲的稀氢氟酸（缓冲氢氟酸 BHF——buffered HF 或缓冲氧化硅腐蚀液 BOE——buffered oxide etch）喷射或浸泡硅片来去除氧化硅。BHF 溶液能够很好地控制刻蚀进程，它可以减慢并稳定刻蚀过程，并且不会对光刻胶产生影响。其反应方程式是

$$SiO_2 + 6HF \longrightarrow H_2SiF_6 + 2H_2O \tag{11.3}$$

11.3 干法刻蚀

11.3.1 干法刻蚀概述

干法刻蚀分为气体干法刻蚀和等离子体干法刻蚀。气体干法刻蚀用得比较少，其主要特点是不需要昂贵的设备。气体干法刻蚀主要是通过卤素和待刻蚀薄膜发生反应生成挥发性产物，如硅可以与氯气（Cl_2）和二氟化氙（XeF_2）气体反应，反应方程式分别是

$$Si(s) + 2Cl_2(g) \longrightarrow SiCl_4(g) \tag{11.4}$$

$$Si(s) + 2XeF_2(g) \longrightarrow 2Xe(g) + SiF_4(g) \tag{11.5}$$

利用 XeF_2 对硅刻蚀得到的是各向同性剖面，不过对铝、二氧化硅、氮化硅等具有很高的选择性。其反应速率为 1 ～ 3μm/min。XeF_2 腐蚀后的硅表面较粗糙，研究者开发出了一些其他卤素类腐蚀剂，如 BrF_2 和 ClF_2 等。

一般干法刻蚀指的是等离子体干法刻蚀，它有两种基本过程：一种是由辉光放电产生的活性粒子与基片表面产生化学反应形成挥发性生产物，另一种是由几百电子伏特的高能粒子轰击样品表面使原子从晶格上脱出。前一种是基于化学作用的刻蚀，后一种是基于物理作用的刻蚀。

化学作用时，在放电过程中的电子、离子、光子相互作用产生的活性物质，首先被吸附在硅片表面上，然后同刻蚀材料之间发生化学反应，反应生成物是具有挥发性的，最后生成物脱离基片表面。针对不同的刻蚀材料，可以选用合适

的反应气体，如氯化物、氟化物等。例如氟刻蚀二氧化硅，氯和氟刻蚀铝，氯、氟和溴刻蚀硅，氧刻蚀光刻胶。以 CF_4 作为刻蚀气体为例，在放电过程中，CF_4 解离成 F· 和 CF_3、CF_2、CF 等，游离基 F· 的化学活性最高，很容易同 SiO_2、Si_3N_4 和 Si 发生化学反应，生成挥发性产物。

$$SiO_2+4F \longrightarrow SiF_4+O_2 \quad (11.6)$$

$$Si_3N_4+12F \longrightarrow 3SiF_4+2N_2 \quad (11.7)$$

$$Si+4F \longrightarrow SiF_4 \quad (11.8)$$

物理作用时，用一定能量的离子轰击硅片表面，使材料原子发生溅射，从而达到刻蚀目的，这种基于物理作用的刻蚀也称为离子束刻蚀（ion beam etching, IBE）。这种方法可用来刻蚀固体表面，制作微细图形，但刻蚀速率低，缺乏选择性，易发生再淀积现象。

在集成电路制备公司，经常采用的是化学反应和物理反应协同作用的反应离子刻蚀设备（reactive ion etching, RIE）。RIE 内部机制较为复杂，主要的过程有离子轰击表面产生物理溅射；溅射引起表面晶格损伤而形成化学活性点，加速化学反应；物理轰击加速表面反应产物的脱离。

等离子体干法刻蚀的优点有：

① 较好地控制临界尺寸；

② 刻蚀剖面各向异性，具有较好的侧壁剖面；

③ 刻蚀速率良好；

④ 较好的片内、片间、批次间的刻蚀均匀性；

⑤ 最小的光刻胶脱落或黏附问题；

⑥ 较低的化学品使用和处理费用。

等离子体干法刻蚀的缺点有：

① 对下层材料的刻蚀选择比不高；

② 等离子体会带来器件损伤；

③ 刻蚀设备昂贵。

IBE、RIE 设备都需要用到等离子体刻蚀反应器，这种反应器一般由一个产生等离子体的射频电源、气体流量控制系统、发生刻蚀反应的反应腔、去除刻蚀生成物和气体的真空系统组成。在进行刻蚀工艺时，需要控制的参数有：温度、真空度、气流流速、射频功率、气体混合组分、硅片相对等离子体的位置等。干法等离子体反应器有多种不同的形式，除了 IBE、RIE 外，还有高密度等离子体刻蚀机（high density plasma etching）等。

对于亚微米尺寸的小图形，它难以使刻蚀成分进入高深宽比沟槽并使刻蚀生成物从高深宽比沟槽中出来。解决的方法是降低刻蚀机系统内的工作压强至1 ～ 10mTorr，以增加气体分子和离子的平均自由程，这样能有效减少影响图形剖面控制的碰撞。但是由于压强的减少会减少离子密度，从而导致刻蚀速率的降低。为了解决这个问题，需要高密度等离子体产生足够多的离子，从而在低压下仍能获得可接受的刻蚀速率。

11.3.2 二氧化硅的干法刻蚀

在集成电路工艺制备中，刻蚀氧化硅通常是为了制作接触孔和通孔。氧化硅等离子体刻蚀工艺通常采用氟碳化合物化学气体，如 CF_4、CHF_3、C_2F_6 等。

这里以 CF_4 为例，说明等离子体刻蚀过程。在等离子体刻蚀反应器中充入 CF_4，当压强与所提供的电压合适时，出现等离子体辉光放电现象，CF_4 被等离子内的高能量电子轰击产生各种离子、游离基、原子团和原子等，CF_4 分解的 F 和 CF_2 都与氧化硅反应生成挥发性的 SiF_4，从而达到刻蚀氧化硅的目的。其反应方程式如下

$$CF_4 \longrightarrow 2F+CF_2 \tag{11.9}$$

$$SiO_2+4F \longrightarrow SiF_4+O_2 \tag{11.10}$$

$$SiO_2+2CF_2 \longrightarrow SiF_4+2CO \tag{11.11}$$

氧化硅刻蚀的主要困难是获得对下层材料（通常是硅、氮化硅等）高的选择比。采用 CF_4 刻蚀 SiO_2 时，等离子体在刻蚀完氧化硅之后，会继续对硅进行刻蚀，如在刻蚀接触孔时，为了避免刻蚀到源漏区域，高的 PMD 介质层对硅的选择比是非常重要的。为解决这个问题，在 CF_4 等离子体中加入一些附加气体，可以帮助调控刻蚀速度、刻蚀选择比、刻蚀均匀性和刻蚀后图形边缘的剖面结果。获得对硅的高选择比的一种方法是通过在 CF_4 中充入氢气。在 CF_4 中加入氢气后，氢气会被离解成氢原子，并将与氟原子反应生成 HF，其反应方程式是

$$H_2 \longrightarrow 2H \tag{11.12}$$

$$H+F \longrightarrow HF \tag{11.13}$$

虽然 HF 也能腐蚀氧化硅，但是刻蚀速率比氟游离基慢得多。因此，加入氢气后，对氧化硅的刻蚀速率会下降，而对硅而言，刻蚀速率就下降得更为明显。因此，加入氢气后可以提高氧化硅对硅的刻蚀选择比。当氢气浓度达到 40% 时，硅的刻蚀速率几乎为零。

11.3.3 多晶硅的干法刻蚀

用等离子体干法刻蚀多晶硅的主要用途是：制作 MOS 栅结构的多晶硅栅。

多晶硅栅是 MOS 结构的重要组成部分，对它的线宽要求较为严格，因此对它的刻蚀也提出了更高的要求，必须准确复制掩膜版上的图形。图 11.6 给出了以光刻胶为掩膜，刻蚀多晶硅栅的例子。

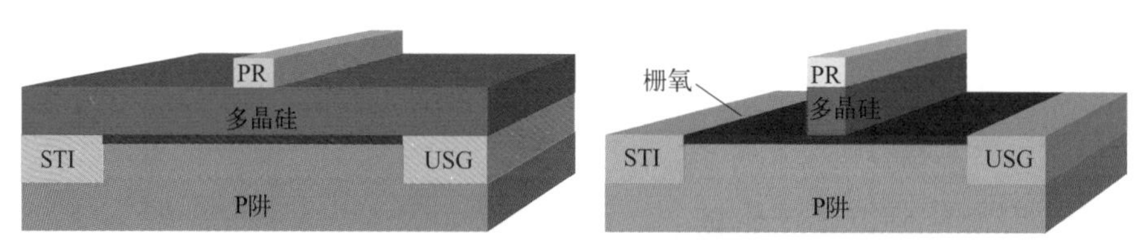

图11.6 MOS多晶硅栅的刻蚀

由于多晶硅栅下层的二氧化硅（栅氧）非常薄，因此刻蚀时要求硅对氧化硅的刻蚀选择比要高。因为，一旦氧化硅被穿透，氧化硅下方的源漏极间的硅将很快被刻蚀。此时，如果再选用 CF_4、SF_6、NF_3 等传统氟基等离子体来刻蚀多晶硅则不太合适，因为含氟等离子体刻蚀选择比较低，会对器件造成损坏，此外还具有局部刻蚀不均匀的负载效应——被刻蚀材料暴露在等离子体中面积大的要比面积小的刻蚀速率慢。

如改用 Cl_2、HCl、$SiCl_4$ 等氯基气体刻蚀多晶硅时，氯所形成的等离子体对氧化硅有较好的刻蚀选择比。此外，含氯气体刻蚀时，还会提供比氟基刻蚀更好的各向异性特性。Cl_2 和多晶硅的反应方程式如下：

$$Cl_2 \longrightarrow 2Cl \tag{11.14}$$

$$Si+2Cl \longrightarrow SiCl_2 \tag{11.15}$$

$$SiCl_2+2Cl \longrightarrow SiCl_4 \tag{11.16}$$

中间生成物 $SiCl_2$ 恰好会形成一层保护膜覆盖在侧壁，从而为各向异性刻蚀提供便利条件。

但是，使用氯基等离子体对多晶硅的刻蚀速率要比使用氟基慢得多。为了兼顾刻蚀选择比和刻蚀速率，人们提出使用 $SiCl_4$ 或 $CHCl_3$ 和 SF_6 的混合气体。$SiCl_4$ 或 $CHCl_3$ 的比例越高，多晶硅对氧化硅的刻蚀选择比就越高，刻蚀倾向于各向异性剖面；SF_6 的比例越高，则刻蚀速率越快。

除了氯、氟气体外，溴化氢（HBr）也是常用的刻蚀气体。在 $<0.5\mu m$ 的制程中，栅氧的厚度已 $<10nm$，用 HBr 刻蚀多晶硅时，其对氧化硅的刻蚀选择比高于以氯基为主的等离子体。

在实际生产中，对多晶硅的刻蚀还需考虑一个问题，即首先需要刻蚀掉其上的金属硅化物。这是由于即使重掺杂的多晶硅其电阻值依然很高，这时必须在其上增加一层金属硅化物，这样可以改善栅结构的导电性。例如，硅化钨（WSi_2）是一种普遍采用的金属硅化物。氯原子和氟原子都可以和各种金属硅化物反应生成具有挥发性的化合物气体，如 Cl_2、HCl、CF_4、SF_6 等都可以用来刻蚀金属硅化物。以 WSi_2 为例，可以形成挥发性气体：WCl_4 和 WF_4。当金属硅化物刻蚀完毕后，就可以刻蚀多晶硅了。

11.3.4 氮化硅的干法刻蚀

氮化硅在半导体工艺制备芯片时主要有两个用途：一是在制备器件前的浅槽隔离，二是作为器件的钝化保护层。

对于氮化硅的刻蚀，可以采用 CF_4 和 O_2、N_2 的混合气体。其中，O_2、N_2 的作用是提高刻蚀选择比，增加 O_2、N_2 的含量可以降低对下层氧化物的刻蚀速率。在这种混合气体配方下，对氮化硅的刻蚀速率可达 1200Å/min，刻蚀选择比可达 20。此外，也可以用 SiF_4、CHF_3、NF_3 等作为刻蚀氮化硅的源气体。

实际上，用于刻蚀氧化硅的干法刻蚀方法都可以用来刻蚀氮化硅，只不过如采用 CF_4 或其他氟基气体等离子体刻蚀氮化硅时，其选择比会相对比较差一些。这时因为 Si—N 键的键合强度介于 Si—Si 与 Si—O 之间，导致氮化硅对硅或氧化硅的刻蚀选择比均不够好。在 CF_4 的等离子体中，氮化硅对氧化硅的选择比只有 2 ～ 3，在这么低的刻蚀选择比下，刻蚀时间的控制就变得非常重要。如改用氟化氮（NF_3）的等离子体来刻蚀氮化硅，虽然刻蚀速率较慢，但能获得可接受的 Si_3N_4/SiO_2 的刻蚀选择比。

11.3.5 金属的干法刻蚀

在芯片中，金属的用途主要是制作互连线、钨塞等。对金属干法刻蚀的要求有：对下层材料高的刻蚀选择比、高的刻蚀均匀性、关键尺寸控制好、高刻蚀速率、残留物沾污少、无等离子体诱导充电带来的器件损伤等。

（1）铝的刻蚀

因为铝导电性能良好、价格低廉、易于淀积和刻蚀，所以金属铝是一种常用的互连导线材料。氟化物不适合用来刻蚀铝，因为它和铝形成的化合物 AlF_3 的挥发性较低。可以采用如 BCl_3、$SiCl_4$、CCl_4 这样的氯化物和氯气的混合气体来刻蚀铝。铝和氯反应后生成的 $AlCl_3$ 具有较好的挥发性，容易随着腔内气体被抽出。铝的等离子体刻蚀原理如下列方程式所示。

$$2Al+3Cl_2 \longrightarrow 2AlCl_3 \tag{11.17}$$

铝很容易和空气中的氧或水汽发生反应，生成氧化铝覆盖在铝的表面。由于氧化铝化学性质不活泼，隔绝了铝和氧的进一步接触，可以使得铝不会被持续氧化。但是，已经形成的氧化铝同样会隔绝氯和铝的接触，阻止刻蚀。因此，在刻蚀铝之前必须先想办法刻蚀掉氧化铝。生产中可以采用 BCl_3-Cl_2 的组合来进行刻蚀，其中添加的 BCl_3 负责将氧化铝层还原，促进刻蚀的进行。此外，BCl_3 还容易与空气中的氧和水汽反应，这样就可以有效去除腔内的氧气和水汽。BCl_3 对促进各向异性刻蚀也有帮助，因为 BCl_3 在等离子体内可形成 BCl_3^+，它可以垂直轰击硅片表面，从而有助于形成各向异性的刻蚀剖面。

（2）铝 - 硅 - 铜合金的刻蚀

随着集成电路工艺的发展和晶体管集成度的提高，铝的一些问题变得不可忽视。首先在高温下，铝原子和硅原子之间容易互相扩散，产生被称为尖刺的现象，导致铝与 MOS 接触不好。其次，铝原子还会发生电迁移现象，铝原子的移动导致出现金属连线的断路。于是人们提出了用铝 - 硅 - 铜合金来替代铝，可缓解上面的问题。

在铝中加入少量硅和铜后可以提高半导体器件的可靠性。在干法刻蚀时，硅和氯反应生成的 $SiCl_4$，其挥发性较好，很容易被移除出反应腔；然而铜与氯反应生成的 $CuCl_2$ 挥发性却不高，因此需要加大物理性的离子轰击把铜原子去掉，一般可以通过加大氩气流量和增加偏置功率来实现。

当铝刻蚀完成后，硅片表面、图形侧壁和光刻胶表面往往会有残留的氯，它会和铝继续反应生成 $AlCl_3$，$AlCl_3$ 继续和空气中的水汽发生反应，生成 HCl, HCl 又继续和铝反应生成 $AlCl_3$，即发生了自循环反应，如下列方程式所示。

$$AlCl_3+3H_2O \longrightarrow Al(OH)_3+3HCl \tag{11.18}$$

$$2Al+6HCl \longrightarrow 2\,AlCl_3+3H_2 \tag{11.19}$$

只要所提供的水汽足够，铝的刻蚀将不断进行，从而造成铝的严重侵蚀。在含铜的铝合金中此现象更为严重。因此，在刻蚀铝工艺完成后，一般会用 O_2 等离子体将光刻胶掩膜去除，并且在铝表面形成氧化铝来保护铝，此后用大量去离子水对硅晶圆进行清洗。

（3）铜的刻蚀

在现代集成电路中，铜由于具有更好的导电性，因此正逐渐取代铝成为金属互连线的新宠。但在集成电路制备工艺中，铜的刻蚀是比较困难的，因为铜和氯反应生成的 $CuCl_2$ 挥发性比较差，所以铜的刻蚀不能通过化学方式进行，而是依赖等离子体内的离子对铜进行溅射，通过物理的方式将铜去除。

一般在集成电路制备时，并不直接对铜进行刻蚀，而是通过铜的大马士革工艺直接形成铜的互连线结构，这样就巧妙地避开了铜不易被刻蚀的缺点。

（4）钨的刻蚀

由于钨具有较好的台阶覆盖能力，当晶体管特征尺寸缩小到亚微米量级时，往往用 CVD 法淀积钨填充到接触孔中。沉积的厚度必须使接触孔填充满，然后需要借助干法刻蚀将介质层表面覆盖的钨去除，留下接触孔内的钨，做成钨塞的样子。

对钨进行干法刻蚀，可以选用常用的含氟气体，如 CF_4、SF_6、NF_3 等，钨的氟化物 WF_6 具有很好的挥发性，可以很容易排出。其反应式如下：

$$W+6F \longrightarrow WF_6 \quad (11.20)$$

11.3.6 光刻胶的干法刻蚀

在刻蚀完成转移图案的目标后，就需要“过河拆桥”，除去起桥梁作用的光刻胶图形。此外，刻蚀过程中带来的任何残留物也必须去除。

尽管剥离光刻胶（photoresist stripping）是湿法去除光刻胶的一种方法。但是大部分应用中，光刻胶的表面必须在氟基或氯基气体中进行加固处理以提高抗刻蚀的掩蔽作用，这使得在去胶阶段，光刻胶在大部分湿法去胶液中不溶解，需要用干法等离子体去胶去掉至少上面的一层光刻胶。等离子体去胶用氧气来干法去胶，这是批量去胶的一种主要工艺。氧与聚合物胶体反应，生成 CO_2 和 H_2O，很容易排出反应腔。

光刻胶都是被设计和处理成能更好黏附于硅晶圆表面的，这是光刻胶能满足后续刻蚀和离子注入工艺的必然要求。这个高黏附性要求造成最后想去胶的时候变得较困难。为了获得较高的硅片产能往往需要较高的去胶速率，但高去胶速率又会留下更多光刻胶残留物。

11.3.7 干法刻蚀终点检测

为了提高干法刻蚀精度，深入研究刻蚀机制，实现刻蚀设备的自动化，需要解决工艺过程中的监控问题，特别是精确控制干法刻蚀的终点。

干法刻蚀不同于湿法刻蚀之处在于它对下面的材料没有好的选择比。因此需要终点检测来监测刻蚀工艺，并及时停止刻蚀，以减少对下面材料的过度刻蚀。

早期的终点检测方法是比较原始的计时法。如果已知被刻蚀材料的薄膜厚度，并通过实验测定了该材料的刻蚀速率，就可以通过计时的方法，估算刻蚀完成的时间。但由于影响刻蚀速率的因素非常多，如温度、压强、流量、不同组分气体配比等，刻蚀速率往往是难以重复的，因此这种方法难以满足工艺上的精确需求。

后来，人们通过终点检测系统来测量一些不同参数的变化情况以感知刻蚀终点，如刻蚀速率的变化、在气体放电中活性反应剂的变化、在刻蚀中被去除的腐蚀产物的类型。

光发射谱是终点检测中最常用的一种方法，因为它易于获得高的灵敏度。这一测量方法集成在刻蚀腔体中以便进行实时监测。在气体辉光放电中被激发的原子或分子所发出的光可用光发射谱来分析，从而鉴别出该元素。发射的光通过一个带有允许特殊波长的光通过的、带过滤器的探测器，从而鉴别出被刻蚀的材料。这样，终点检测器就能检测出什么时候刻蚀材料已被刻完并进行下层材料的刻蚀。

此外，还可以采用光学反射检测法和气体分析法来进行干法刻蚀的终点检测。光学反射检测法检测衬底表面反射光的变化，即反射光随被刻蚀的膜厚变化而产生周期性的变化，直至刻蚀终了。气体分析法可直接由等离子体采样或排气系统附近采样，通过气体分析器进行质谱分析，分析反应气体的组成，从而得知被刻蚀材料是否有变化。

11.4 刻蚀质量检查

刻蚀工艺的最后一步是进行刻蚀质量检查以保证刻蚀质量，一般是通过自动检测系统进行的。刻蚀质量检查非常重要，任何微小的缺陷都可能导致芯片报废。常见的刻蚀质量检查项目有：关键尺寸及偏差、负载效应、金属刻蚀后侵蚀情况、金属刻蚀后的短路、刻蚀后的过多残留物、刻蚀后的侧墙污染物。它们对应的常见缺陷类型如表 11.1 所示。

表11.1 刻蚀质量检查项目及缺陷类型

检查项目	缺陷类型
关键尺寸及偏差	光刻胶线宽与刻蚀后图案的线宽存在较大的差别
负载效应	显微镜可见的不均匀刻蚀
金属刻蚀后侵蚀情况	刻蚀后金属薄膜发生了侵蚀
金属刻蚀后的短路	刻蚀金属后导致金属线条的桥接而发生短路
刻蚀后的过多残留物	刻蚀后可能的薄残留物；侵蚀残留物；冠状残留物；栏杆状残留物
刻蚀后的侧墙污染物	刻蚀后残留的侧墙钝化物；污染物溅射到金属线条或通孔的侧墙上

第12章 化学机械抛光

随着芯片复杂度的提高，需要增加金属互连线的层数才能满足布线的需求，但多层金属化带来了硅片表面的不平整，不平整对亚微米尺度下的光刻工艺造成了恶劣影响，严重时将无法完成硅片表面的图案制作。因此，必须在薄膜沉积后进行相应的硅片表面平坦化处理。

本章首先对平坦化进行概述，随后介绍几种传统的平坦化方案，接着重点讲述化学机械抛光（chemical mechanical polishing, CMP）工艺，包括它的机理、优缺点、主要参数、设备组成、终点检测及操作后清洗，最后讨论CMP的常见应用。

12.1 平坦化概述

多层金属互连技术早在20世纪70年代出现，该技术允许芯片的垂直空间得以充分利用，并提高了器件的集成度，但是更多层的加入使硅片表面变得更加不平整。硅片表面起伏成为亚微米图形制作的不利因素，不平整的表面难以进行光刻工艺及完成图形制作，因为它受到光学光刻中步进透镜焦距深度的限制。图12.1给出了BPSG表面不平整的示意。

由于硅片表面层的高低起伏，使得每制备一层薄膜，表面的起伏就会变得更大，这样会导致两个问题。一方面，在金属薄膜淀积时，凹陷下去的部分和其他地方的厚度不均匀，造成晶体管可靠性变差。另一方面，在凹凸不平的表面涂敷光刻胶，光刻胶的厚度也不均匀，在曝光后显影时，显影的质量也会变差。

为了消除表面起伏带来的影响，必须对表面进行平坦化处理。所谓平坦化指

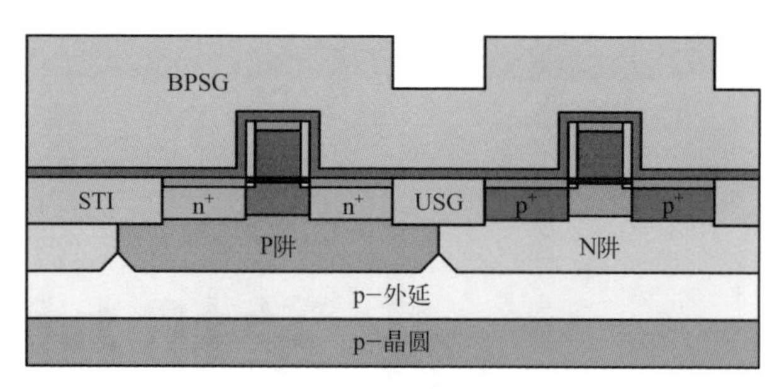

图12.1 BPSG表面的不平整现象

的是对衬底进行抛光、平整化处理，使之变得平坦。随着金属层数的增加，在多层布线立体结构中，集成电路工艺要求每层都能保证表面足够平坦，这是成功实现多层布线的关键所在。

业界先后开发出了多种平坦化技术来减少表面起伏问题［图 12.2（a）（b）］。早期的技术有反刻、玻璃回流和旋涂膜层，这些都是属于局部平坦化方案［图 12.2（c）］，效果不是很理想。

直到 20 世纪 80 年代末，IBM 公司将化学机械平坦化（chemical mechanical planarization, CMP）技术进行发展并应用于硅片表面的平坦化，该技术也称为化学机械抛光（chemical mechanical polishing, CMP）。首先用在金属间绝缘介质的平坦化，然后通过工艺和设备的改进用于钨的平坦化，随后又用于浅槽隔离平坦化和铜的平坦化。化学机械平坦化是一种全局性平坦化方案［图 12.2（d）］，其在表面平坦化上的效果比传统的方案有了极大的改善，已成为平坦化技术的主流。

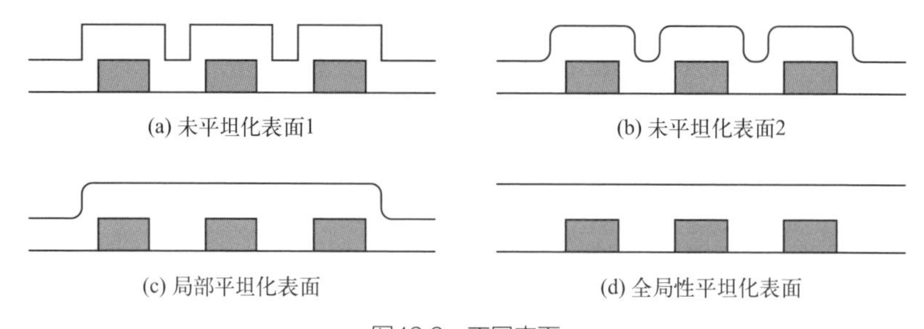

图12.2 不同表面

12.2 传统平坦化工艺

传统的平坦化工艺主要有：旋涂法、反刻法及玻璃回流法。

旋涂法是在硅片表面上旋涂不同液体材料以获得平坦化的一种技术，主要用来做层间介质。旋涂法是利用离心力的作用来填充图形低处，获得表面形貌的平滑效果。旋涂后进行加热固化，使溶剂蒸发，可以获得一定的平坦化效果。

反刻法首先在凹凸不平的硅片表面旋涂一层厚的介质材料或光刻胶，这层材料可以填充空洞和表面的低凹处，这一层将作为平坦化的牺牲层。然后用干法刻蚀技术进行刻蚀，利用高处刻蚀速率快、低处刻蚀速率慢的特点来实现平坦化。当被刻蚀的介质层或光刻胶层达到所希望的厚度时，停止刻蚀，这样凹凸的表面就变得相对光滑，实现局部平坦化的目的。

玻璃回流是对掺杂氧化硅加热，使之发生流动的行为。常见的掺杂氧化硅是BPSG和PSG，它们在850～1000℃的高温下由于表面张力而流动，使得表面变得光滑，实现局部平坦化的目的。如BPSG在850℃、氮气环境的高温炉中退火30分钟可发生流动。BPSG的这种流动性能用来获得台阶覆盖处的平坦化或用来填充缝隙，可以获得在图形周围部分平坦化，但是不能满足深亚微米集成电路平坦化的要求。

12.3 化学机械抛光

12.3.1 CMP机理

化学机械抛光（CMP）是一种表面全局平坦化技术，它通过硅片和一个抛光头之间的相对运动来平坦化硅片表面，在硅片和抛光头之间有磨料，并同时施加压力。如图12.3所示，由亚微米或纳米磨粒和化学溶液组成的磨料在硅片表面和抛光垫之间流动，磨料在抛光垫的传输和离心力的作用下会均匀分布在抛光垫上，从而在硅片和抛光垫之间形成一层研磨液体薄膜。磨料中的化学成分与硅片表面材料发生化学反应，将不溶的物质转化成易溶的物质，然后通过磨料中磨粒的微机械摩擦作用将这些反应生成物从硅片表面移除，融入流动的液体中带走。

在CMP过程中，吸附在抛光垫上的磨料不断对硅片表面产生化学侵蚀作用，生成胶状膜层，胶状膜层又在机械力的作用下被不断磨去，从而露出新的表面。就这样周而复始地对待磨表面不断地进行化学侵蚀和机械研磨，这构成了CMP的基本过程。总的来说，用来平坦化硅片的CMP的微观作用是化学和机械作用的结合，有两个基本过程：

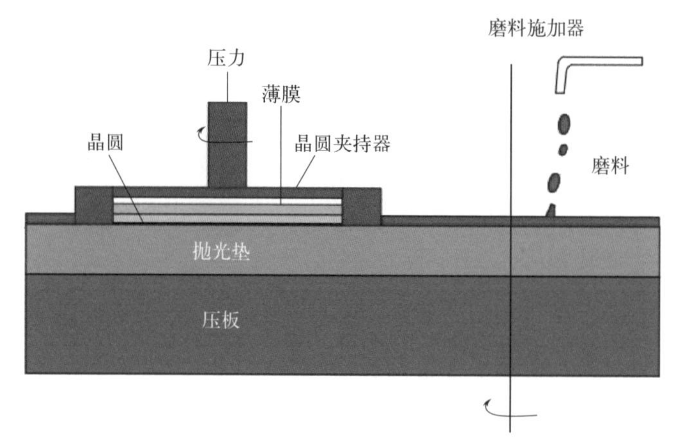

图12.3 化学机械抛光（CMP）原理示意

① 表面材料与磨料发生化学反应生成一层相对容易去除的表面层；

② 这一反应生成的硅片表面层通过磨料中磨粒和研磨压力与抛光垫的相对运动被机械地磨去。

化学侵蚀与机械研磨反复交替进行，协同作用，“兄弟同心，其利断金”，最终将所需研磨层铲除，实现硅片表面全局平坦化。

化学机械抛光工艺和日常生活中的刷牙非常相似。所用的磨料相当于牙膏，牙膏里的化学物质杀死细菌，去除牙垢，并在牙齿上形成保护层。牙膏里也含有磨粒，如某品牌牙膏注明含“水合硅石和焦磷酸二氢二钠的混合美白粒子”，在刷牙过程中，颗粒会去除牙齿表面不需要的物质。人们用力刷牙则对应 CMP 中的机械作用。

就像不同人群往往选用不同功能的牙膏一样，针对不同的硅片表面材料，也往往选用不同的磨料。因为不同的研磨对象，其 CMP 抛光机理并不完全相同。常见的抛光对象有两种：氧化硅和金属。

氧化硅抛光是用来全局平坦化金属层之间淀积的 ILD 介质的。既然 CMP 是化学和机械协同作用进行抛光，理想情况应该是化学作用速率与机械研磨速率相等，但这很难实现，这两者之间的慢者决定了抛光速率。氧化硅抛光速率可以用 Preston 方程来表达。

$$R=kPv \tag{12.1}$$

式中，R 为抛光速率；P 为所加的压强；v 为硅片和抛光垫的相对速度；k 为 Preston 常数，它是与设备和工艺有关的常数，受氧化硅硬度、磨料、抛光垫、抛光条件等参数的影响。

Cook 理论也被用来描述氧化硅的抛光过程。在基本磨料中，磨料中的水与氧化硅反应生成氢氧键，氧化硅的表面水合作用降低了氧化硅的硬度、机械强度和化学耐久性。这层含水的软表层氧化硅被磨料中的颗粒机械地去掉。在硅片中较高的区域，局部的压强大于较低的区域，高处氧化硅的抛光速率快，从而产生了平坦化。

在金属抛光方面，一般认为磨料中的化学成分与金属表面接触并氧化它，这层金属氧化物被磨料中的颗粒机械地磨掉，一旦这层氧化物被去掉，磨料中的化学成分就立即氧化新露出的金属表面，然后新金属氧化物又被机械地磨掉。就这样交替进行，直至达成抛光目标。

12.3.2 CMP 优缺点

CMP 技术拥有很多优点，使得它成为特大规模集成电路（ultra large scale integration, ULSI）、巨大规模集成电路（giga scale integration, GSI）时代最广泛使用的平坦化方案。CMP 技术的主要优点有：

① 能获得全局平坦化；

② 可以平坦化不同的材料；

③ 能减小严重的表面起伏；

④ 可以平坦化多层材料表面；

⑤ 具有改善金属台阶覆盖的能力；

⑥ 可以结合大马士革工艺制作铜互连图形；

⑦ 通过减薄表层材料减少表面缺陷；

⑧ 增加集成电路可靠性；

⑨ CMP 是湿法研磨，不使用干法刻蚀中常用的危险气体；

⑩ CMP 可以实现设备自动化、高可靠性和大批量生产。

但是 CMP 技术也存在一些缺点需要克服，如：

① 影响 CMP 质量的工艺因素较多且工艺窗口窄，不易控制；

② 平坦化的同时会引入新的缺陷，影响到芯片的良率；

③ 需要开发额外的技术（如终点检测）来进行工艺控制和测量；

④ 设备和磨料等消耗品费用较昂贵。

12.3.3 CMP 主要参数

（1）去除速率

可以用 Preston 公式来描述去除速率，去除速率和 Preston 常数、施加的压强、晶圆与抛光垫之间的相对速度成正比。对于氧化硅类厚膜，Preston 公式能够较好地描述去除速率，凸出的区域由于接受了较高的压强，所以去除速率更高，这有助于平坦化表面。

（2）均匀性与平整度

均匀性反映整个硅片上膜层厚度的变化。均匀性分为两种：片内（within the wafer, WIW）均匀性和片间（wafer to wafer, WTW）均匀性。片内均匀性可以通过在 CMP 工艺前后测量不同位置薄膜厚度的变化情况来表征。片间均匀性指的是多个硅片之间膜层厚度的变化，用来表征硅片表面材料研磨速率的重复性和连贯性。均匀性受抛光垫条件、施加压力分布、硅片和抛光垫相对转速等多重因素影响。通常施加低压强，可以获得比较好的全局均匀性，但是低的压强意味着低的去除速率，会影响产量。因此也需要根据实际需求折中考虑。

平整度是硅晶圆某处 CMP 前后台阶高度之差占 CMP 之前台阶高度的百分比，即硅片某处台阶 CMP 之后相对于 CMP 之前台阶的平整程度。

（3）选择比

选择比指的是在同样的条件下对两种不同材料抛光速率的比值，磨料的化学组分是影响选择比的主要因素。在浅槽隔离工艺中对氧化硅 CMP 抛光时，要求对氮化硅有较高的选择比，从 100：1 到 300：1。而在仅仅抛光 PMD 和 IMD 中氧化硅时，对选择比的要求就不那么重要了。

（4）缺陷

CMP 工艺在去除缺陷、改进良率的过程中又会引入一些新的缺陷，如划伤、残余磨料、颗粒、侵蚀、凹陷等。大的外来颗粒和硬的抛光垫能够引起划伤，划伤会引起可靠性问题。例如，一旦钨填充到氧化硅表面的划伤处可能会导致短路，从而降低集成电路的良率。

12.3.4 CMP 设备组成

CMP 设备也常称为抛光机。内部的主要部件有：研磨盘、载片器、抛光垫、磨料供给系统。

研磨盘是 CMP 研磨的支撑平台，其作用是承载抛光垫并带动其转动。研磨盘同时还要承载磨料，并能及时排除磨除的废料。

载片器又称抛光头，它是用来吸附并固定硅片，将硅片压在研磨盘上带动硅片旋转的装置。

抛光垫可采用发泡式的多孔聚亚安酯材料制成，它是一种多孔海绵，可以利用这种类似海绵的机械特性和多孔特性来提高抛光的均匀性。抛光垫的选择会直接影响 CMP 工艺的质量。一般来说，较硬的抛光垫会带来较高的去除速率，但会更容易引起划伤。软的抛光垫会有更好的片内均匀性。

磨料，也称为研磨液，是精细研磨颗粒、化学品、添加剂、水的混合物，它在 CMP 工艺中是用来磨掉硅片表面起伏的特殊材料。磨料的选择非常重要，它能够影响去除速率、选择比、平整度和均匀性。针对不同硅片待磨平表面，磨料里的化学品和研磨颗粒也有所差别。对于氧化物表面，一种通用磨料是含超精细硅胶颗粒的碱性氢氧化钾溶液或氢氧化铵溶液。对于金属，所使用的磨料是酸性溶液。CMP 钨时，以精细氧化铝粉末或硅胶作为研磨颗粒；CMP 铜时磨料颗粒可选用纳米硅溶胶（SiO_2，20 ～ 30nm）。磨料中的添加剂可以帮助调节 pH 值。CMP 氧化物时，pH 值调节到 10 ～ 12；CMP 金属时，pH 值调节到 2 ～ 6。

12.3.5　CMP 终点检测

要检测抛光的终点，需要实时得到被抛光薄膜的厚度。CMP 的终点检测就是判断何时到达 CMP 的终点，从而停止抛光。准确的终点检测是保证产品良率、工艺效率的关键因素。若不能准确进行 CMP 终点检测，将导致硅片抛光不足或抛光过度的情况。先进的 CMP 设备都需要配备 CMP 终点检测系统。

终点检测方法包括基于时间的离线终点检测技术和实时在线检测技术。离线终点检测技术利用控制硅片的抛光时间和厚度测量，对去除速度及均匀性进行经验性的控制，这种方法精度不高，造成硅片的缺陷较多，主要用于直径小于 8 英寸的晶圆加工。在线终点检测技术主要包括电机电流终点检测和光学终点检测两种方法。

电机电流终点检测的原理是当硅片表面抛光达到终点时，抛光垫所接触的薄膜材料不同，导致硅片与抛光垫之间的摩擦力发生明显变化，从而使抛光头回转扭力发生变化，其驱动电机的电流也随之发生变化，因此由安装在抛光头上的传感器监测驱动电机电流变化可推知是否到达抛光终点。

光学终点检测用在介质薄膜 CMP 时，主要利用入射光和反射光的干涉原理进行检测，如图 12.4 所示。当薄膜厚度改变时，会导致干涉状态的周期性改变，因此可以通过反射光的变化来判断介质薄膜厚度的改变。

光学终点检测用在金属薄膜 CMP 时，主要是利用反射率的变化来进行检测，如图 12.5 所示。因为一般来说金属有相对较高的反射率，当金属薄膜被磨去后，反射率将会急剧下降。

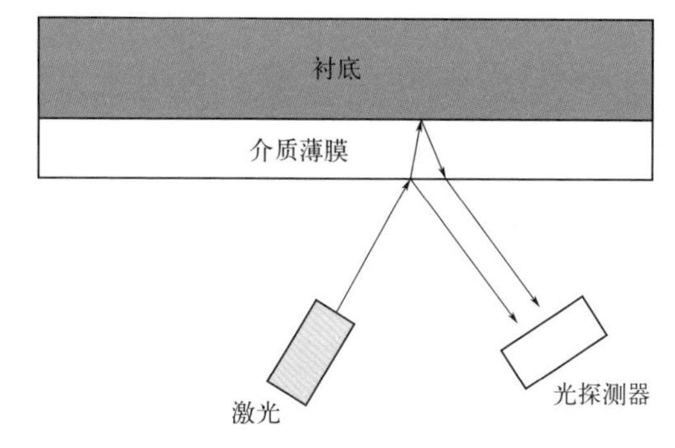

图12.4 光学终点检测用在介质薄膜CMP

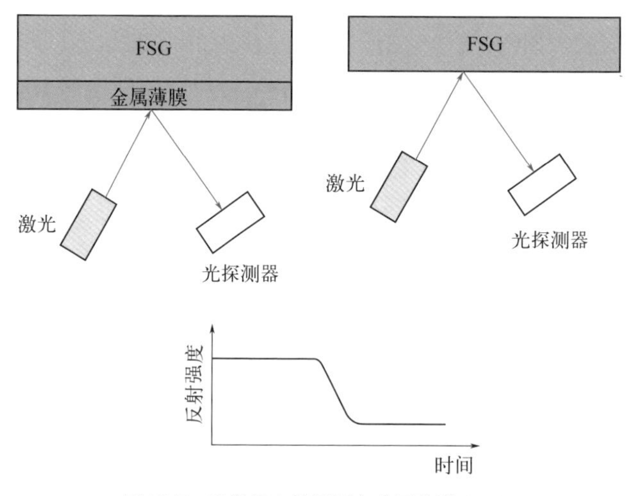

图12.5 光学终点检测用在金属薄膜CMP

12.3.6 CMP后清洗

在CMP工艺中往往会引入新的沾污，沾污来源包括磨料颗粒、被抛光材料带来的颗粒、从磨料中带来的化学沾污等，CMP后清洗的重点是去除抛光过程中带来的所有沾污物。CMP清洗技术已从早期的离线清洗（清洗在单独的清洗机台中完成）发展到将CMP工艺和清洗工艺集成在一起。

CMP后清洗中会使用到不同的清洗设备：毛刷洗擦设备、酸性喷淋清洗设备、兆声波清洗设备以及旋转清洗干燥设备。随着硅片表面洁净度要求的不断提高，CMP后清洗工艺的焦点已逐步由清洗液、兆声波等转移到晶圆干燥上。先进的CMP后清洗系统除采用垂直兆声清洗及垂直双面刷洗外，将干燥技术由之前的旋转甩干更换为异丙醇气体干燥法，使得CMP清洗后的硅片缺陷比传统方法得到了显著改善，同时干燥效率也得到了大幅提升。

12.4 CMP 应用

由于 CMP 抛光技术的众多优点，使得 CMP 平坦化技术在现代集成电路芯片制备中占据绝对主导地位，可以说 CMP 技术和抛光需求如影随形。越是高端的芯片，对平坦化要求越高，CMP 使用的场合就越多。

CMP 的常见应用有：STI 氧化硅抛光、介质层（包括 PMD 和 IMD）抛光、金属 W 抛光、大马士革铜抛光。这里对后两者应用进行介绍。

金属钨可以用来形成钨塞填充接触孔，常用 CVD 方法沉积钨来连接晶体管有源区和第一层金属，之后就需要借助 CMP 技术磨掉表面多余的钨，如图 12.6 所示。

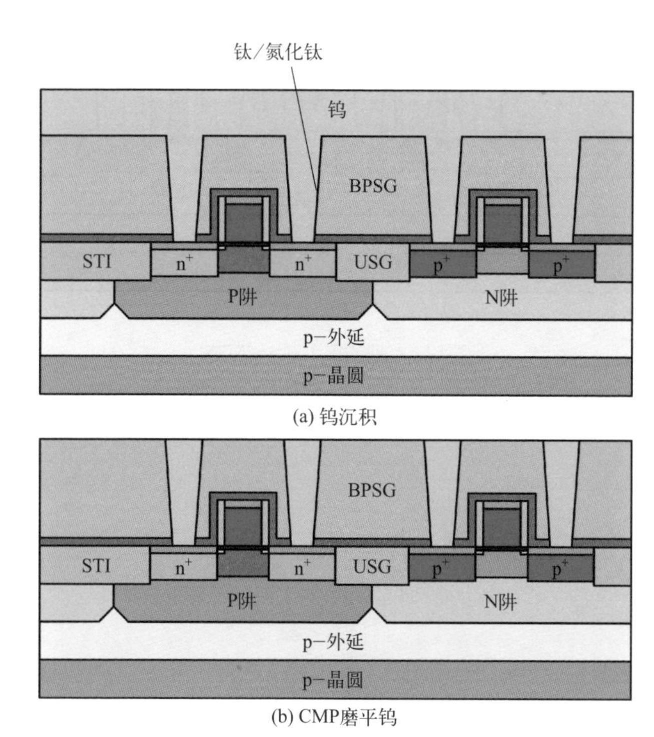

图12.6　钨塞制备

由于铜较难刻蚀，往往采用双大马士革工艺进行铜的淀积，采用该工艺可以同时沉积通孔和金属互连线，如图 12.7 所示，然后需采用 CMP 工艺去除表面多余的铜，并去除防止铜扩散的钽 / 氮化钽阻挡层，留下铜通孔和铜互连线镶嵌在介质层内。

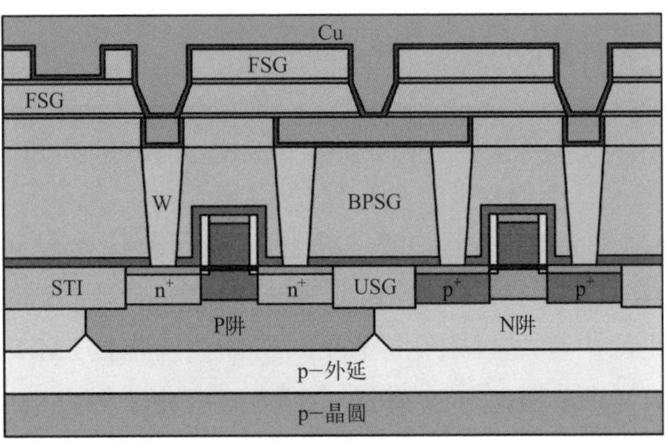

(a) 铜沉积

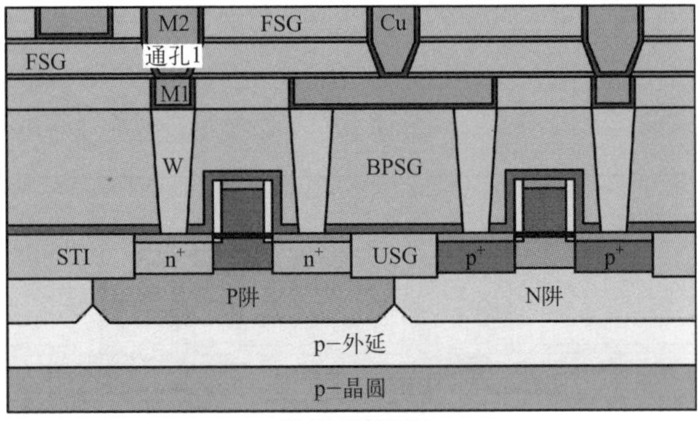

(b) CMP磨平铜

图12.7　铜的双大马士革工艺

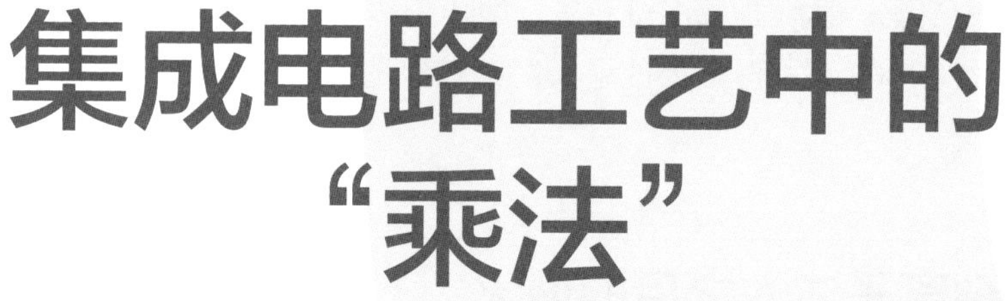

如前文所述，集成电路工艺里的“乘法”在本书中主要指的是起辅助作用的退火与加热工艺，因此本篇将依次介绍相关的离子注入退火、回流与制备合金三种工艺。

第13章 离子注入退火

离子注入工艺后必须紧跟着退火这一步骤，才能充分发挥离子注入的作用。可以用一个词来形容退火和离子注入之间的关系：如影随形。本章将讨论三种离子注入后进行退火的情况。第一种应用得最多，即作为掺杂目的的离子注入之后的退火。第二种是制备 SOI 材料时需要的退火。第三种是制备高 *k* 材料时进行的离子注入之后的退火。

13.1 掺杂离子注入之后的退火

由于离子注入高强的“火力”，致使被打击的硅晶体结构面目全非，出现衬底损伤，这会导致电子-空穴对的迁移率和寿命大大降低。如果注入的剂量很大，被注入层将变成非晶。注入离子将动能传递给晶格原子，使它们脱离原来的晶格，这些脱离晶格的原子又会撞击其他原子，导致更多的原子变成无定型状态，这种撞击和损失会一直持续到所有原子都停下来，往往一个高能离子会导致很多晶格原子脱离原来的位置。另外，被注入的离子大多数也没有出现在硅晶格位置上，即替代原来硅原子所在的位置，而是停留在晶格间隙位置。这样这些杂质就不能发挥该有的电学特性，即施舍一个电子或者释放一个空穴（其实是抢硅共价键上的电子）。图 13.1 与图 13.2 分别给出了在离子注入工艺前后硅内部的结构示意图，可以看到一开始是非常规整的，离子注入后，被注入的区域内硅原子和杂质原子都乱七八糟的。为了恢复硅单晶原来的面貌和激活杂质原子（让它们跑到硅晶格上），必须进行退火工艺。

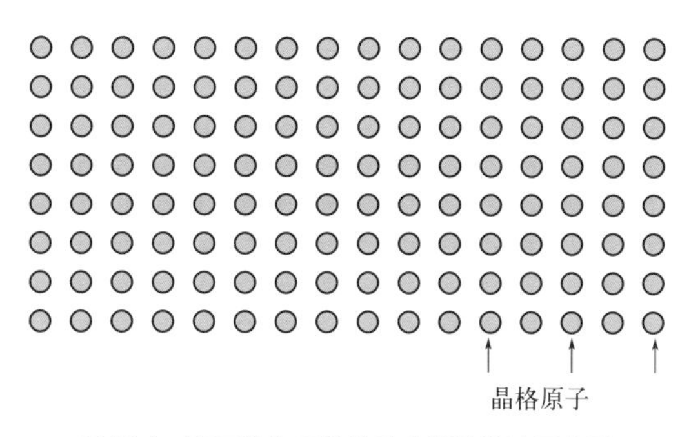

图13.1　离子注入工艺前硅内部的结构示意图

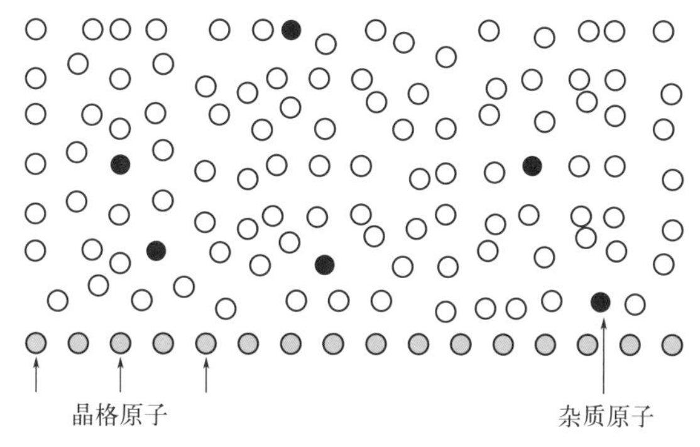

图13.2　离子注入工艺后硅内部的结构示意图

退火工艺是个分阶段逐步恢复硅晶格和激活杂质的过程，如图13.3所示。一般修复晶格缺陷需要500℃左右，激活杂质大约需要950℃。高温带来的热能将帮助处于无定型状态的原子恢复到单晶状态。杂质的激活主要与温度和时间有关，温度越高、时间越长，杂质激活得越充分，即有更多的杂质会替代硅原子的位置。

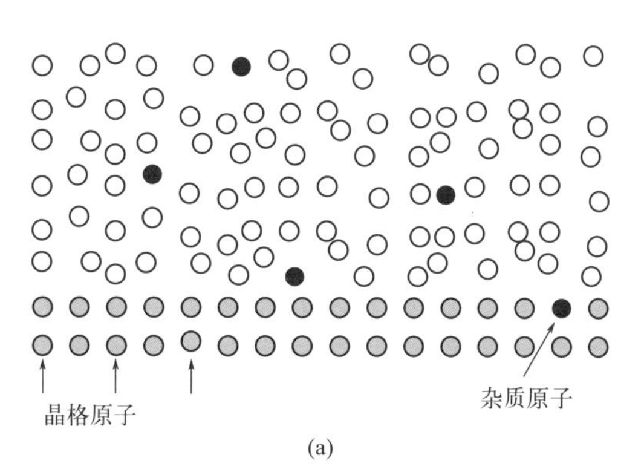

图13.3

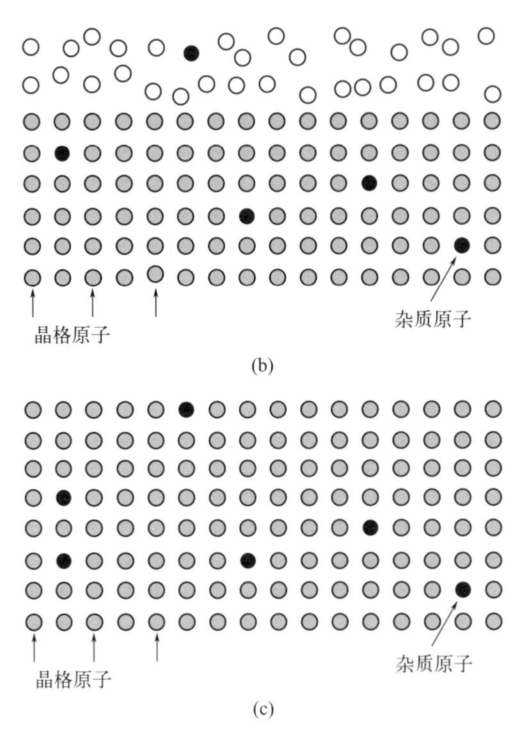

图13.3 退火工艺逐步恢复硅晶格和激活杂质

13.2 离子注入制备 SOI 时的退火

绝缘体上硅（silicon on insulator, SOI）材料由于自身结构的特点，在微电子领域得到了广泛应用。SOI 器件将电路做在绝缘层上单晶硅内（图 13.4），其中的绝缘层实现了全介质隔离，消除了体硅 CMOS 电路的寄生 NPNP 通道，具有

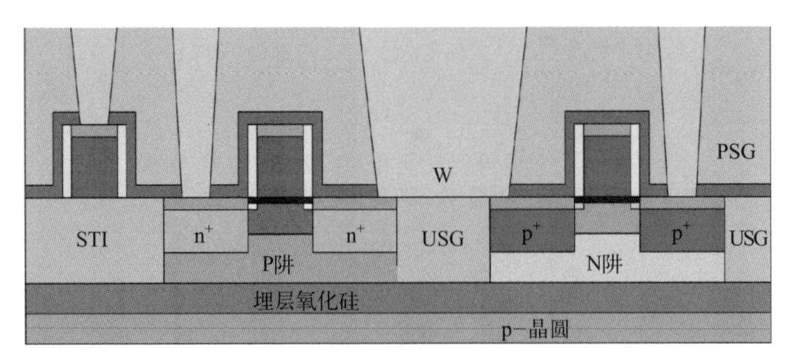

图13.4 CMOS器件制作在SOI上

抗闩锁效应的能力。此外 SOI 器件由辐射引起的电荷收集仅限于顶层硅内，大大提高了抗单粒子能力和抗瞬时辐射效应的能力，因此具有优良的抗辐射性能，在航空航天及高辐射等恶劣环境下受到广泛的欢迎。

离子注入注氧隔离（separation by implantation of oxygen, SIMOX）技术是制备 SOI 的主流技术之一。但是在离子注入之后，表面的单晶硅被打乱，晶格受损，导致其电阻率过高，因此同样需要退火工艺来恢复硅单晶结构，降低其电阻率，并提高载流子迁移率。

SIMOX SOI 材料是通过高能量、大剂量注氧在硅中形成埋氧化层。通常要求 O^+ 的剂量在 $1.8\times10^{18}cm^{-2}$ 左右，这远高于一般集成电路加工过程中的离子注入剂量。采用高能量（约 200keV）注入，使氧离子注入硅片表面下一定深度。离子注入后硅表面晶格受损，表面下方的硅变成富含氧的硅，如图 13.5（a）所示。经过高温退火，硅表面重新变成单晶硅，在硅片表面下方形成一层埋置的二氧化硅，如图 13.5（b）所示。埋氧化层把原始硅片分成两部分，上面的薄层硅用来做器件，下面是硅基底。

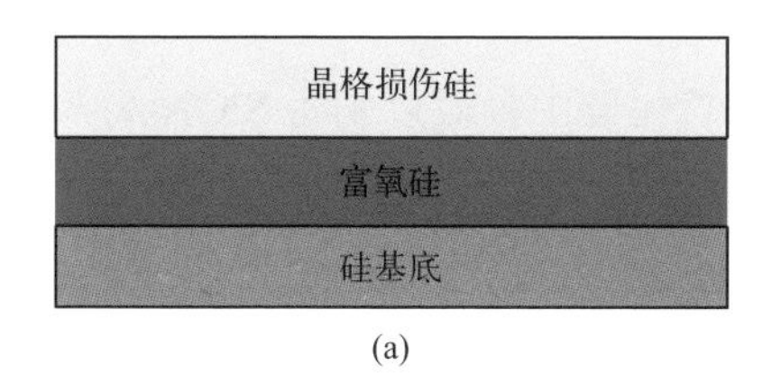

(a)

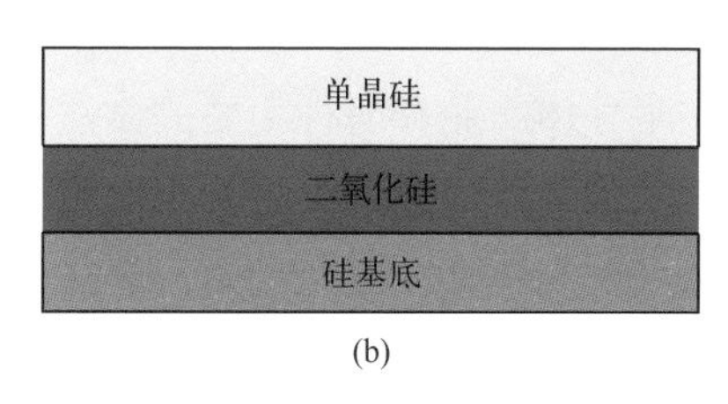

(b)

图13.5　离子注入注氧隔离（SIMOX）技术制备SOI

制备 SOI 的另一种方法是采用键合工艺，首先在其中一片上生长二氧化硅，然后通过高温将两片晶圆键合在一起，生长的二氧化硅夹在中间，最后通过抛光其中一片晶圆降低晶圆厚度，便可得到 SOI 晶圆。

此外，还可以利用智能剥离技术（smart cut）获取 SOI 材料。其工艺流程如图 13.6 所示。首先在 1 号硅片表面制备一定厚度的氧化硅层（a），该层将作为 SOI 中的氧化层。然后向硅晶圆中注入高剂量氢离子，在注入处会产生大量的空位缺陷形成微空腔，如（b）中黑色区域所示。接着把 1 号硅片倒置并与 2 号硅片进行键合（c）。键合后的硅片先进行低温退火，此时注氢处微空腔内形成气泡，在合适的退火温度下氢分子能在硅晶格中开始自由移动，压强迅速增大，使硅片在此处剥离（d）。接着，舍弃 1 号硅片的主体部分，对键合后的叠层结构再进行高温退火，以增强键合强度，并消除由注氢导致的顶层硅膜的损伤。最后经过 CMP 抛光使表面变平整，就得到了 SOI 材料（e）。

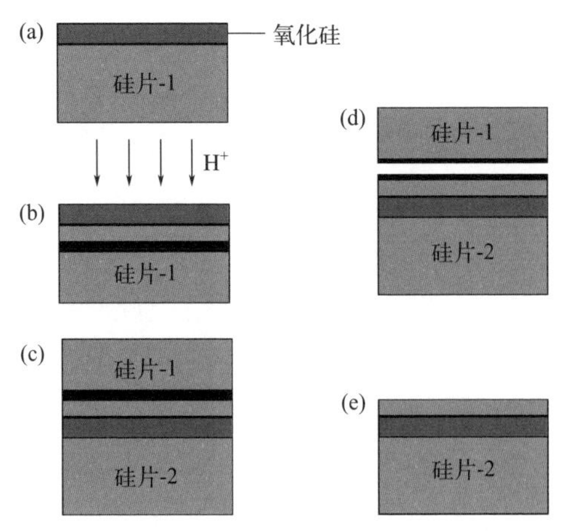

图13.6 智能剥离技术（smart cut）制备SOI材料

13.3 制备高 k 介质时的退火

在半导体产业有两种主要的方法实现向氧化硅中掺氮以制备 SiON 高 k 材料。两种方法都需要借助退火工艺来实施。

第一种方法是在氧化硅生长完成后，让其在 NO/N_2O 等含氮气体环境中进一步退火来实现氮的掺杂。此方法掺入的氮原子容易聚集在二氧化硅和沟道的界面处，从而影响沟道中载流子的迁移速度。

第二种方法是在氧化硅生长结束后，通过等离子体实现氮掺杂，掺杂后通过高温退火工艺来稳定氮掺杂，并修复介质中的等离子体损伤。这种方法可以掺入较高浓度的氮原子，氮原子主要分布在栅介质的上表面，远离二氧化硅和沟道的界面处，因此这种方法更有优势。但是，必须严格控制高温退火工艺中的温度、气氛和时间，以抑制氮原子的挥发和扩散，避免氮原子获得能量向二氧化硅和沟道的界面处移动。

13.4 退火方式

硅片退火常用的方法有快速热退火（rapid thermal annealing, RTA）和炉式退火两种，如图 13.7 所示。相关设备在 5.4 节曾介绍过。炉式热退火［图 13.7（b）］是比较传统的一种退火方法，用高温炉把硅片加热到 800 ~ 1000℃并保持 30min，在此温度下，硅原子能够重新回到晶格位置，杂质原子也能替代硅原子位置进入晶格。这种方法需要较长的工艺周期，加热的时间比较长，热预算比较大，有横向扩散的风险。相比较而言，快速热退火（RTA）是一种更好的方法［图 13.7（a)］，它用极快的升温速率和在目标温度（一般 1000℃左右）短暂的持续时间对硅片进行处理，这样可以有效降低热预算，尽量减少横向扩散的现象。此外，RTA 方法退火后不同晶圆之间的均匀性更高。离子注入硅片的退火通常在通入 Ar 或 N_2 的快速热处理机（rapid thermal processing, RTP）中进行。

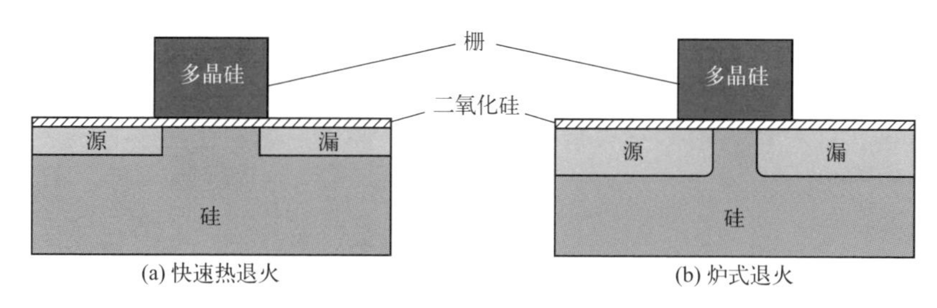

图13.7　退火方式

RTP 在先进集成电路器件的制备中发挥更重要的作用，因此这里对 RTP 退火的具体方式作进一步介绍。目前，RTA 退火方式主要有浸入式退火（soak anneal）、尖峰退火（spike anneal）、毫秒级退火（millisecond anneal）三种。

浸入式退火指的是晶圆温度升高到设定温度后继续保持一小段时间以充分地激活杂质离子。典型的加热方式是采用大功率的卤钨灯发光照射到晶圆上，使得晶圆快速升温。浸入式退火可用于 0.13 微米及更早的几代 CMOS 工艺中。

尖峰退火实质上是浸入式退火的一种改进形式。这种退火方式，首先硅晶圆以极快的升温速度（如 250℃ /s）被加热到指定温度后，又以较快的降温速度（如 90℃ /s）将晶圆冷却到 600℃以下。尖峰退火的设备类似于普通浸入式退火，只是为达到快速升温、快速降温的要求，在工艺和设备上做了一些特殊处理，如需要大功率的灯泡、温度实时控制的频率也会增加。此外，为了能快速降温，还需要大流量的氮气或氦气来增加热交换的速率。尖峰退火主要应用于 0.13 微米以下的 CMOS 工艺中。

随着 CMOS 器件特征尺寸的不断缩小，工程师希望 PN 结深度越来越浅，对应的薄层电阻也要相应地低，这对退火工艺提出了更高的要求。人们想通过更高的退火温度来增加注入离子的活化以降低薄层电阻，但是温度升高后，杂质的扩散也会加剧，这是要避免的，于是毫秒级退火方式应运而生。浸入式退火和尖峰退火已经不能符合高性能65nm CMOS器件的要求，而毫秒级退火完全可以胜任，它能在1300℃的瞬间高温下高度激活杂质离子，同时保持最小的杂质扩散，以满足结深和薄层电阻的要求。毫秒级退火工艺可以采用气体或二极管激发产生的激光来加热硅晶圆，也可以采用超高频的弧光灯瞬间发光来加热晶圆。毫秒级退火可满足45nm、32nm甚至更高级的CMOS工艺。但这种退火方式由于加热时间极短，由离子注入造成的晶格损伤和缺陷来不及得到完全的修复，降低了器件的电学性能，因此毫秒级退火可以和尖峰退火搭配使用。

当CMOS沟道长度下降到22nm以下时，PN结的结深进一步降低，虽然毫秒级退火能够完成超浅结，但由于固溶度的限制，相应的PN结薄层电阻还是会有所增加。一个可能的解决方案是用纳秒级的激光热处理（laser thermal processing, LTP）技术，它可以将硅片上局部区域熔化为液态，从而大大增加杂质在晶格中的浓度。

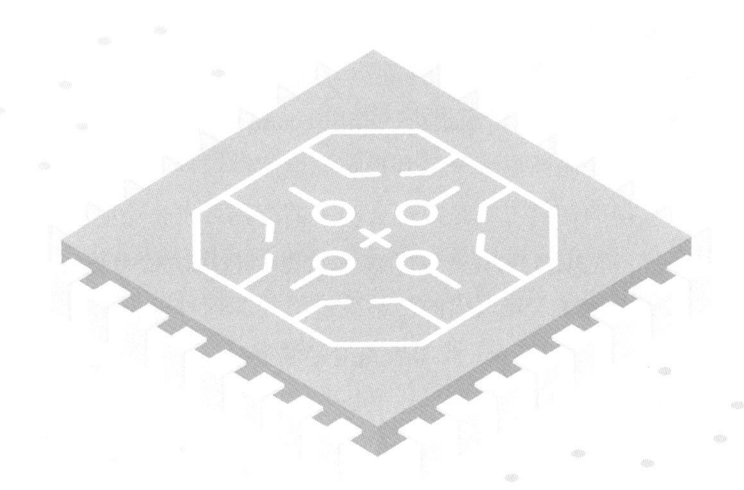

第14章 回流

玻璃回流（reflow）是在升高温度的情况下对掺杂氧化硅进行加热，使之发生流动，常见的回流对象包括硼磷硅玻璃（boro-phospho-silicate glass, BPSG）和磷硅玻璃（phospho-silicate glass, PSG）。

14.1 PSG 回流

为了达到对衬底上陡峭台阶的良好覆盖，采用磷硅玻璃（PSG）这样的玻璃体进行平坦化是一种可行的方法。在大规模集成电路（large scale integration, LSI）时代，人们普遍地把磷硅玻璃用作金属前介质层、多层金属布线层间的介质层、回流介质层和表面钝化保护层。由于 Na^{+} 等可动离子沾污在 PSG 中的溶解度比在 SiO_2 中的高三个数量级，PSG 可以用来吸收和固定 Na^{+} 等可动离子沾污。

PSG 在高温下回流，可以形成局部平坦的表面，使随后沉积的薄膜具有更好的台阶覆盖能力。PSG 玻璃软化可使尖角处变得圆滑，如图 14.1 所示。回流时，升高温度、增加高温维持时间都会增加 PSG 薄膜的流动水平。通常，PSG 回流需要在 1000℃左右进行，时间为 15 ～ 30 分钟。

PSG 回流时的流动性还和磷的含量有关系，当磷的浓度质量分数低于 6% 时，PSG 的流动性会变得很差。但如果磷的浓度过高，PSG 又表现出很强的吸潮性。PSG 吸水后，P_2O_5 水解生成偏磷酸（HPO_3），偏磷酸会钻蚀金属铝膜，从而导致器件失效。因此，氧化硅中磷的质量分数限制在 6% ～ 8% 为宜，这样就可以减少偏磷酸的生成，从而减少对下方铝金属的腐蚀。

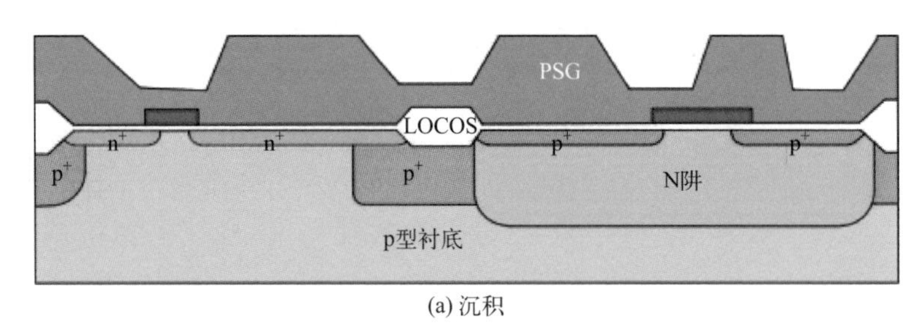

(a) 沉积

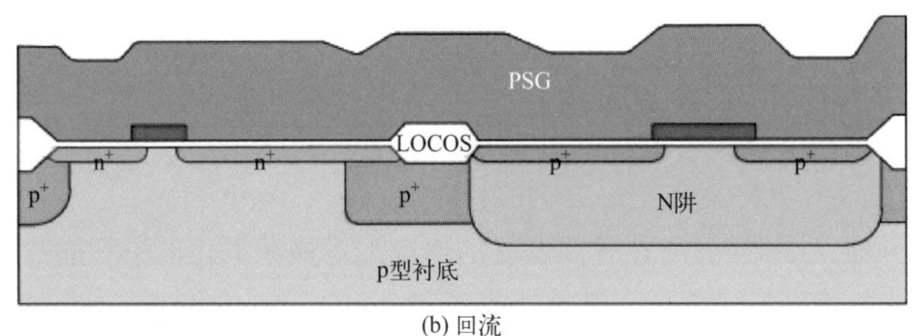

(b) 回流

图14.1 PSG沉积与回流

当半导体集成度进入集成密度更高、速度更快的超大规模集成电路（very large scale integration circuit, VLSI）时代后，PSG 回流所需的高温及由此引发的杂质再扩散和各种缺陷，以及 PSG 的易吸水特性使得人们开始寻求新的薄膜来取代 PSG，最终人们选择了 BPSG。

14.2 BPSG 回流

随着半导体器件尺寸的不断缩小，金属前介质层（PMD）所要填充的孔洞也越来越小，深宽比越来越大，填孔能力成为选择 PMD 材料的主要参考因素。

硼磷硅玻璃（BPSG）即掺杂了硼和磷的二氧化硅，它作为金属前介质层在集成电路制造中有着广泛的应用。二氧化硅原有的有序网络结构由于硼磷杂质（B_2O_3、P_2O_5）的加入而变得疏松，在高温条件下 BPSG 具有像液体一样的流动能力。因此 BPSG 薄膜具有卓越的填孔能力，并且能够提高整个硅片表面的平坦化水平，从而为后续光刻工艺提供更大的工艺范围。图 14.2 给出了在制备 CMOS 晶体管时 BPSG 的沉积和回流示意。

BPSG 薄膜的制备方法有两种：等离子体增强化学气相沉积（PECVD）和亚常压化学气相沉积（SACVD）。PECVD 工艺通常的压强要在 10Torr 以下，SACVD 工艺的压强可以在 200 ～ 600Torr，这样 SACVD 内的分子平均自由程更短，填

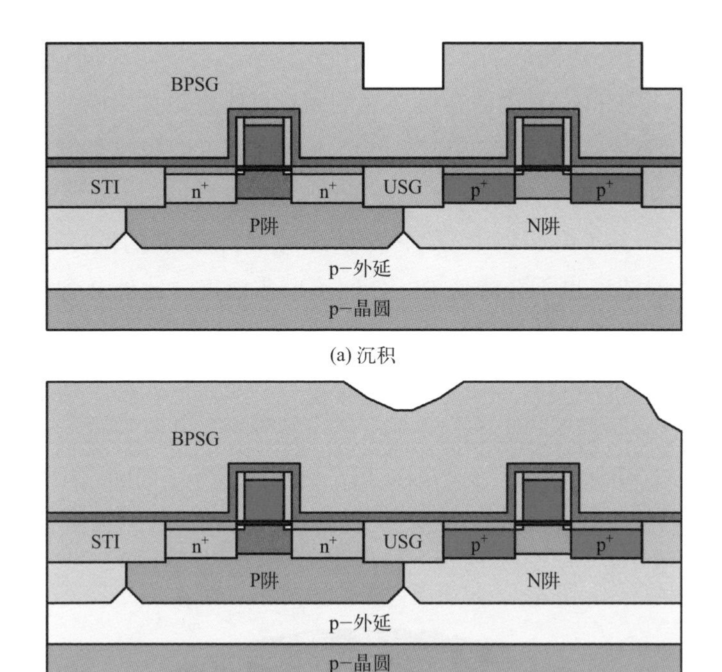

(a) 沉积

(b) 回流

图14.2 BPSG的沉积与回流

隙能力更优，因此 BPSG 薄膜主要采用 SACVD 方法进行制备。

采用 SACVD 制备 BPSG 中二氧化硅所采用的原料可以是 TEOS-O_3 的组合，TEOS 进入反应腔后在高温下（480℃左右）发生热分解并与 O_3 分解生成的氧自由基在一定压强下发生化学反应，掺杂源气体可采用 PH_3 及 B_2H_6，最后生成 BPSG 薄膜。在反应腔内新生成的 BPSG 薄膜内部多孔、十分疏松，器件的孔洞并没有完全填充，因此必须经过退火回流工序，在 750 ～ 1000℃的高温下，BPSG 薄膜就会像液体一样流动。BPSG 的回流温度比 PSG 的回流温度要低，这样就减少了杂质再次扩散的发生。例如 BPSG 在 850℃、氮气环境的高温炉中退火 30 分钟发生流动，利用 BPSG 的流动性可以获得台阶覆盖处的平坦化或用来填充孔隙，这样就可以在图形周围形成局部平坦化的效果。回流工艺不仅会平坦化表面，而且会增加薄膜密度，使得薄膜结构更加致密。

随着半导体器件的特征尺寸越来越小，半导体器件所能承受的总热量也越来越低。所以 BPSG 薄膜允许的退火温度也随之降低。但是如果退火温度太低，会直接影响在退火过程中的 BPSG 薄膜致密化和孔洞填充效果。因此也需要综合考虑合适的回流温度。

BPSG 回流的流动性取决于薄膜的组分、工艺温度、时间以及环境气氛。BPSG 薄膜中不同的 B、P 含量会对玻璃的回流温度有很大影响并最终影响回流效果。BPSG 薄膜中 P 就像 PSG 中 P 的作用一样，可以吸收和固定 Na^+ 等可动离子沾污；B 的掺入则能降低回流温度，通常 BPSG 的回流温度要比 PSG 的低 150 ～ 300℃。一般 BPSG 膜中 B、P 含量约为 4%。当 P 的浓度达到 5% 以后，即使再增加 P 的浓度也不会降低 BPSG 回流所需温度，此外 P 含量过高也会像 PSG 那样导致薄膜吸水性能增加，并导致对铝的腐蚀。同样，B 的掺杂浓度太高也会影响 BPSG 薄膜的性能。当 B 的含量超过 5% 时，将会发生结晶，形成 B_2O_3 及 P_2O_5 的晶粒沉淀，BPSG 薄膜就会容易吸潮，并且变得不稳定，形成的酸根晶粒会导致 BPSG 玻璃产生凹陷结构，影响到 BPSG 的回流特性。

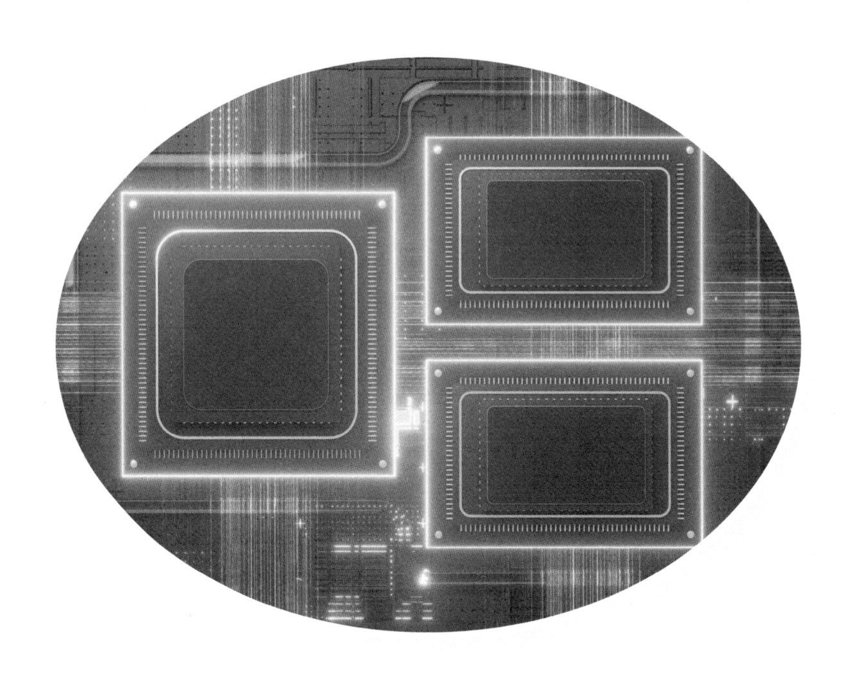

第15章 制备合金

合金（alloy）指的是一种金属与另一种或几种金属或非金属经过混合熔化，冷却凝固后得到的具有金属性质的固体产物。在集成电路工艺中，合金往往指的是难熔金属与硅发生化学反应形成的硅化物（silicide）。常用的硅化物有 $TiSi_2$、$CoSi_2$，早期也用到 WSi_2。

硅化物作为栅电极材料，其电阻率比单纯的多晶硅要低得多，这样有助于改进器件速度，降低热的生成，提升芯片的性能。在硅上加热金属形成期望的电接触界面，被称为欧姆接触，这个工艺过程被称为退火。退火的方式有炉式退火和 RTP 退火。此外，硅化物还可以作为电容器的电极。

硅化物的发展从早期只在多晶硅栅上制备多晶硅金属硅化物（polycide），发展到单晶硅源漏区和多晶硅栅区同步形成自对准金属硅化物（self-aligned silicide, salicide），再到后来开发出自对准硅化物阻挡层（self-aligned block, SAB）技术，本章依次对这三种技术进行讨论。

15.1 制备多晶硅金属硅化物（polycide）

当集成电路工艺的特征尺寸缩小到亚微米后，晶体管的源、漏、栅的尺寸也会同步缩小，它们的等效串联电阻则会变大，从而影响到芯片的速度。首先引起业界注意的是多晶硅栅的等效串联电阻，这是因为多晶硅栅的电阻率较高，器件栅极等效串联电阻会造成很大的 RC 延时，影响到器件的高频特性。

为了降低多晶硅栅的方块电阻，人们提出了金属硅化物技术。金属硅化物是金属和硅经过化学反应形成的一种金属化合物，其导电特性介于硅和金属之间。

最先应用于集成电路工艺的硅化物是多晶硅金属硅化物（polycide）。polycide 仅在多晶硅上形成硅化物，在源、漏有源区并不会形成硅化物。采用 polycide 和多晶硅的双层结构代替传统的多晶硅单层结构，可以降低栅极的方块电阻。

polycide 的常用材料是硅化钨（WSi_2）。WSi_2 薄膜可采用 LPCVD 工艺进行沉积。沉积的 WSi_2 由于电阻率还比较高，可以通过 RTP 退火，使整个栅极的电阻显著降低。首先，通过 LPCVD 工艺沉积多晶硅薄膜，然后再用 LPCVD 工艺在多晶硅上淀积 WSi_2 薄膜。后者反应源气体是 SiH_2Cl_2 和 WF_6，反应温度为 500℃左右，厚度为 1500Å 左右，反应方程式如下：

$$7SiH_2Cl_2+2WF_6 \longrightarrow 2WSi_2+3SiF_4+14HCl \tag{15.1}$$

沉积好两层薄膜后，通过光刻和干法刻蚀得到最终的栅极结构图案。刻蚀时分为两步：第一步是用 Cl_2 去除 WSi_2；第二步是用 Cl_2 和 HBr 去除多晶硅。

采用 WSi_2 作为多晶硅金属硅化物的原因是 WSi_2 的热稳定性很好，它的阻值并不会随着工艺温度而改变。虽然金属硅化物和硅之间会互相扩散，但这种扩散可以促使 WSi_2 和多晶硅更好地结合在一起，并不会影响到器件的性能。

15.2 制备自对准金属硅化物（salicide）

当集成电路工艺的特征尺寸进一步缩小到深亚微米以下时，晶体管源、漏有源区串联电阻不断增大，同时作为互连接触孔的尺寸也在不断缩小，其接触电阻也不断增加。为了降低有源区的串联电阻和接触电阻，有必要在有源区上也形成金属硅化物。产业界利用钛（Ti）、钴（Co）、镍铂合金（NiPt）等金属与直接接触的有源区单晶硅和栅区多晶硅发生反应生成金属硅化物，由于 Ti、Co 等金属并不会和与之接触的 SiO_2 等介质材料发生反应，这种硅化物能够自觉地与源漏区和栅区对准，因此称为自对准金属硅化物（salicide）。

自对准硅化物技术提供了一个减小接触电阻、增强附着、形成稳定接触结构的工艺。制备 salicide 的基本步骤是：首先利用 PVD 工艺在晶圆表面淀积一层金属（Ti、Co、NiPt 等），接着进行两次快速热退火（RTA）工艺及一次湿法腐蚀处理，就可以在有源区表面和多晶硅栅表面获得 salicide。使用 Ti、Co、NiPt 这些金属形成的自对准金属硅化物分别是 $TiSi_2$、$CoSi_2$、$NiPtSi_2$。

与 polycide 技术不同的是，salicide 技术会在多晶硅和有源区单晶硅表面同时形成硅化物，降低它们的方块电阻和接触电阻，在设计上可获得更小的串联电阻，从而降低 RC 延迟，提高芯片速度。下面分别对 Ti、Co、NiPt 这些金属介绍具体的 salicide 技术。

15.2.1 制备 Ti 硅化物

自对准硅化钛的制备流程如图 15.1 所示，首先用氩气溅射去除自然氧化层［图 15.1（a）］，然后溅射钛［图 15.1（b）］，在淀积 Ti 薄膜后，还可以再淀积一层 TiN 薄膜覆盖到 Ti 上，以防止 Ti 在 RTA 时到处流动。接着通过退火在源、漏以及多晶硅栅区域形成硅化钛［图 15.1（c）］，最后去除未反应掉的多余钛［图 15.1（d）］。

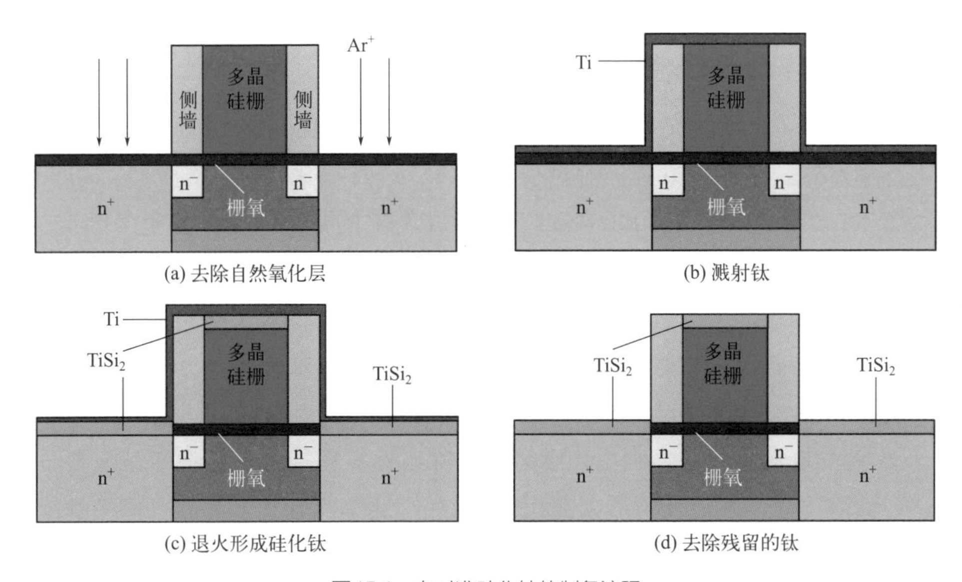

图15.1 自对准硅化钛的制备流程

一般 RTA 退火时需分两次进行。先低温 RTA 退火，去除钛后，再进行高温 RTA 退火，这样可以进一步降低电阻率。钛在高于 600℃退火时，形成的硅化钛（Ti_2Si）电阻率为 60 ～ 65μΩ · cm，而退火温度达到 800℃时，硅化物由高阻的 Ti_2Si 转变为低阻的 $TiSi_2$，其电阻率则降低到 10 ～ 15μΩ · cm。那为什么不直接使用一次高温 RTA 得到低阻的 $TiSi_2$ 呢？那是因为在高温下，硅会沿着 $TiSi_2$ 的晶粒边界扩散，导致在氧化硅上方也会出现 $TiSi_2$，而且湿法腐蚀无法去除氧化硅上的硅化物，这是不希望发生的现象，容易造成电路短路现象。

第二次高温 RTA 退火的温度不是越高越好，因为温度太高了会出现团块化现象。把高阻态转变为低阻态的临界温度记作 T_1，发生团块化的临界温度记作 T_2。当器件线宽减小或 Ti 硅化物厚度降低时，T_1 升高、T_2 下降，这样会出现

T_1=T_2，甚至 T_2<T_1 的情况，那将意味着第二次高温退火时，直接发生团块化，导致找不到降低金属硅化物电阻的工艺条件。

在形成硅化钛的过程中，硅是主要扩散物，即硅向钛中的扩散大于钛向硅中的扩散，由于边缘处可以参与反应的硅相对较少，边缘处的金属硅化物厚度就会较薄，所以边缘处的薄层电阻就较大。此外，硅扩散到钛中，还会引起在氧化物上面同样形成硅化物，发生桥接现象，造成短路风险。

上述三个问题，对于线宽为 0.18μm 以下的技术，显得非常严重，因此 Ti-salicide 只适用特征尺寸为 0.5 ～ 0.25μm 的场合。对于特征尺寸更低的集成电路，需要使用 Co 和 NiPt 的金属硅化物。

15.2.2 制备 Co 硅化物

由于金属 Co 可以有效避免上述问题，因此在 0.18μm ～ 65nm 工艺节点可以选择用 Co 替代 Ti。Co 硅化物对线宽控制要比 Ti 硅化物好。对于 Co-salicide，第一次 RTA 温度范围是 300 ～ 550℃，形成高阻的 Co_2Si；当温度大于 550℃时，Co_2Si 开始转化成 CoSi；然后在 700℃或更高的温度下形成低阻的金属硅化物 $CoSi_2$。在低温时 Co 是主要扩散物（即钴向硅中的扩散大于硅向钴中的扩散），Co 进入界面与硅反应，这样就避免了 Ti 那样的桥接现象。

制备 $CoSi_2$ 的过程与制备 $TiSi_2$ 相似，它的详细工艺流程如下所示。

① 清洗自然氧化层。利用化学溶液去除自然氧化层，只有将硅晶圆表面的氧化硅清除干净，才能使得后续淀积的 Co 和衬底单晶硅和多晶硅直接接触，更容易形成金属硅化物。

② 溅射一层 Co 膜和 TiN 膜。Co 膜厚度约为 100 Å, TiN 膜的厚度约为 250 Å。TiN 的作用是防止 Co 在后续退火阶段流动导致硅化物厚度不均匀。

③ 第一次 RTA。在 550℃和氮气环境中进行第一次 RTA，使钴和硅发生化学反应，生成高阻的 Co_2Si。

④ 去除未反应的 Co 和 TiN。把氮化钛和剩余的没有反应掉的钴利用湿法刻蚀去除。

⑤ 第二次 RTA。在 800℃左右的温度条件和氮气环境下进行第二次快速热退火，可把高阻态的 Co_2Si 转换成低阻态的 $CoSi_2$。

⑥ 淀积 SiON。利用 SiH_4、N_2O、He 在 400℃的温度下，采用 PECVD 工艺制备一层厚度约 300Å 的 SiON 薄膜。SiON 薄膜可以防止 BPSG 中的 B、P 向衬底扩散，以免影响器件的性能。

15.2.3 制备 NiPt 硅化物

杂质在自对准金属硅化物中的扩散速度很快，因此在多晶硅中的杂质容易进入 salicide 中并“流窜”至其他地方。而多晶硅本身由于杂质的流失而产生严重的空乏效应。对于 CMOS 器件，则会导致 n 型杂质和 p 型杂质的相互污染，造成 MOS 管阈值电压发生变化。

对于特征尺寸在 65nm 以下的半导体器件，其自对准硅化物往往采用镍的硅化物（Ni-salicide）。它也是经过两次退火工艺。首先在低温下形成 Ni_2Si，随着温度的升高会形成 NiSi。NiSi 具有热不稳定特性，当温度高于 400℃时形成稳定的硅化物 $NiSi_2$。

在上述工艺过程中，镍是主要扩散物，导致 Ni_2Si 深入到衬底中，形成短路和漏电问题，这种现象称为硅化镍侵蚀衬底。为了改善这个问题，往往在镍靶材中加入 5% ～ 10% 的铂（Pt），即利用 NiPt 的合金靶材代替纯 Ni 靶材，最终形成 NiPt 硅化物。

15.3 自对准硅化物阻挡层（SAB）技术

在制备高阻值和 ESD（electro-static discharge，静电释放）器件时，往往需要在部分区域形成高阻值。这个需求与前面提到的金属硅化物可以降低电路的电阻正好相反。为此，我们需要形成较高阻抗的非金属硅化物区域（non-salicide），用于得到高阻抗的有源区电阻、高阻抗的多晶硅电阻和高性能 ESD 器件。我们把这些没有形成金属硅化物的器件称为 non-salicide 器件。

为了制备 non-salicide 器件，需要利用金属只会与多晶硅和单晶硅反应而不与介质层反应的特点，在进行自对准金属硅化物工艺之前先淀积一层介质层覆盖在 non-salicide 区域，防止这些区域生成 salicide。这种为了形成 non-salicide 的技术被称为自对准硅化物阻挡层（self-aligned block, SAB）技术。

SAB 的材料包括富硅氧化物（silicon rich oxide, SRO）、SiO_2、SiON、Si_3N_4。其中 SRO 中硅的含量要比常规 SiO_2 中的大，其制备方法与常规 SiO_2 相似，都可以通过 PECVD 淀积。气源是 SiH_4、O_2 和 Ar，只是 SiH_4 和 O_2 的比率要大于制备常规 SiO_2 时的比率。也可以用 Si_2H_6、TEOS 代替 SiH_4，用 N_2O、O_3 取代 O_2。沉积 SiON 的气源是 SiH_4、N_2O 和 Ar。淀积 Si_3N_4 的气源是 SiH_4、NH_3 和 Ar。

为了制备 non-salicide 层，需要在传统 CMOS 工艺中增加一道 SAB 工艺。该工艺首先利用 PECVD 淀积 SAB 薄膜；然后进行 SAB 光刻；接着通过干法刻蚀和湿法刻蚀相结合的方式进行 SAB 刻蚀，这里引入湿法刻蚀是因为如果全部用干法刻蚀去掉介质层容易损伤下面的硅衬底，导致最终形成的 salicide 阻值偏高；最后去除残留胶得到 SAB 图案结构。

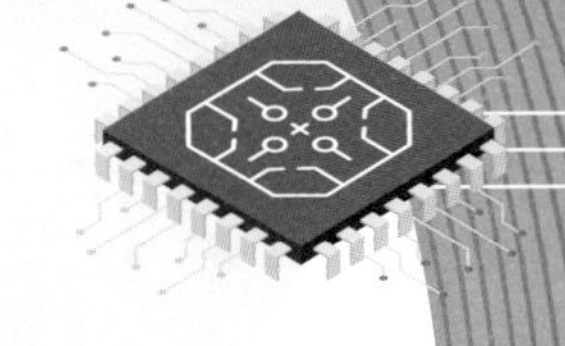

集成电路工艺中的“除法”

由于现在投影式光刻在光刻胶上获得的图案要比掩膜版上的图案尺寸缩小 3/4，也即除以 4，因此把光刻这一单元放在“除法”篇进行介绍。本篇首先讲解现在主流的光刻技术——深紫外光刻，然后讨论比较先进的极紫外光刻技术，接着论述下一代光刻技术中的纳米压印技术，最后简单介绍其他几种光刻技术：电子束光刻技术、离子束光刻技术、X 射线光刻技术、定向自组装技术。

第16章 深紫外（DUV）光刻

光刻（photolithography）是集成电路制备流程中最核心、最关键的一项工艺，光刻的分辨率直接决定了器件的特征尺寸，光刻机的成本非常高昂，光刻区是晶圆制备公司中唯一呈现“黄光区”的区域，这一切使得光刻在集成电路工艺的地位十分突出。本章将主要讲解现在主流的光刻工艺，即利用深紫外光进行光学光刻的工艺。本章在光刻基本概念讲解后，重点讨论光刻工艺流程，主要包括八个基本工艺步骤，即气相成底膜处理、旋涂光刻胶、软烘、对准曝光、曝光后烘焙、显影、坚膜烘焙、图案检查；接着介绍光刻设备；然后介绍硬掩膜技术、双重图案曝光与多重图案曝光技术；最后描述光刻工艺中各主要环节的质量检查以及光刻中的安全问题。

16.1 光刻概述

16.1.1 光刻原理

光刻就好比将图案从图纸转移到石头上。不过这里的图纸我们称为掩膜版（photomask/reticle），这里的石头就是硅片。这就好比我们用小刀去雕刻东西，往往用精细的小刀才能刻出细微的图形。在光刻领域，我们用紫外光去雕刻，可以在硅片上刻出纳米量级的图案。

光刻的思想来源于历史悠久的印刷技术，所不同的是印刷通过墨水在纸上产生光反射率的变化来记录信息，而光刻则采用紫外光与光刻胶的光化学反应来实现复制信息。印刷技术最早起源于我国，后经宋朝毕昇的改良，将固定的雕版印刷改造成活字印刷。现代意义上的光刻起始于 1798 年塞内费德勒（Senefedler）

在德国慕尼黑的发明。塞内费德勒是一位才华横溢的演员和剧作家，希望通过出售他的剧本赚钱，但是印刷成本太高，他无法负担出版这些剧本的费用，而出版商又不愿意与他合作，所以他决定自己出版剧本。起初，他想从铜、钢和锌板中复制文字，但这种方法似乎太昂贵了。后来有一天，他的母亲要他记下洗涤清单，由于他没有任何笔和纸，就将清单记在石头上。他最终想到了蚀刻石基的方法来减轻出版剧本的负担。他在房子周围发现的石头上使用硝酸进行蚀刻，这就是平面印刷的开始。这种在石头上进行刻蚀画图的技术就被称为石印术（lithography）。

光刻的本质是把掩膜版上的电路结构图形复制到硅片表面的光刻胶（photoresist, PR）上。在光刻机中，紫外光透过掩膜版上的部分区域，使得部分光刻胶在化学溶液中的溶解特性发生变化，从而在显影阶段去除部分光刻胶，达到把图形转移到硅片表面光刻胶上的目的。其原理如图 16.1 所示。掩膜版上衬底是石英，它可以允许紫外光透过；黑色区域代表金属铬，它将阻挡紫外光通过。光刻胶分为正胶和负胶。正胶被紫外光照射后经历了一种光化学反应，在显影液中软化并可溶解在其中；而负胶则相反，被紫外光照射后因交联、硬化，在显影液里会变得难以溶解。如果采用正胶，得到的胶图案会和掩膜版上的图案保持一致，称为正性光刻，如图 16.1（a）所示；如果采用负胶，得到的胶图案和掩膜版上的图案则相反，称为负性光刻，如图 16.1（b）所示。不管正胶还是负胶，最后经过显影后都得到了光刻胶图案。

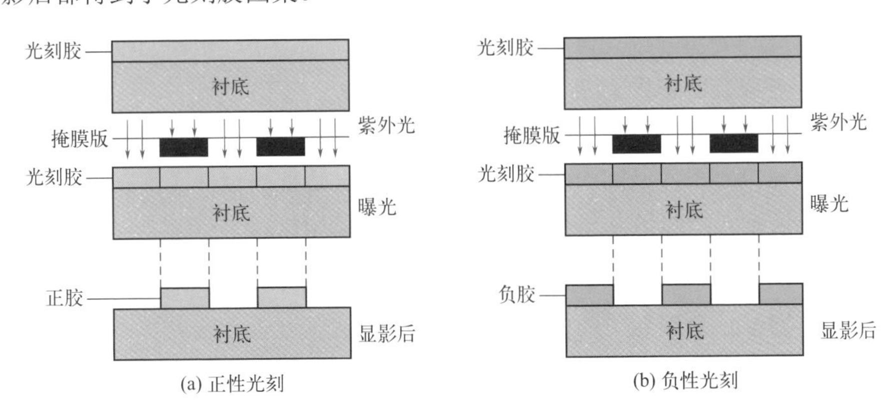

图16.1　光刻原理示意

一般，正胶的分辨率要显著高于负胶的分辨率。这是因为负胶虽然有良好的黏附能力和阻挡作用、感光速度快的优点，但是在显影阶段容易变形和膨胀（图 16.2），所以只能达到 2μm 的分辨率。高端芯片一般都采用正胶。

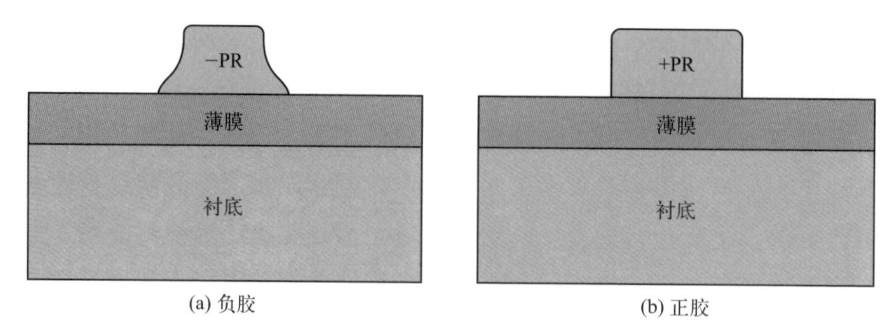

图16.2 正胶的分辨率高于负胶的分辨率

光刻技术类似于照片的洗印技术，光刻胶相当于相纸上的感光材料，掩膜版相当于相片底片。

16.1.2 光刻参数

光刻中经常用到的参数有关键尺寸、分辨率、套准精度、工艺宽容度等。

关键尺寸指的是半导体器件中所需达到的最小特征尺寸，也是最难控制的尺寸，通常用来描述工艺技术的节点，或称为某一代，如1.5μm、1μm、0.5μm、0.35μm、0.25μm、0.18μm、0.13μm、90nm、65nm、45nm、32nm、28nm、22nm、14nm、10nm、7nm、5nm、3nm等。减小器件的关键尺寸可以在单个硅晶圆上制备更多的芯片，从而可以摊薄成本，提高利润。

分辨率是将硅片上两个邻近的特征图形区分开来的能力。光刻中的一个重要的性能指标是每个图形的分辨率。在先进的半导体集成电路制造中，为获得较高的集成度，光刻分辨率很关键。分辨率对器件等比例缩小、电路密度增加、芯片性能改善起着重要的作用。

在制备集成电路时需要经过多次光刻，每次光刻时要求掩膜版上的图形必须和硅晶圆表面已经存在的图案准确对准，衡量这种特性的指标就是套准精度。

光刻工艺要求有较高的分辨率、较高的光刻胶灵敏度、精确的对准、精确的工艺参数控制、低缺陷密度。在光刻工艺中有许多是可变量，如设备设定、材料种类、机器对准、材料随时间的稳定性等。工艺宽容度表示光刻始终如一地处理符合特定要求产品的能力，目标是获得最大的工艺宽容度。

16.1.3 光刻成本

光刻的成本非常高昂，而且成本占整个集成电路制备总成本的比重随着晶圆直径的增加而增加。最初晶圆直径比较小时，光刻的成本约占总成本的1/4；当晶圆直径增大到200mm时，光刻成本占1/3；如今主流的300mm晶圆，其光刻成本已经占据总成本的半壁江山。如果将来采用450mm晶圆，预计光刻的成本占比会更大。光刻机是光刻工艺的核心设备，比较先进的深紫外（deep ultra-violet, DUV）光刻机，其售价高达每台2亿元。

16.2 光刻工艺流程

光刻的工艺流程主要分为八个基本步骤：气相成底膜处理、旋涂光刻胶、软烘、对准曝光、曝光后烘焙、显影、坚膜烘焙、图案检查。下面结合多晶硅栅光刻案例（图16.3给出了待光刻的多晶硅），对各工艺步骤做简要说明，并在后续各节中进行详细介绍。

（1）气相成底膜处理

如图16.4所示，对沉积好的多晶硅晶圆表面依次进行清洗、脱水、气相成底膜处理。硅片清洗包括湿法清洗和去离子水冲洗，以去除沾污物。脱水干烘在一个封闭腔内完成，以除去吸附在硅片表面的大部分水汽。之后立即用六甲基二硅胺烷（hexa-methyl-disilazane, HMDS）进行底膜处理，起到增强硅片和光刻胶之间黏附性的作用。

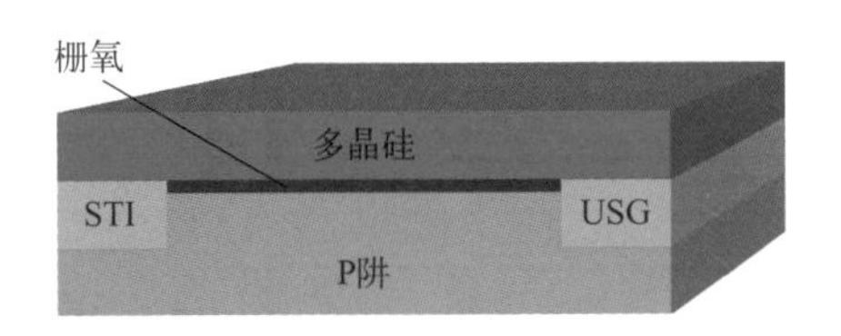

图16.3　待光刻的多晶硅

图16.4　光刻工艺第一步——气相成底膜处理

（2）旋涂光刻胶

利用离心力的作用，通过旋转的方法在硅片上涂敷光刻胶。硅片是通过真空产生的吸力被固定在一个真空载片台上，一定数量的液体光刻胶滴在硅片上，然后将硅片高速旋转，得到一层均匀的光刻胶涂层，如图16.5所示。

（3）软烘

软烘又称前烘，它可以去除光刻胶中的溶剂，图16.6与图16.5相比光刻胶部分变薄了，意味着溶剂的挥发。此外软烘还可以提高光刻胶与衬底的黏附性，提升光刻胶的均匀性，便于在后续刻蚀中得到更好的线宽控制。典型的软烘条件是在热板上90～100℃加热30秒。

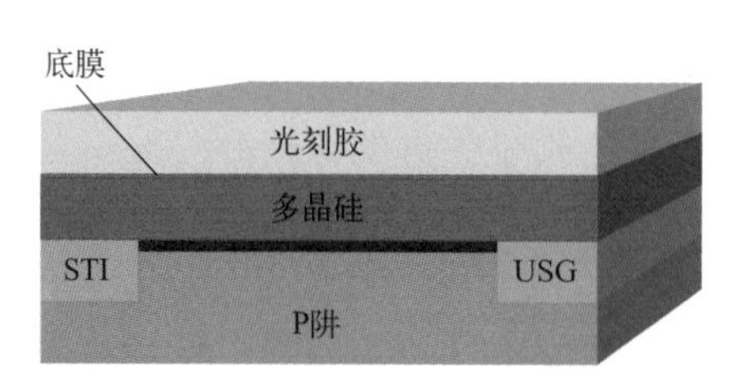

图16.5 光刻工艺第二步——旋涂光刻胶

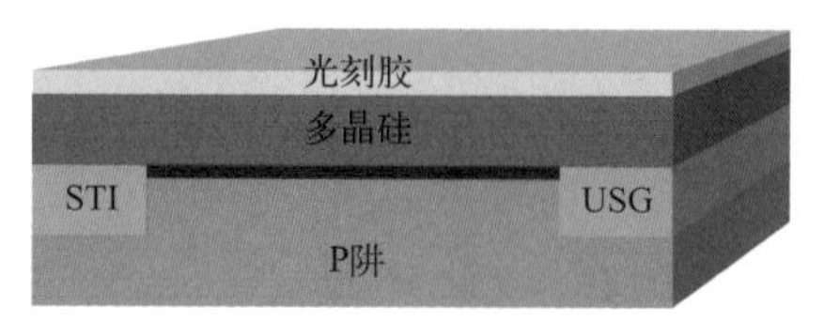

图16.6 光刻工艺第三步——软烘

（4）对准曝光

如图 16.7 所示，首先将掩膜版与涂胶后硅片上的正确位置进行对准，然后采用紫外光透过掩膜版上的透明区域对硅片上的光刻胶进行曝光，从而为把掩膜版图形转移到光刻胶上创造条件。对准和曝光的重要质量指标有分辨率、套准精度、颗粒和缺陷等。

（5）曝光后烘焙

对于深紫外（DUV）光刻，这一步是必需的，它可以让光刻胶侧壁变得更加平滑，从而提高分辨率，如图 16.8 所示。典型的工艺条件是在 110 ～ 130℃的热板上加热 1 分钟。

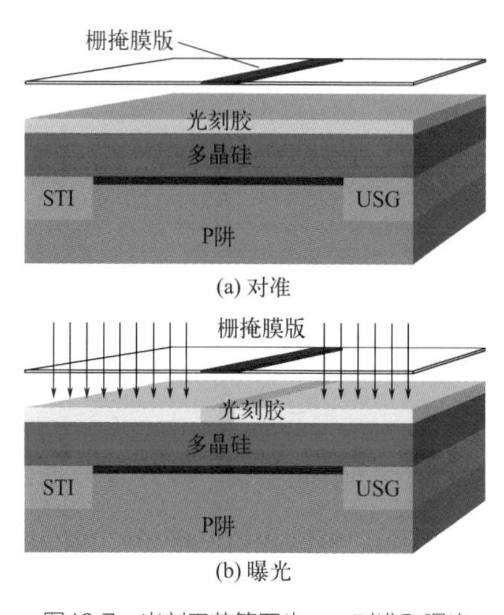

图16.7 光刻工艺第四步——对准和曝光

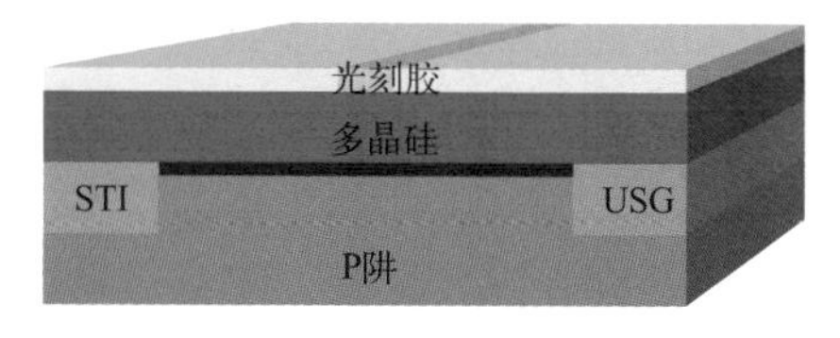

图16.8 光刻工艺第五步——曝光后烘焙

（6）显影

光刻胶上的可溶解区域被化学显影液溶解掉，如图 16.9 所示，由于是做栅结构，其特征尺寸较小，往往采用正胶，显影后只留下了掩膜版上铬下方对应的胶体，即未被紫外光辐照的区域。

（7）坚膜烘焙

显影后的热烘为坚膜烘焙，简称坚膜，又称硬烘。这一步要求挥发掉残留的光刻胶溶剂，进一步提高光刻胶对硅片表面的黏附性，如图 16.10 所示。坚膜烘焙对后续的刻蚀或离子注入工艺非常重要。坚膜烘焙温度为 100 ～ 130℃，时间为 1 ～ 2 分钟。

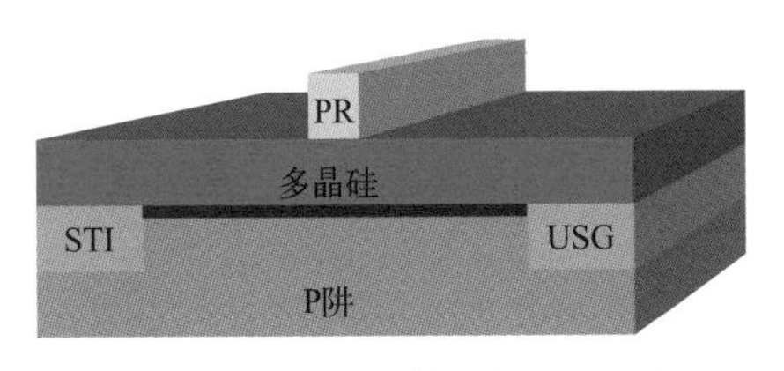

图16.9　光刻工艺第六步——显影

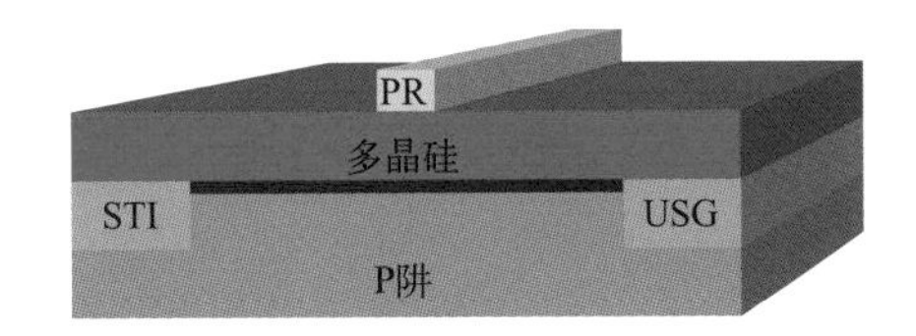

图16.10　光刻工艺第七步——坚膜烘焙

（8）图案检查

图案检查的目的是通过显影后检查光刻胶图形的质量，来找出光刻胶有质量问题的硅片。显影后检查如发现错误可以通过去除所有光刻胶后重新返工，否则硅片一旦被错误刻蚀，就成了废品。图案检查如果没有问题，就可以进行后续的多晶硅刻蚀工艺（图 16.11），最后去除起掩蔽作用的光刻胶（图 16.12），就得到了多晶硅栅结构。

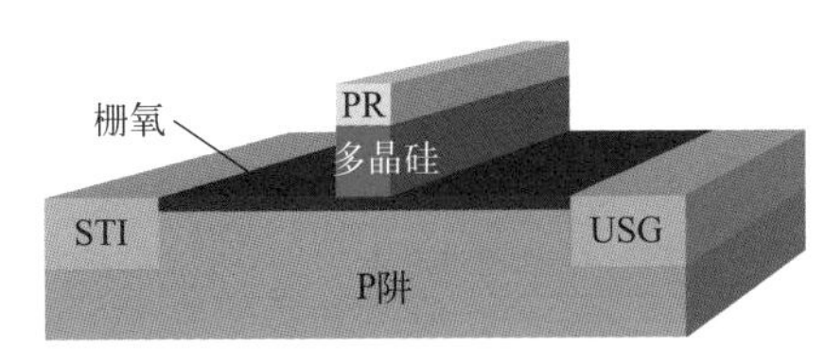

图16.11　光刻工艺第八步——图案检查完成后进行刻蚀工艺

图16.12　去除残留光刻胶得到多晶硅栅结构

上述八个工艺步骤可以用图 16.13 来表示它们的先后顺序。硅晶圆先清洗后进入光刻工艺流程。光刻后进行图案检查，图案检查如果不合格则剥离全部光刻胶，重新清洗和光刻，如果合格则进入下一步工艺：刻蚀或离子注入。

现代光刻工艺一般在轨道步进系统中进行，它集成了上述八项基本工艺，轨道机器人位于中间位置，可以把硅晶圆移动到不同位置进行相应的工艺步骤。这样既可以提高产量，又可以改进工艺的良率。图 16.14 ～图 16.22 给出了硅片在不同步骤的运动轨迹，图中用红色表示加热。图 16.14 表示硅晶圆进行清洗后准备进入轨道系统，图 16.15 表示气相成底膜，图 16.16 表示旋转涂胶，图 16.17 表示软烘，图 16.18 表示在步进式光刻机中进行对准和曝光，图 16.19 表示曝光后烘焙，图 16.20 表示显影，图 16.21 表示坚膜烘焙，图 16.22 表示晶圆离开轨道系统准备接受检查。

光刻工艺也可以在堆叠式轨道系统中进行，这种系统把一些步骤所需的设备在空间上立起来。就像立式炉可以减少占地面积一样，在堆叠式轨道系统中进行光刻也可以减少净化间的占地面积，减少拥有成本。

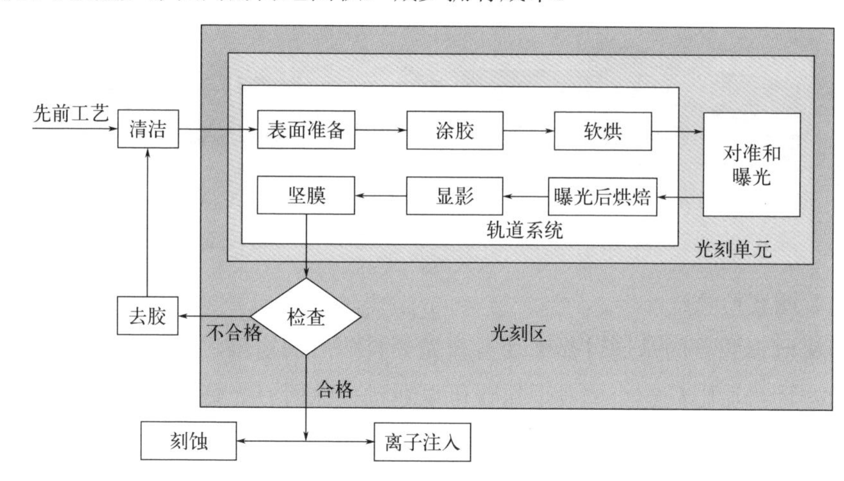

图16.13　光刻工艺流程

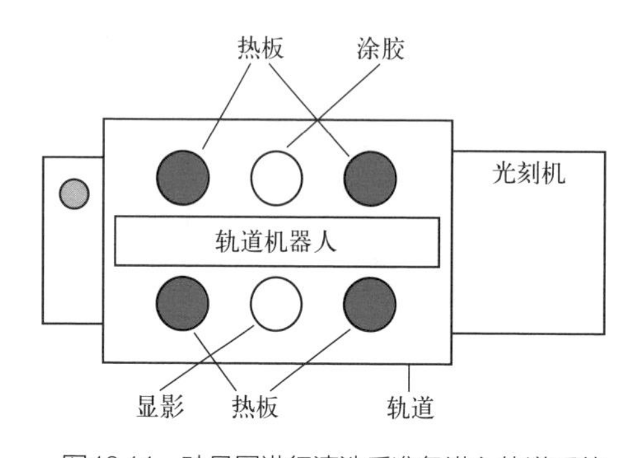

图16.14　硅晶圆进行清洗后准备进入轨道系统

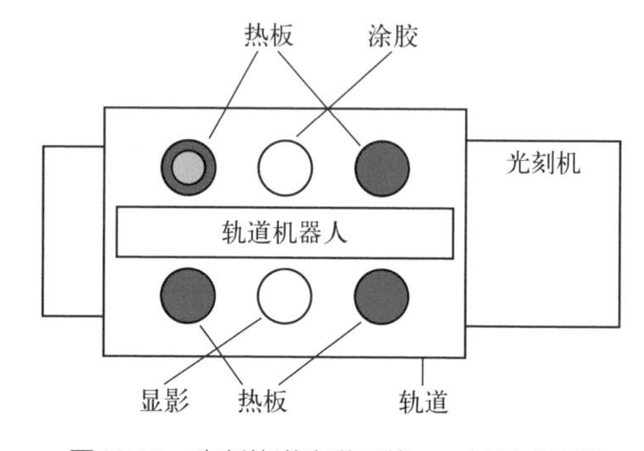

图16.15　光刻轨道步进系统——气相成底膜

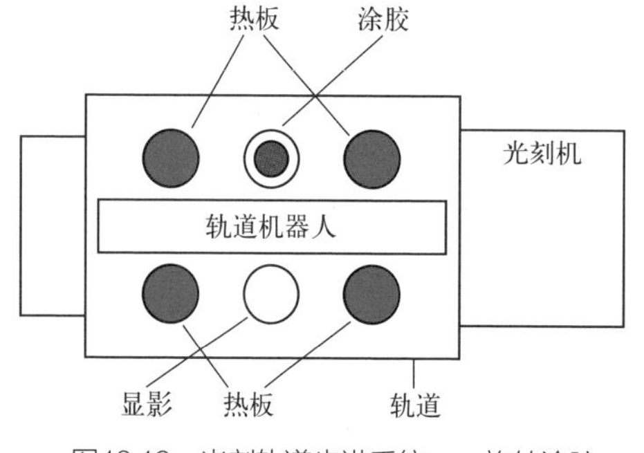

图16.16　光刻轨道步进系统——旋转涂胶

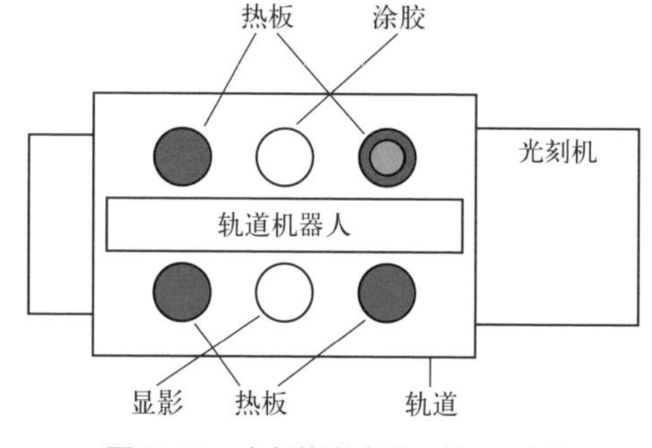

图16.17　光刻轨道步进系统——软烘

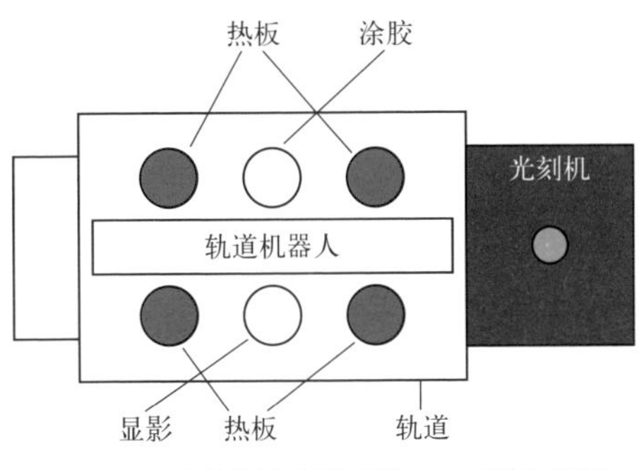

图16.18　光刻轨道步进系统——对准和曝光

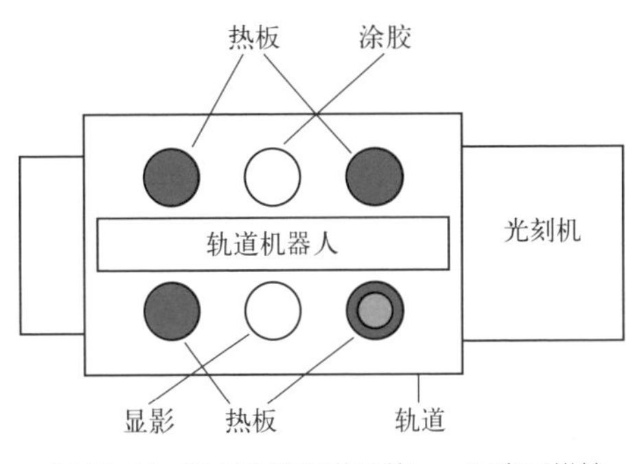

图16.19　光刻轨道步进系统——曝光后烘焙

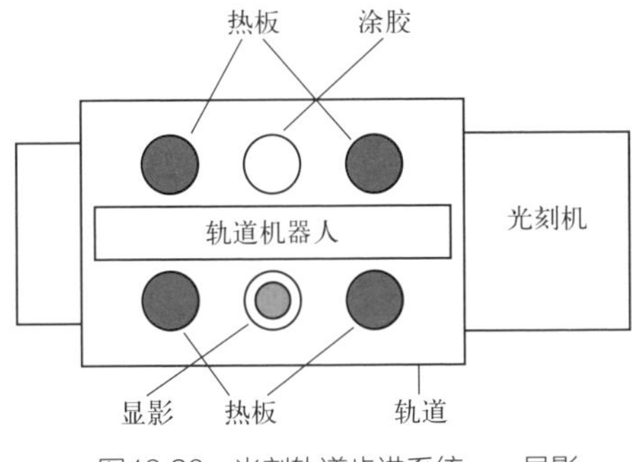

图16.20　光刻轨道步进系统——显影

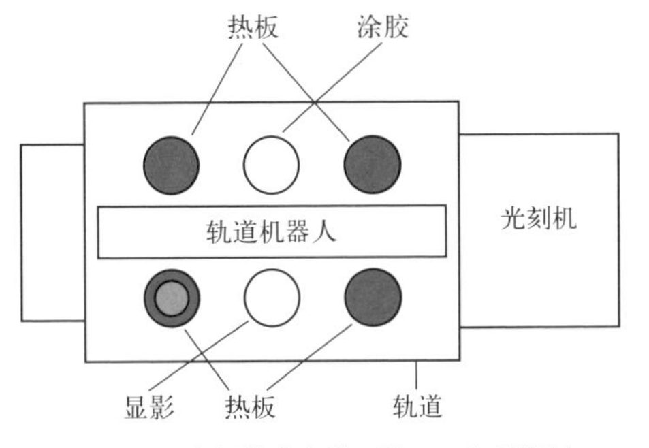

图16.21　光刻轨道步进系统——坚膜烘焙

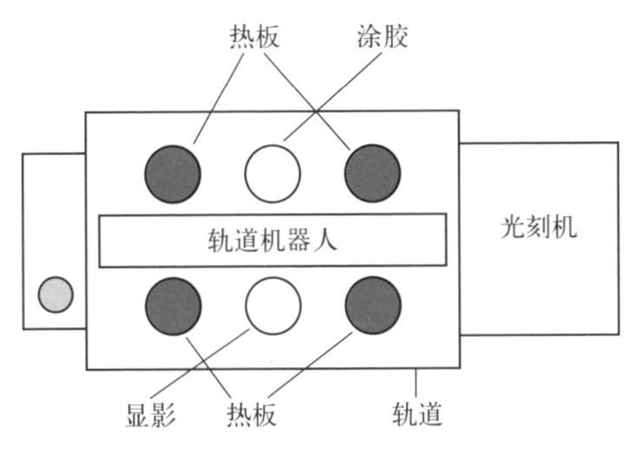

图16.22　晶圆离开轨道系统准备接受检查

16.3　气相成底膜处理

完整的光刻流程从气相成底膜处理开始。虽然这一步骤称为气相成底膜处理，但在气相成底膜处理之前还有两个预备动作，即：硅片清洗和脱水烘焙。

如果硅晶圆不清洗直接进行光刻，那么硅晶圆的表面沾污很容易导致光刻胶和晶圆之间的黏附特性变差，从而在后续的显影和刻蚀工艺中引起光刻胶的漂移问题。光刻胶漂移会导致底层薄膜不必要的钻蚀。此外，光刻胶中的颗粒沾污还会造成在光刻胶中产生针孔或者导致不平坦的光刻胶涂布。因此光刻前，必须进行彻底的硅片清洗，以去除任何表面沾污、颗粒、自然氧化层及其他缺陷。采用的方法一般先是化学试剂清洗，然后是去离子水清洗，最后是干燥环节。具体的清洗方法在前述硅片清洗章节中已有描述，这里不再赘述。

接下来进行脱水烘焙步骤，这一步的主要目的是去除硅片上的潮气，提升后续涂敷的光刻胶与衬底表面的黏附力。这一过程，需要加热硅晶圆到200℃左右，在传统的充满惰性气体的烘箱或真空烘箱中完成，脱水烘焙过程一般被集成到硅片传送系统中。

脱水烘焙后需要马上进行疏水化处理，以此来进一步加强硅片表面与后续涂敷的光刻胶（通常是疏水性的）之间的黏附性。疏水化处理常用的物质是六甲基二硅胺烷，其分子式是$C_6H_{19}NSi_2$，对应的英文是hexa-methyl-disilazane，简称HMDS。HMDS的作用是将晶圆表面的亲水性氢氧根（OH）通过化学反应置换成疏水性的$OSi(CH_3)_3$，以达到增强黏附性的效果。HMDS可用浸泡、喷雾和气相方法来涂，一般采用气相方式，这是因为这种方法减少了硅片被来自液体HMDS颗粒沾污的可能性，而且使用气相成底膜可以使得HMDS的消耗量减少。这种气体预处理方式与塑料、木材在涂油漆前使用底漆喷涂类似。气相成底膜的温度控制在200～250℃，时间约为30秒。

气相成底膜的装置一般直接连接到光刻胶处理的轨道机上。此外，气相成底膜后还需要经过冷却板对晶圆进行降温，以避免对旋涂光刻胶工艺的影响。

16.4 旋涂光刻胶

16.4.1 光刻胶的组成

光刻胶又称光致抗蚀剂，英文是photoresist，通常简写成resist或PR。光刻胶被誉为流动的黄金，光刻胶质量的好坏对光刻有着重要的影响，在集成电路工艺中必须选择合适的光刻胶。

光刻胶是由感光剂、溶剂和增感剂3种成分组成的对光敏感的混合液体。

感光剂是一种对光敏感的高分子化合物，当它受到适当波长的光照后，就能吸收一定波长的光能量，发生交联或分解反应，使得这种材料的溶解特性发生明显变化，从而在后续显影步骤中能够溶解掉部分光刻胶，得到所需的图形。

溶剂起的作用是将上述高分子化合物溶解成液体，只有这样才能方便地通过旋转涂敷的方式得到均匀且较薄的光刻胶涂层。

增感剂的作用是控制在曝光时的光化学反应，例如增加的染料可以降低光的反射，以取得更好的工艺结果。

按照显影后形成的图形与掩膜版图形的对应关系划分，光刻胶可以分为正胶与负胶。

正胶的光敏成分在光照作用下会分解成短链结构，从而在显影环节中被显影液去除，因此在紫外光照到的区域，会被显影液去除，最终留下的图形是曝光工序中紫外光没有照到的区域。

负胶与正胶的图形转移过程正好相反。光刻胶内部聚合物的短链分子在光照条件下发生聚合反应，形成难以被显影液去除的聚合体系，未被紫外光辐照的光刻胶则被去除，从而形成与掩膜版上相反的光刻胶图形。

正胶在分辨率、对比度、曝光缺陷率、去胶后的残胶等指标方面均要优于负胶。因此进入 DUV 时代以后，正胶成为了绝对的主流。对于波长≤ 248 nm 的 DUV，可以使用化学放大胶（chemically amplified resists, CARs），它对应的紫外光源是通过准分子激光器产生的，光强要低于高压汞灯产生的 I 线（365nm）对应的光强。化学放大胶是一种为了提高光刻胶对光子的敏感程度，基于化学放大原理而开发的光刻胶，它的主要成分有聚合物树脂、光致酸产生剂、添加剂和溶剂。对于 193nm ArF 的主流光刻工艺，采用的光刻胶内起主要作用的聚合物是基于聚酯环族丙烯酸酯及其共聚物，光敏感成分是光致产酸剂。

16.4.2 光刻胶的特性

光刻胶中感光成分对于不同波长的紫外光具有不同的吸收光谱，同时由于不同波长光所具有的能量不同，因此在光刻设备更新迭代时，光刻胶中的光活性成分以及相应的配方体系也会随之改变，以匹配对应的光源。每一种光刻胶都具有和光刻工艺相关的特性。衡量光刻胶常用的特性有：

① 分辨率：区别晶圆表面上两个或更多的邻近特征图形的能力。

② 对比度：光刻胶上从光照区到非光照区之间过渡的陡度。

③ 灵敏度：光刻胶中产生一个良好图形所需要的入射光最低能量值，其单位是 mJ/cm^2。提供给光刻胶的光能量值通常称为曝光量。

④ 黏度：用来衡量光刻胶流动特性的定量指标。黏度越大，光刻胶越不容易流动。黏度的单位是 P（poise，1P=10^{-1}Pa・s）。

⑤ 黏附性：描述光刻胶黏附在衬底上的能力，即黏着强度。

⑥ 抗蚀性：衡量在后续刻蚀工艺中能够抵抗刻蚀、保护下层材料的能力。

⑦ 表面张力：光刻胶中将表面分子拉向液体主体内的分子间吸引力。

⑧ 纯度：光刻胶材料的纯度非常重要，需要严格控制其内的颗粒和可动离子沾污等。

16.4.3 对光刻胶的要求

对光刻胶的基本要求有：

① 较高的分辨率。较薄的胶相对来说较容易获得较高的分辨率，但是胶体厚度不是越薄越好，因为如果光刻胶太薄了容易引入针孔，且会导致其在后续的刻蚀或离子注入时缺乏有效的抵挡力。一般来说，正胶的分辨率要优于负胶。

② 高灵敏度。光刻胶对特定波长的紫外光要具有较强的光敏性，即感光度要高。

③ 高阻挡能力。光刻胶经过曝光、显影后留下部分光刻胶，这部分光刻胶在刻蚀工艺时，能够对下面的衬底起到很好的保护作用，能够抵挡住刻蚀剂的进攻。在离子注入工艺时，要求这部分光刻胶能够阻挡住注入的离子，使其只能注入到光刻胶中，而不会注入到光刻胶下方的薄膜或基底。

④ 高黏附性。要求光刻胶能很好地与衬底黏附在一起，不容易脱离。

⑤ 较宽的工艺宽容度。要求光刻胶在工艺条件改变时仍能提供优良的特性。

16.4.4 光刻胶的涂敷

如图 16.23 所示，旋转涂胶时，硅晶圆通过真空产生的吸力被牢牢地固定在载片台上，然后将一定数量的光刻胶滴在硅晶圆中心位置，通过高速旋转，

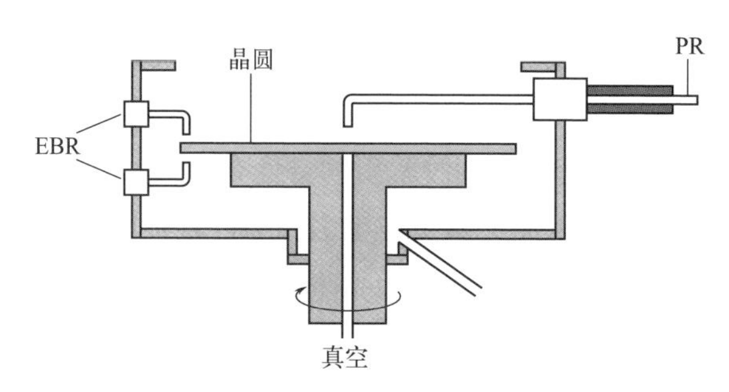

图16.23 光刻胶的涂敷

在离心力的作用下，光刻胶最终被均匀地涂敷在硅晶圆上。具体的步骤可以分为 4 步：

① 分滴。当硅晶圆静止或低速旋转时，光刻胶被滴在晶圆中心处。

② 旋转铺开。快速加快硅晶圆的旋转速度使得光刻胶铺展到整个晶圆表面。

③ 旋转甩掉。甩去多余的光刻胶，在硅晶圆表面留下均匀的光刻胶涂层。

④ 溶剂挥发。用固定转速继续旋转晶圆，直至大部分溶剂挥发，留下干燥的光刻胶涂层。

不同的光刻胶有不同的旋涂条件。主要包括旋转的转速和时间。转速单位用 r/min（rpm, resolution per minute）表示，即每分钟多少转，通常涂胶时低速在 500r/min 左右，高速可达 3000 ～ 7000r/min。

旋涂后光刻胶的厚度主要取决于自身的黏度和旋涂时的转速，而与滴在晶圆表面的光刻胶数量并无多大关系，这是因为绝大部分光刻胶在旋涂后都会被甩离硅片表面。在同样的转速下，黏度越小，得到的光刻胶越薄；在同样的黏度下，转速越高，得到的光刻胶越薄。事实上，选定光刻胶后，黏度即被确定，此时光刻胶的膜厚主要取决于转速。

在甩胶后，在硅晶圆的边缘及背部都会出现光刻胶，在夹持晶圆时这部分光刻胶往往容易脱落，导致颗粒沾污，因此必须去除，采用的方法是用光刻胶溶剂旋转溶解去除这部分光刻胶，如图 16.24 所示。之后，就可以准备软烘了。

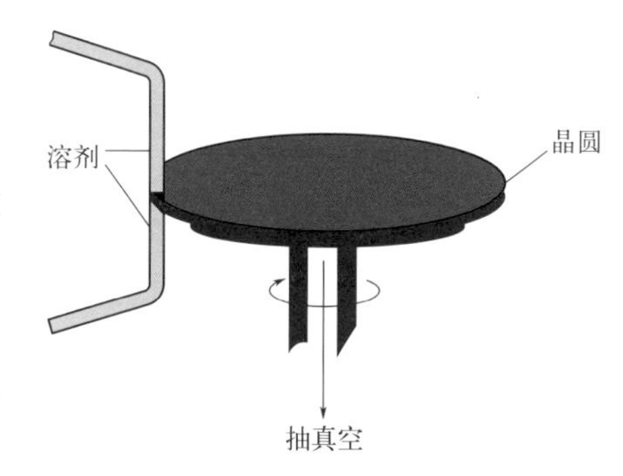

图16.24　硅片边缘去胶（edge bead removal, EBR）

16.5 软烘

在旋转涂胶前，光刻胶通常包含 65% ～ 85% 的溶剂，旋转涂胶后溶剂减少到 10% ～ 35%，具体数量取决于光刻胶薄膜的厚度及所用的溶剂种类。软烘后溶剂的含量进一步减少，为 4% ～ 7%，相应地，光刻胶的厚度也稍微降低。软烘的主要目的就是去除光刻胶中的溶剂。之所以称之为软烘是因为这一步烘烤后光刻胶仍然保持“软”的状态。

软烘的具体作用有：

① 去除光刻胶中的溶剂，提高光刻胶与衬底间的黏附性。溶剂虽然能帮助光刻胶在旋涂时获得比较薄且均匀的光刻胶涂层，但溶剂本身会在后续曝光时吸收辐射，从而影响与衬底的黏附性能，因此在甩胶后必须去除溶剂。

② 提升光刻胶的均匀性，以便在后续的刻蚀工艺中获得更好的线宽控制。

③ 缓和在旋转过程中光刻胶薄膜内产生的应力。

④ 防止光刻胶沾到设备上，保持干净。

⑤ 防止光刻胶散发的气体沾污光刻机中光学系统的透镜。

软烘的温度和时间是软烘的主要工艺参数，典型的软烘条件是在热板上90～110℃加热30秒到1分钟。如果软烘过头，会导致光刻胶里的聚合物发生聚合，导致对紫外光的灵敏度降低，不利于后续的曝光步骤，同时过高的温度会使光刻胶翘曲硬化，造成后续步骤中显影不彻底，图形的分辨率下降，抗蚀能力下降。如果软烘条件不充足，会影响光刻胶与衬底的黏附，同样不利于后续的曝光。在软烘不充分的情况下，过高的残留溶剂会影响显影过程，导致显影后光刻胶的形状受到影响。

软烘加热的方式有两种：

① 热板式。热板式软烘用传动的热板对涂胶的硅片进行加热，光刻胶由硅晶圆和光刻胶的接触面向外加热，受热均匀，加热时间短。这种方式容易被集成到自动轨道系统中，在这一系统中紧随加热步骤之后，通常会有一个冷却板对晶圆进行冷却处理，以免热硅片影响后续的曝光步骤。

② 烘箱式。烘箱式软烘是将涂胶后的硅片放入设定好温度的烘箱内，通过干燥循环热风或红外烘烤、微波烘烤使光刻胶溶剂挥发。该方式的优点是产能大，可以一次处理数十片甚至上百片，缺点是均匀性较差，因此在对线宽有较高要求的场合不采用这种方式。

16.6 对准曝光

16.6.1 光刻光源

在光学光刻中，需要一个光源来把掩膜版上的版图投影到光刻胶上并引起光化学反应。光的本质是电磁波，曾经和正在使用的光刻机光源的光谱图如图16.25所示。光学曝光对光谱的要求是其能量能满足激活光刻胶并将图形从掩膜版中转移，常用的是紫外光（ultra-violet, UV）、深紫外（deep ultra-violet, DUV）光、极紫外（extreme ultra-violet, EUV）光，它们只占电磁波中很小的一部分。

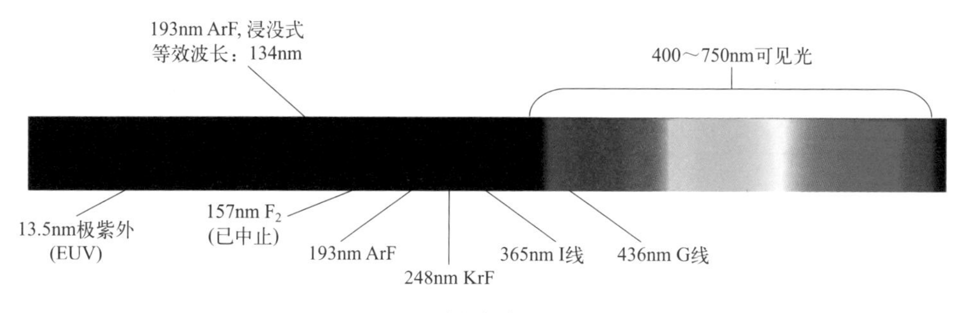

图16.25 光刻机光源的光谱图

那么曝光系统中是如何选择特定波长的光的呢？主要是借助于光学滤光器。滤光器利用光的干涉原理阻止不需要的入射光，通过反射或干涉来获得一个特定波长的入射光。根据光学原理，任何形式的正弦波只要有相同的频率、固定的相位差、振动方向相同或接近就能相互干涉，两列波相位相同彼此相加的干涉称为相长干涉，两列波相位不同彼此相减的干涉称为相消干涉。滤光器通常由玻璃制成，在玻璃上面有一层或多层薄涂层，涂层的类型和厚度决定了哪种波长的光会相消干涉而被阻止进入曝光系统。

早期主要使用的是紫外光，其光源一般是由高压汞灯产生。电流通过装有氙汞气体的管子产生电弧放电。这个电弧发射出一个特征光谱，包括 240 ～ 500nm 有用的紫外辐射。其中有几个典型的强峰，436nm-G 线、405nm-H 线、365nm-I 线以及 248nm- 深紫外。

深紫外光的波长在 300nm 以下，其光源主要是由准分子激光器产生。准分子激光被用于光学光刻是在 20 世纪 80 年代以后，但直到 20 世纪 90 年代中期才得以广泛推广和使用。它的优点是能量分布集中在深紫外，在 248nm 处可以获得比汞灯更高的辐射强度。准分子是不稳定分子，它由惰性气体原子和卤族元素构成，例如氟化氩（ArF）、氟化氪（KrF）。通常用于深紫外光刻胶曝光的准分子激光器是波长为 248nm 的氟化氪（KrF）激光器及现在主流的 193nm 波长的氟化氩（ArF）激光器。比 193nm 更先进的是采用波长为 13.5nm 的极紫外光进行 EUV 光刻，这部分内容将在下一章介绍。

一些重要的紫外光波长及发射源如表 16.1 所示。

表16.1 光刻中使用的紫外光波长及发射源

UV 波长 /nm	波长名	UV 发射源
436	G 线	汞灯
405	H 线	汞灯
365	I 线	汞灯
248	DUV	汞灯或氟化氪（KrF）准分子激光
193	DUV	氟化氩（ArF）准分子激光

16.6.2 曝光关键参数

（1）曝光强度与曝光剂量

曝光强度被定义为单位面积的光功率，单位为毫瓦每平方厘米（mW/cm^2），简称光强。光强可以由相应波长的光照度计测量得到，光强在光刻胶的表面进行测量。

把曝光强度乘以曝光时间就是单位面积获得的能量，称为曝光剂量，单位为毫焦每平方厘米（mJ/cm^2），它表示光刻胶表面获得的曝光能量。指定的光刻胶都有对应的曝光剂量，一般来说，典型的光刻胶需要的曝光剂量为$100mJ/cm^2$。

（2）数值孔径

光在传播路径中，遇到一个小孔或缝隙时，产生偏离直线传播的现象称为光的衍射。光刻和光的衍射密切相关，因为掩膜版上有细小图形并且间距很窄，紫外光透过它们时就会发生光的衍射现象，衍射图样夺走了曝光能量，并使光发散，导致光刻胶上不应曝光的区域被曝光。

衍射会影响到最终的分辨率。解决的方案就是在曝光系统中安排透镜，透镜能够俘获一些衍射光，如图 16.26（a）所示。把透镜收集衍射光的能力称为透镜的数值孔径（numerical aperture, NA）。对于给定的透镜系统，NA 测量透镜能够接收多少衍射光，并且把衍射光会聚到一点成像。*NA* 越大越能把更多的衍射光会聚到一点，图 16.26（b）给出了理想光强的分布。此外，波长越短，衍射效应越小。

透镜传统上由玻璃制成。对于波长 248nm 的深紫外光，合适的透镜材料是熔融石英，它在深紫外波长范围有较少的光吸收。对于波长 193nm 的深紫外光，合适的透镜材料是氟化钙（CaF_2）。

（3）分辨率

分辨率这一物理量被用来表征清晰分辨出硅片上间隔很近的特征图形对的能力，它往往表示能够重复制备的最小特征尺寸。分辨率和很多因素有关，如曝

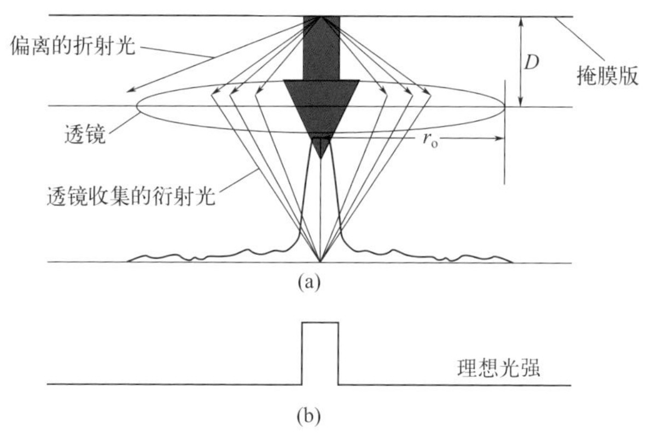

图16.26　透镜俘获衍射光

光系统、光刻胶及其厚度、显影步骤等。由于正胶分子结构比较小，更容易获得高分辨率。往往越薄的光刻胶可以获得越高的分辨率。在曝光系统中，分辨率主要取决于曝光波长和透镜系统的数值孔径，可以用下面的公式来表示分辨率。

$$R=k_1\lambda/NA \tag{16.1}$$

式中，R 表示分辨率；k_1 表示工艺因子，典型范围为0.6～0.8；λ 为曝光波长；NA 为数值孔径。

光刻工艺的不断进步，甚至整个集成电路工艺的不断迭代，正是依赖于曝光分辨率的不断提升。那么如何提高分辨率呢？我们可以很容易从公式（16.1）中找到答案。

① 增大数值孔径 NA。采用大直径的透镜可以增大 NA，但成本会因此急剧上升而变得不切实际，此外焦深会随着 NA 的增大而减小，从而导致加工困难。后面 16.6.5 小节阐述的浸没式光刻可以增大 NA。

② 降低紫外光波长 λ。需要开发光源系统以及与之匹配的光刻胶及设备。实际上，光刻中所采用的紫外光的波长一直在持续缩小，现在 DUV 光刻采用的是 193nm 的紫外光。

③ 降低工艺因子 k_1。通过一些工艺技术上的改进来降低工艺因子，如后续会讲到的相移掩膜技术等。

（4）焦深

焦点是曝光时出现最佳图像的点，如图 16.27 所示，在焦点上面和下面存在一个范围，在这个范围内依然能够保持较好的分辨率并能够得到清晰图像，这个范围就被称为焦深（depth of focus, DOF）。

焦深可以用如下公式表示。

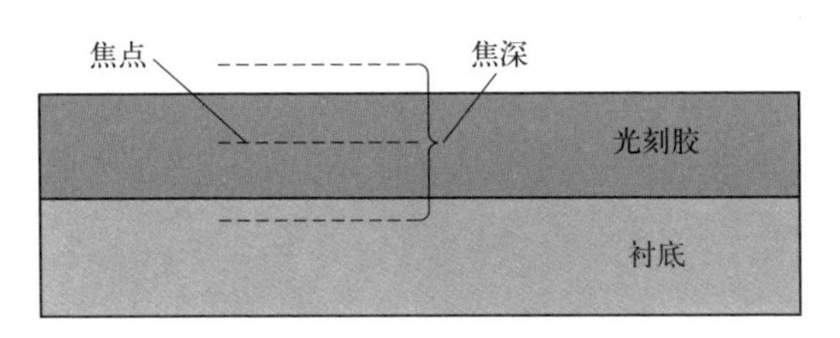

图16.27　焦点与焦深

$$DOF=k_2\lambda/2(NA)^2 \quad (16.2)$$

式中，k_2 是工艺因子；λ 是曝光波长；NA 是数值孔径。

值得注意的是焦点并不一定在光刻胶的中心，但要求焦深必须能够覆盖整个光刻胶涂层。

16.6.3　相移掩膜技术

相移掩膜技术（phase-shift mask, PSM）是一种用来克服光通过掩膜版上小孔时因发生衍射导致不受控曝光而产生的技术。如图 16.28 所示，其中图（a），光透过掩膜版上的小孔发生了光的衍射现象，由于发生了相长干涉，中间铬图案下方对应的正性光刻胶也被曝光了，这个地方本来是不应该被曝光的，最后显影后，去除了不该去除的光刻胶。为了克服这个问题，工程师发明了相移掩膜技术，如图（b）所示，通过在常规掩膜版的下方局部区域增加一层相移涂层，涂层的厚

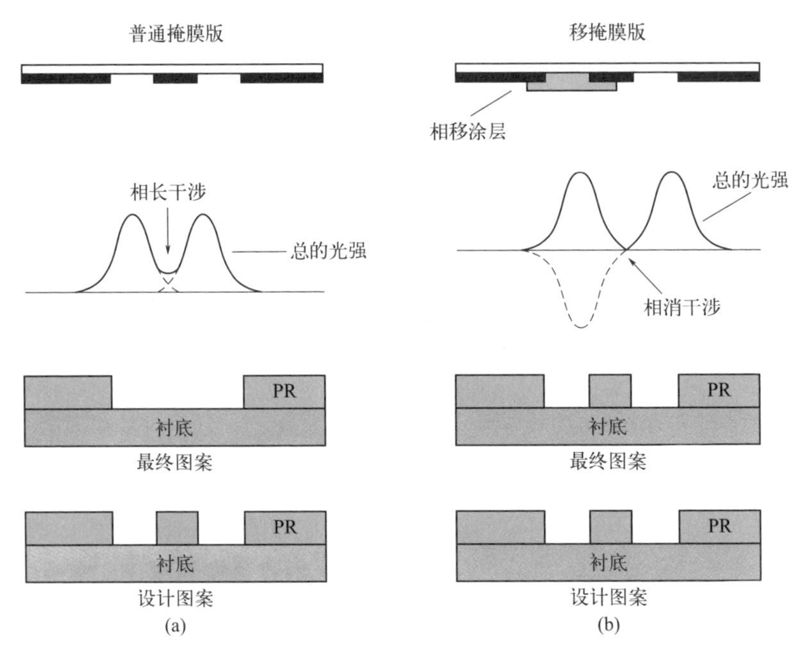

图16.28　相移掩膜技术

度设计要恰到好处，以使得入射光发生相消干涉，从而使中间铬图案下方的光刻胶接收到的光强几乎为零，也就是几乎不受影响，这样通过显影后就得到了所设计的光刻胶图案。

相移掩膜技术利用相消干涉减小了光的衍射，并改善了图像对比度，已经成为深亚微米及以下特征尺寸图形光刻的关键技术。

16.6.4 光学临近修正

由于投影掩膜版上距离很近结构间的光衍射和干涉引起光学临近效应，光刻胶上的图案往往会和掩膜版上的图案不完全一致，如图 16.29（a）所示。这些失真如果不加以纠正，则会导致光刻胶显影后的图案与设计图案不相符，从而可能会改变电路的电气性能。为了应对这一问题，人们引入可选择的图像尺寸偏差到掩膜版图案上，来补偿光学临近效应，称为光学临近修正（optical proximity correction, OPC）技术。

光学临近效应修正就是使用计算方法对掩膜版上的图案做修正，使得投影到光刻胶上的图案尽量符合设计要求，是一种光刻分辨率增强技术。通过调整掩膜版上透光区域图形的拓扑结构，或在掩膜版上添加细小的辅助图案，如图 16.29（b）中所示的锤头，使得在显影后光刻胶的图案接近掩膜版上的设计图案。

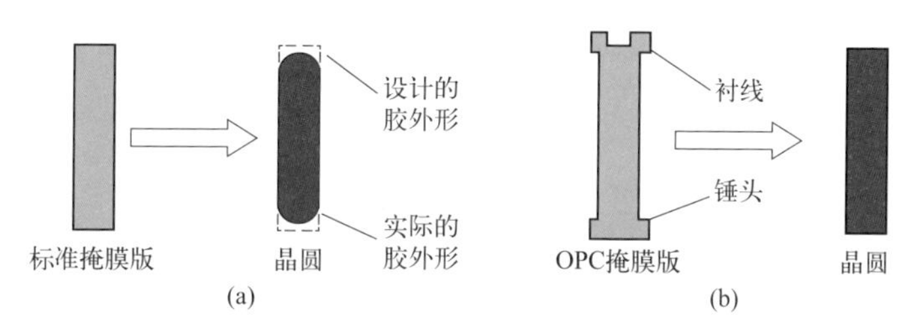

图16.29　光学临近修正技术

一般来说，当硅片上的线宽小于曝光波长时，必须对掩膜版上的图案进行 OPC 处理。例如，使用 248nm 波长光刻机的情况下，当图形线宽 <250nm 时，需要使用简单的修正；当线宽 <180nm 时，则需要进行非常复杂的 OPC 修正。使用 193nm 波长光刻机的情况下，当最小线宽 <130nm 时，就必须进行 OPC 图案修正。OPC 软件根据事先确定的规则对设计图案做光学临近效应修正。这种方法的关键是修正规则，它规定了如何对各种曝光图案进行修正。修正规则是从大量实验数据中归纳出来的，随着计算技术的发展，修正规则也可以通过计算的方法产生。修正规则都是在一定光照条件下产生的，如果光刻工艺发生了变化，这些修正规则必须跟着重新修订。

16.6.5 浸没式光刻技术

所谓浸没式光刻技术指的是将镜头浸没在液体中的曝光技术，这与传统的镜头和光刻胶之间是空气介质所不同，如图 16.30 所示。早在 19 世纪末，人们就发现如果在显微镜物镜和生物样品的盖玻片上滴一薄层油，可以显著提高显微镜的对比度和分辨率。

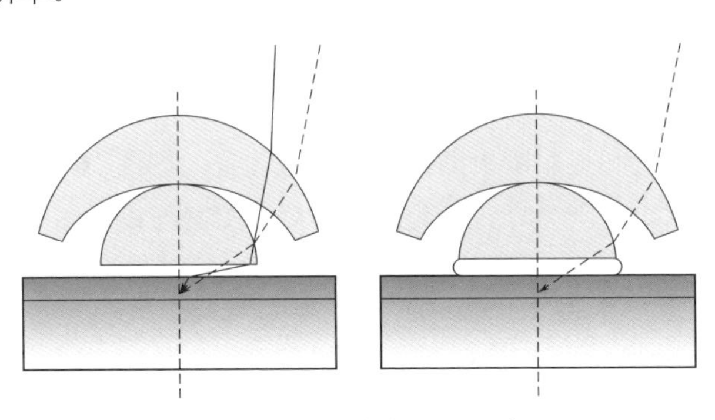

图16.30 浸没式光刻原理示意

浸没式光刻技术的出发点是提高曝光系统的数值孔径 *NA*。在空气中，最大数值孔径理论值仅为 1，实际上可以做到 0.93 左右。而将镜头浸没在液体中，可以将数值孔径做到 1.35 左右。典型的液体就是去离子水。水浸没式光刻系统比传统的干法光刻系统可以提高 44% 的分辨率。例如一台 193nm 波长的深紫外光刻机在 *NA* 为 0.93 时可以做到的最小技术节点是 55nm，而采用浸没式光刻技术，同样的曝光波长下，在 *NA* 为 1.35 时可以将最小技术节点突破到 32nm。

16.7 曝光后烘焙

曝光后的硅晶圆从曝光系统转移到轨道系统后，需要进行短暂的曝光后烘焙（post exposure bake, PEB），这一步也可简称为后烘。曝光后烘焙可以进一步减少光刻胶中残留的溶剂，从曝光前的 4% ～ 7% 减少到 2% ～ 5%。此外，PEB 还可以减少曝光过程中产生的驻波效应（standing wave effect）。那么什么是驻波效应呢？驻波效应是由入射光产生干涉引起的，入射光与从衬底反射回来的光在光刻胶中干涉，在光刻胶中周期性地形成过曝光和曝光不足区域，即产生不均匀的光强（图 16.31），从而导致光刻胶的侧面产生驻波，在显影后呈现波浪条纹结构剖面，如图 16.32（a）所示。

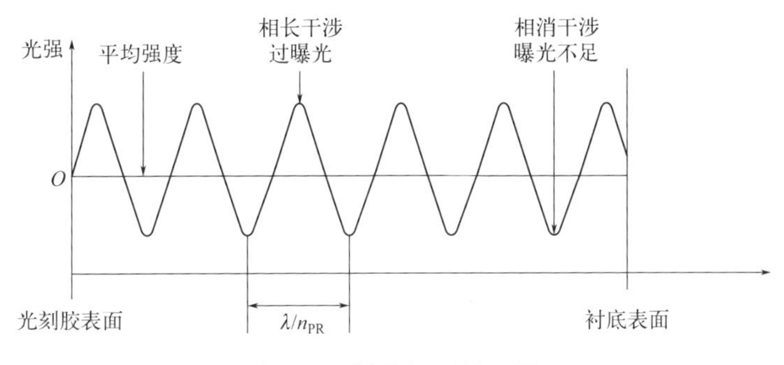

图16.31　过曝光和曝光不足

驻波效应严重影响了光刻的分辨率，因此必须消除。消除的方法就是采用曝光后烘焙。在烘焙时，要加热光刻胶到它的玻璃转化温度（glass transition temperature, T_g）以上，这样热能会驱使光刻胶流动，将原来过曝光和曝光不足区域平均化，从而形成平滑的光刻胶图案，如图 16.32（b）所示，这样经过 PEB 的处理就可以提高光刻的分辨率。

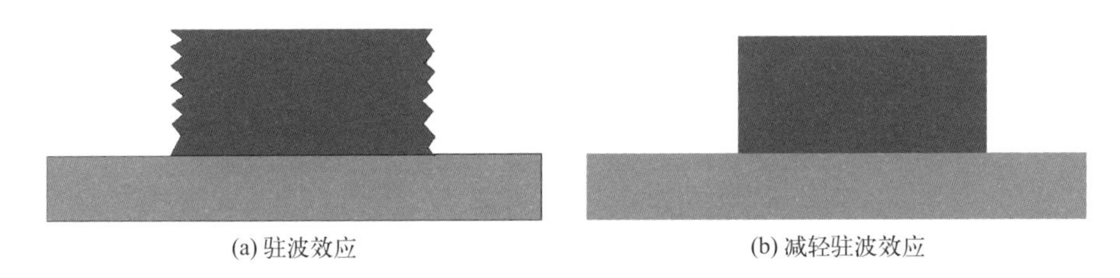

图16.32　驻波效应及曝光后烘焙减轻驻波效应

PEB 的温度及持续时间是影响 DUV 光刻胶质量的重要参数。在烘焙时，晶圆被放在自动轨道系统的一个热板上，处理的温度和时间需要根据光刻胶的类型确定。典型的 PEB 温度在 110 ～ 130℃，时间为 1 ～ 2 分钟。对于同一种类的光刻胶，通常要求 PEB 的温度高于软烘的温度。不充分的 PEB 会导致不能完全消除驻波效应带来的影响，过度的 PEB（加热温度过高或时间过长）又会导致光刻胶聚合化，影响后续的显影步骤。因此，这里再次提出了集成电路工艺中折中的思想，针对每一种光刻胶都需要优化 PEB 工艺的温度及时间。

经过 PEB 后，硅晶圆需要经过冷却板，以降低晶圆的温度，这样不至于热能影响到接下来的显影步骤，因为我们都知道，高温会加速化学反应的进行，容易导致过分的显影。

16.8 显影

用化学溶液将由曝光造成的光刻胶可溶解部分从晶圆表面去除的过程称为光刻胶显影，所用的化学溶液称为显影液。显影的主要目的是将掩膜版图形准确地复制到光刻胶上。显影之后还要用去离子水清洗以去除残留显影液，确保显影工艺停止，并进行干燥处理。显影是在曝光步骤之后进行的，显影之后就得到了光刻胶的图形，下一步可以以此光刻胶图形为保护层，进行选择性地刻蚀，其流程如图 16.33 所示。

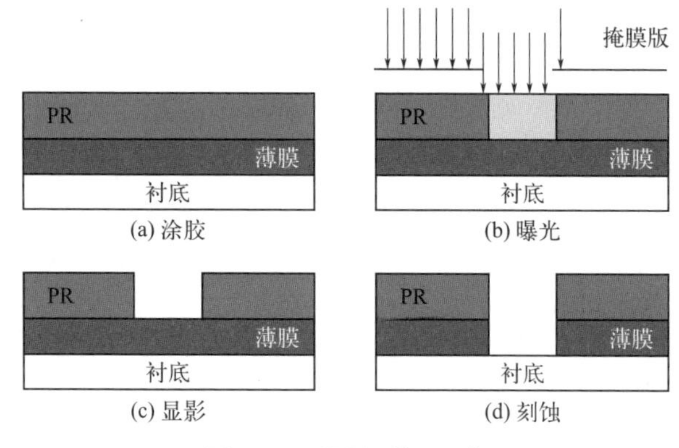

图16.33 显影及前后工艺

显影的相关工艺参数有显影温度、显影时间、显影速度、选择比等。显影液溶解光刻胶的速度称为溶解率或者显影速度。高的显影速度显然会提高生产效率，但也不是越高越好，太高的显影速度会影响光刻胶的特性。在显影时，要求显影液具有高的选择比。在正性光刻时，高的选择比意味着显影液与被曝光的光刻胶反应较快，而与未曝光的光刻胶反应则较慢；在负性光刻时，高的选择比意味着显影液能快速去除未被曝光区域的光刻胶，而去除被曝光区域的光刻胶则较慢。越是高密度的图形就越要求有高的选择比。

根据正胶与负胶的不同，显影液也有所不同。对于正胶，显影液通常是碱性溶液，早期采用的是 NaOH 或 KOH 水溶液，但这两种强碱性溶液容易产生可动离子沾污（MIC），这对于集成电路来说是严重的，甚至是致命的沾污，因此后来改用弱碱性的四甲基氢氧化铵（tetramethyl ammonium hydride, TMAH），这种溶液的金属离子浓度很低，避免了 MIC 的引入。对于负胶，显影过程中几乎不需要化学反应，仅仅是将未曝光部分的光刻胶使用溶剂进行清洗去除。未曝光的光刻胶由于内部没有发生交联，因此本身较软且容易通过显影液溶解掉。常用的负胶显影液往往是有机溶剂，如二甲苯。

显影的重点是产生的关键尺寸能与设计的图案保持一致，如图 16.34（a）所示。但实际生产中，如果不能正确地控制显影工艺，就会出现显影图案的缺陷，主要有 3 种缺陷类型，它们分别是不完全显影［图 16.34（b）］、显影不足［图 16.34（c）］、过显影［图 16.34（d）］。

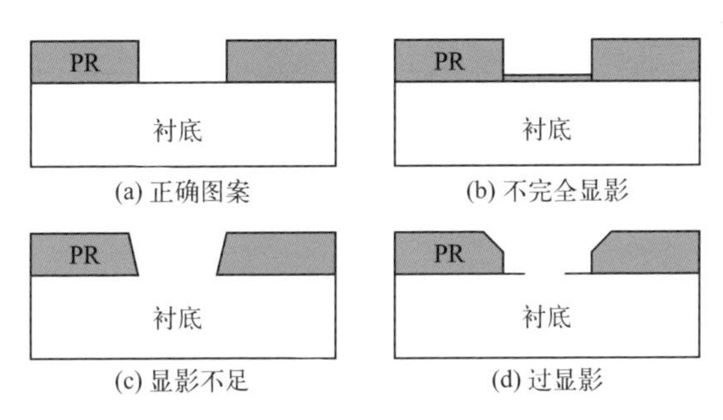

图16.34　显影后的光刻胶图案

16.9 坚膜烘焙

显影后的热烘焙称为坚膜烘焙。坚膜烘焙的目的是蒸发掉光刻胶中所有剩余的溶剂，使光刻胶变硬。

坚膜烘焙的作用有：

① 提高了光刻胶对硅衬底的黏附性；

② 增强了下一步工艺中抗刻蚀和抗离子注入的能力；

③ 去除了上一步骤中残留的显影液和去离子水；

④ 增加了光刻胶的稳定性；

⑤ 减少了针孔现象，如图 16.35 所示，通过热流动可以让光刻胶填充针孔。

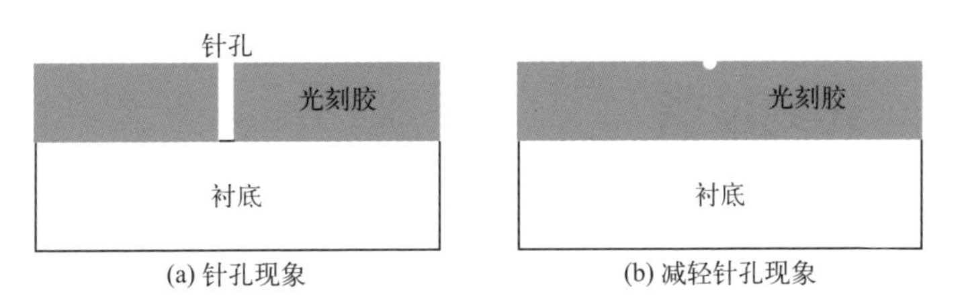

图16.35　针孔现象及坚膜烘焙减轻针孔现象

坚膜烘焙同样可以通过烘箱或热板进行。烘焙温度在 100 ～ 130℃，时间在 1 ～ 2 分钟。通常对于同一种类的光刻胶，坚膜烘焙的温度要高于软烘的温度。如果过分烘焙，将会导致光刻胶的过分流动，如图 16.36 所示，这样会影响到光刻工艺的分辨率。

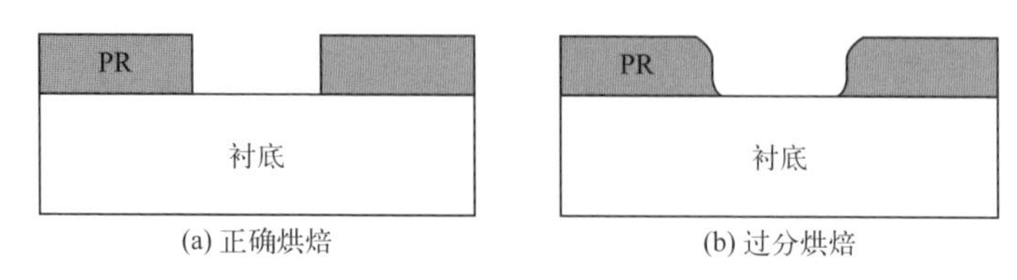

图16.36 正确烘焙及过分烘焙

16.10 图案检查

图案检查虽然是整个光刻工艺的最后一步，但它却起着举足轻重的作用。图案检查的目的是查找光刻胶图案的缺陷，在进行下一步刻蚀或离子注入工艺前进行这样的检查是十分有必要的，必须严格检查以鉴别出有缺陷的硅片。检查的手段有使用光学显微镜、扫描电子显微镜（SEM）等。

一旦发现光刻胶图案有问题，解决的方法十分简单，毕竟光刻胶的图案是临时性的，只需要将硅晶圆表面的光刻胶全部剥离，然后重新进行光刻工艺，这一个过程称为硅片返工。

但如果忽视这一步骤，后果却是十分严重的。如果直接进行刻蚀或离子注入，那么一旦光刻胶图案有问题，必然导致后续的刻蚀或离子注入工艺受到影响，不能形成准确的刻蚀图案或掺杂区域，从而影响微纳电子器件的电学性能。后续工艺形成的图案是永久性的，如果后续工艺完成后才发现问题，这时就不能再返工了，悔之晚矣。因为刻蚀掉的薄膜不可能复原，注入的离子也不可能收回，硅晶圆就会报废，前功尽弃。

16.11 光刻设备

一个完整的光刻机系统必须含有一个紫外光源、一个光学系统、光刻掩膜版、一个对准系统、一个覆盖光刻胶的硅晶圆。光刻机的目标是使硅片表面和掩膜版对准并聚集，通过对光刻胶曝光，把高分辨率的掩膜版图形复制转移到硅片表面的光刻胶上，并能在单位时间内对足够多的晶圆进行处理。

光刻设备的发展经历了五代，它们分别是接触式光刻机（contact aligner）、接近式光刻机（proximity aligner）、扫描投影光刻机（scanning projection aligner）、分步重复光刻机（step-and-repeat aligner）、步进扫描光刻机（step-and-scan system）。

16.11.1 接触式光刻机

接触式光刻机是小规模集成电路时代的主要光刻手段，用于线宽尺寸 5μm 及以上集成电路的生产。现在接触式光刻机已较少使用。

接触式光刻机的掩膜版上包含了需要复制到晶圆表面的所有图形，晶圆表面被涂上光刻胶，一旦掩膜版和硅晶圆对准，掩膜版就和晶圆表面的光刻胶直接接触，其光刻示意如图 16.37 所示。

由于接触式光刻机光刻时，掩膜版和硅片表面的光刻胶直接接触，这样颗粒沾污很容易互相影响，颗粒沾污会损坏光刻胶、掩膜版，因此每 5 ～ 25 次光刻操作就需要更换掩膜版。虽然掩膜版和光刻胶直接接触可以减少图形失真，但接触式光刻依赖于操作者，并且存在着严重的颗粒沾污问题，因此人们发展出了接近式光刻机。

16.11.2 接近式光刻机

接近式光刻机从接触式光刻机发展而来。可以用来制备线宽尺寸在 2 ～ 4μm 的集成电路，在 20 世纪 70 年代的中、小规模集成电路制备中得以普遍使用。如今，在一些大学实验室、生产量小的老生产线和分立元器件的生产线中也有使用。

接近式光刻时，掩膜版不与光刻胶直接接触，而是接近光刻胶，在掩膜版和光刻胶之间有 2.5 ～ 25μm 的间距，如图 16.38 所示。

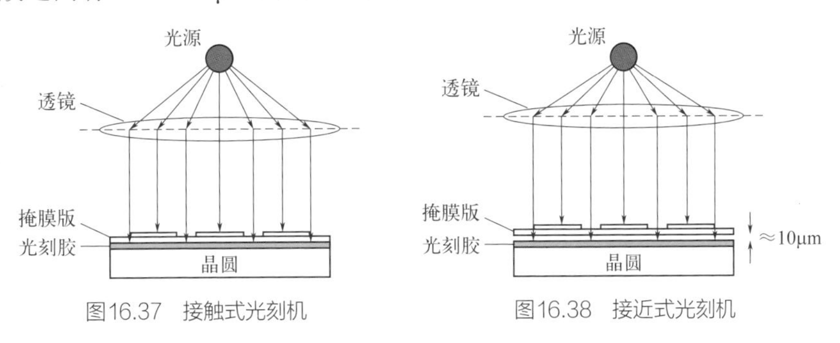

图16.37 接触式光刻机　　图16.38 接近式光刻机

接近式光刻可以缓解接触式光刻机的沾污问题，但当紫外光通过掩膜版透明区域和空气时就会发散，从而降低光刻系统的分辨率。

16.11.3 扫描投影光刻机

扫描投影光刻机试图解决光刻时的沾污、边缘衍射、分辨率限制等问题，它在 20 世纪 80 年代占据主导地位。目前这种光刻机仍然在一些较老的晶圆生产线中使用，可用于生产线宽大于 1μm 的非关键层。

基于反射镜系统，扫描投影光刻机把 1∶1 图像的整个掩膜图形投影到硅片表面的光刻胶上，如图 16.39 所示。在这种曝光系统中，掩膜版上的图案和硅片上欲制备的图案尺寸相同。

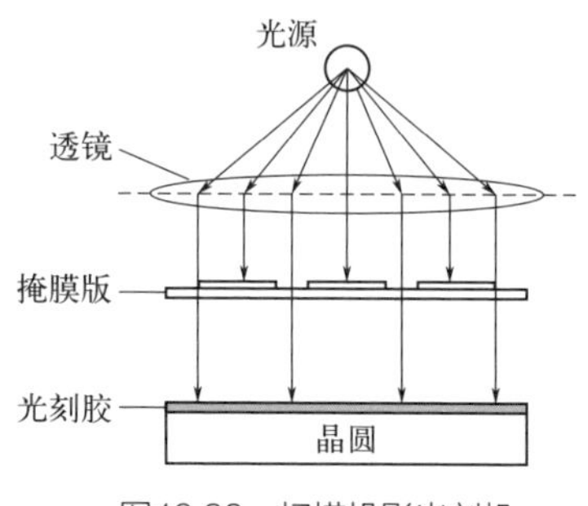

图16.39 扫描投影光刻机

扫描投影光刻技术面临的挑战是制备包括晶圆上所有芯片尺寸的 1 倍掩膜版，尤其是芯片特征尺寸进入亚微米以后，这种光刻技术变得困难起来。

16.11.4 分步重复光刻机

分步重复光刻机是 20 世纪 90 年代主流的制备集成电路光刻机，主要用于关键尺寸为 0.35 μm 和 0.25 μm 图案的制备。分步重复光刻机一次只投影一个小曝光场，而不像以前投影整个晶圆，然后再步进到硅片上另外一个位置重复曝光，其光刻示意如图 16.40 所示。这就像人走路一样一步一步地走，只不过光刻机是沿着硅晶圆“走”。

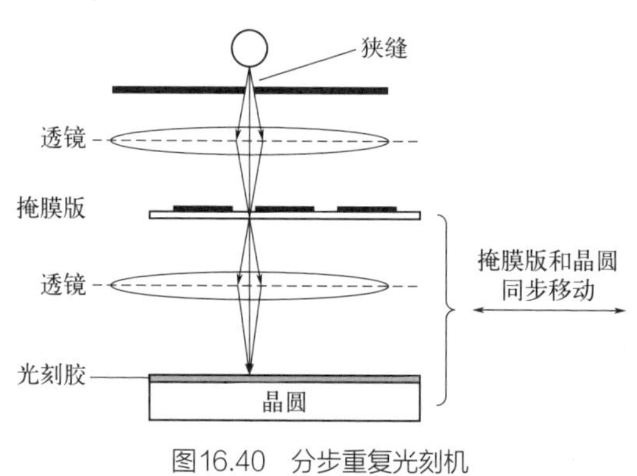

图16.40 分步重复光刻机

分步重复光刻机使用投影掩膜版（reticle），一个曝光场内对应一个或多个芯片的图案，其光学投影曝光系统使用折射光学系统把掩膜版上的图案投影到硅晶圆上。

普通掩膜版（mask）包含了整个晶圆上的图案并且通过单一曝光转印图案（1∶1 图案转印），普通掩膜版用于较老的接触式光刻机、接近式光刻机和扫描投影光刻机中。投影掩膜版（reticle）只包括晶圆上一部分图形（如 4 个芯片），这个图案必须通过分步重复来覆盖整个硅晶圆，投影掩膜版可用于分步重复光刻机和步进扫描光刻机。普通掩膜版和投影掩膜版的对比如表 16.2 所示。

表16.2　普通掩膜版和投影掩膜版的对比

比较项	普通掩膜版	投影掩膜版
曝光场	整个硅片	小曝光场，需要步进重复
曝光次数	单次曝光	多次曝光
关键尺寸	没有缩小的光学系统，很难形成亚微米尺寸图案	由于版图尺寸较大（4∶1，5∶1 等），容易形成亚微米尺寸图案
掩膜版技术	掩膜版与晶圆有相同的关键尺寸，难以复制	光学缩小允许较大的掩膜版尺寸，容易复印
缺陷密度	缺陷在硅片上不会多次重复	不允许有缺陷，因为缺陷会在每个曝光场重复
芯片对准和聚焦	整个硅片对准，没有单个芯片的对准和聚焦	允许调节单个芯片的对准和聚焦

分步重复光刻机的优点是它使用具有缩小图像能力的透镜，这样可以获得比较高的分辨率。投影掩膜版上的图案尺寸是实际要得到的光刻胶图案的 4 倍、5 倍或 10 倍。这个缩小的比例使得制备投影掩膜版变得更加容易。此外，由于一次只曝光晶圆的一小部分，使得这种技术对晶圆的平整度和几何形状变化的补偿比较容易。

16.11.5　步进扫描光刻机

步进扫描光刻系统是一种混合设备，它融合了扫描投影光刻机和分步重复光刻机技术的优点。步进式扫描光刻机的工作原理是：单场曝光采用动态扫描方式，即掩膜版相对晶圆同步完成扫描运动；完成当前曝光后，晶圆由工作台承载步进至下一步扫描场位置，继续进行重复曝光；重复步进并扫描曝光多次，直至整个硅片所有区域完成曝光。步进扫描光刻机的投影物镜倍率通常为 4∶1，即掩膜版图形尺寸为欲得到的光刻胶图形尺寸的 4 倍，掩膜台扫描速度也为工作台的 4 倍且扫描方向相反，其工作原理如图 16.41 所示。

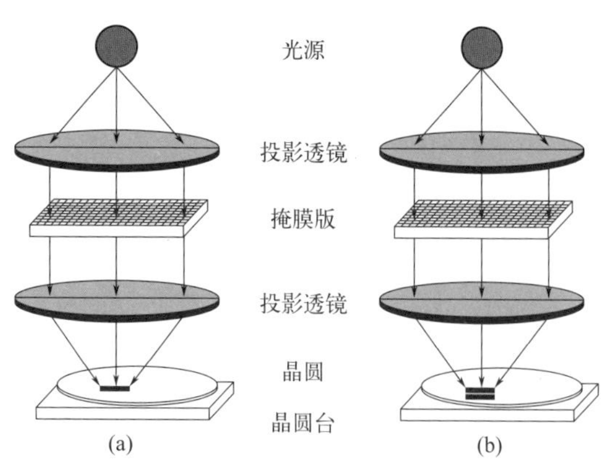

图16.41　步进扫描光刻机

步进扫描光刻机曝光的优点是增大了曝光场，可以获得较大的曝光区域，一次曝光可以多曝光些芯片。步进扫描光刻机的另一个优点是具有在整个扫描过程调节聚集的能力，使透镜缺陷和硅晶圆平整度变化能够得到补偿，可以改善曝光场内的特征尺寸均匀性控制。

16.12　硬掩膜技术

当光刻机的光源波长从 248nm 的 DUV（KrF）缩小到 193nm 的 DUV（ArF）时，用于 ArF 光刻的光刻胶机械强度和刻蚀选择比都要比上一代的 KrF 对应的光刻胶要差。在刻蚀时肯定会消耗一部分光刻胶，较差的 ArF 光刻的光刻胶因此需要更厚的厚度才能抵挡住刻蚀并完成把图案从光刻胶转移至下层需刻蚀薄膜的任务。随着特征尺寸的缩小，芯片线宽也会变小，这样就会导致光刻胶的深宽比变大。此外，ArF 光刻的焦深也要比 KrF 光刻的小。光刻胶的高深宽比结构和光刻时更小的焦深会导致光刻胶容易出现倾斜倒塌的现象。为了防止这种现象，就必须让光刻胶的深宽比保持在一个合理的范围，也即要求光刻胶不能太厚。然而太薄的光刻胶又不能抵挡住刻蚀，这就出现了矛盾。幸好，人们想出了硬掩膜技术。首先利用很薄的光刻胶层把光刻图案转移至中间层，然后再借助中间层把图案转移至底层薄膜，这里的中间层相对于光刻胶要硬得多，也更能抵挡住刻蚀，因此被称为硬掩膜（hard mask）。

硬掩膜技术的工艺流程如图 16.42 所示。其中，（a）从下往上依次是底层待刻蚀薄膜、硬掩膜、光刻胶，它们组成了三明治结构，硬掩膜和光刻胶都可以比较薄；（b）进行光刻，得到光刻胶的图案结构；（c）以光刻胶为掩膜，对硬掩膜层进行刻蚀；（d）去除残留光刻胶，得到硬掩膜的图案结构；（e）以硬掩膜的图案为保护结构，对没有硬掩膜覆盖区域的底层薄膜进行刻蚀，去掉残留硬掩膜结构后就完成了图案转移。

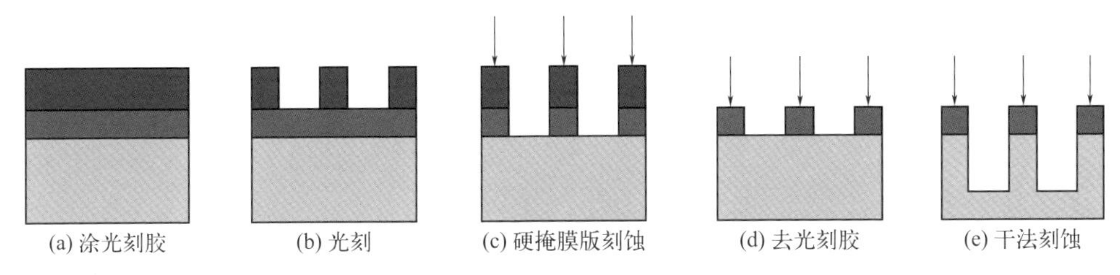

图16.42　硬掩膜技术工艺流程

硬掩膜工艺的实质是通过选择合适的硬掩膜材料和刻蚀条件来调节硬掩膜的选择性，通过高选择性的硬掩膜把图案最终转移至底层薄膜，从而解决了光刻胶选择性差和易倾斜倒塌的问题，这样最终利用很薄的光刻胶就可以实现更高的分辨率并能准确地复制光刻胶图案至底层薄膜。利用氢氧化钾刻蚀硅时，二氧化硅和氮化硅具有高选择比，因此它们可以作为硅刻蚀的硬掩膜材料。刻蚀多晶硅栅时，利用二氧化硅作硬掩膜时对多晶硅的选择比高达 300∶1，因此很薄的二氧化硅薄膜就可以作为硬掩膜。而如果不加硬掩膜层，直接用光刻胶图案刻蚀多晶硅时，选择比只有 30∶1。利用氢氟酸刻蚀二氧化硅时，多晶硅和非晶硅具有高选择性，它们可以作为刻蚀二氧化硅的硬掩膜材料。

16.13　双重图案曝光与多重图案曝光技术

当芯片制程到 22nm 节点，随着晶体管结构从平面走向三维，掩膜版上的电路图形变得越来越密集，使得在晶圆上复制纳米电路图变得更加复杂和困难，一方面技术上难以实现，另一方面也大幅提高了芯片制造的复杂度。为此，芯片制造人员别出心裁，想到将上述单一图案化工艺转向双重甚至多重图案化工艺，也就是说，原来的一块掩膜版上的图形被分割到两个甚至多个掩膜版上，分别制备每个掩膜版，并进行多次曝光、刻蚀技术，最终将原始电路图形成像到晶圆上。这就是双重图案曝光（douple patterning lithography, DPL）技术及多重图案曝光（multiple patterning lithography, MPL）技术。

图 16.43 给出了一种双重图案曝光技术的流程，这种技术需要两次光刻和两次刻蚀（litho etch litho etch, LELE），并用到一层硬掩膜。首先在待刻蚀基底薄膜上依次沉积硬掩膜、抗反射层和光刻胶，然后进行第一次光刻和刻蚀，得到硬掩膜的图案结构，接着再次沉积抗反射层和光刻胶，并进行第二次光刻和刻蚀，最后去除硬掩膜就可得到待刻蚀薄膜的结构。这种技术可以达到两倍光学分辨率，而且两次曝光之间没有相互干扰。

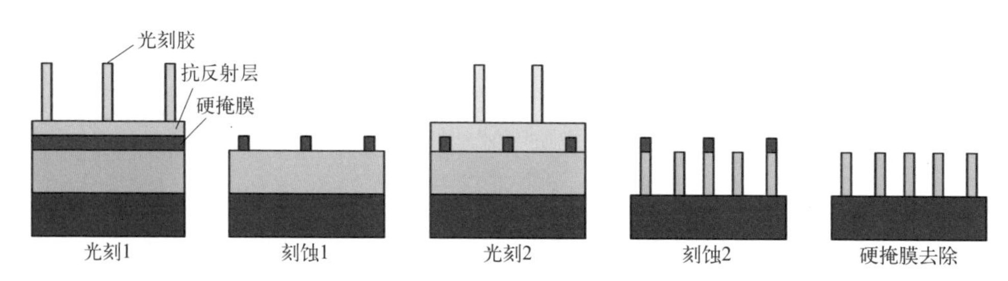

图16.43 双重图案曝光技术工艺流程

除了 LELE 技术外，还有胶凝固技术和侧墙技术可以实现双重图案曝光。其中胶凝固技术采用两次光刻、一次刻蚀（litho freeze litho etch, LFLE）的策略来完成双重图案曝光，它的核心思想是在第一次光刻后对光刻胶图案进行硬化处理，而不是常规的去除操作，随后再进行第二次光刻和刻蚀。侧墙技术（spacer technique）则采用一次曝光、三次刻蚀的策略，它的核心思想是在第一次光刻、刻蚀后于硬掩膜结构上沉积侧墙层，再通过刻蚀和硬掩膜去除得到原硬掩膜结构两侧的侧墙图案，最后以侧墙图案为掩膜进行刻蚀，转移图案至底层薄膜。

16.14 光刻质量检查

光刻质量检查主要包括光刻胶质量检查、对准和曝光质量检查、显影质量测量。

16.14.1 光刻胶质量检查

在光刻工艺前三步对光刻胶处理时，容易引起三方面的质量问题，分别是光刻胶黏附性、光刻胶膜厚度、光刻胶覆盖硅片方面的质量问题。

光刻胶黏附性方面的质量问题主要表现在光刻胶不能很好地黏附在衬底上，光刻胶脱落，从而在后续的刻蚀或离子注入工艺中带来麻烦。造成这种缺陷的可能原因有：

① 在光刻工艺处理前，硅片表面沾污没有彻底去除。

② 不充分的 HMDS 成底膜处理。

③ 脱水烘焙引起晶圆表面有潮气。

④ 过分的 HMDS 成底膜处理造成光刻胶爆裂，使得光刻胶黏附性变差。

光刻胶膜厚度方面的质量问题主要表现在光刻胶薄膜厚度没有达到设定值或薄膜厚度不均匀。可能的原因有：

① 旋转速度或加速度不合适。在低速旋转时，不规则的溶剂挥发容易导致薄膜厚度不均匀。

② 旋转时间不正确。

③ 光刻胶种类和黏度不合适。

④ 高速旋转干燥过程中有机械振动和空气湍流。

光刻胶覆盖硅片方面的质量问题有：光刻胶中出现针孔、不受控的光刻胶滴落在光刻胶涂层上。可能的原因有：

① 掩膜版或硅晶圆上的颗粒沾污。

② 旋转涂胶机的排风量不合适。

16.14.2　对准和曝光质量检查

在对准和曝光质量检查阶段，常见的质量问题有：投影掩膜版的质量、掩膜版对准问题、光源的光强度问题、曝光剂量问题、图形分辨率不达标。

掩膜版上的质量有多种可能因素，如掩膜版上的灰尘与擦伤、掩膜版的平整度不好、衬底石英玻璃破裂、由于黏附性不好而起铬、掩膜版上的图案缺陷等。我们应该对掩膜版进行仔细查验，尤其是掩膜版上细小图案的缺陷要引起足够的重视，如线条断裂、图形桥接等，以保证掩膜版的质量。

掩膜版对准问题主要表现在掩膜版上对准标记不能正确地与硅片上已有图案的标记很好地进行对准。出现此类问题，我们首先要确认是否调用了正确的菜单，是否加载了正确的掩膜版和硅片，其次要检查光刻机内部的光学系统问题，如压力和温度变化是否影响了透镜系统的数值孔径。

光源的光强问题主要表现在曝光场中呈现不均匀的光强。这时，应该在硅晶圆的不同位置，检查光强是否达到标准的能量及均匀性。此外，还要检查光刻胶是否泄漏了气体并凝结在光学部件上，这样会降低透镜的透光能力从而影响到光强及均匀性。

曝光剂量不正确时，我们应检查来自光源的均匀性和最佳曝光条件，在给定的聚焦位置下，进行不同曝光剂量与对应线条关键尺寸的测量，适当修改聚焦位置并进行关键尺寸的测量，还需要检查光刻胶是否满足质量要求。

图形分辨率不达标时，我们可以从以下角度寻找解决方法：

① 进行聚焦 - 曝光测试；

② 寻找光学系统问题；

③ 检查环境，如压力、温度等；

④ 与工艺有关的工艺参数；

⑤ 晶圆在卡盘上不平，检查晶圆背部是否有沾污或者卡盘是否有问题。

16.14.3 显影质量检查

显影后要进行图案检查，在这方面出现的质量问题主要表现在沾污、表面缺陷、关键尺寸、套准对准、光刻胶图形不及预期。

沾污主要来自微粒或光刻胶表面带来的污染，可能的原因有：

① 硅晶圆清洗不干净；

② 设备引入，因此对设备需要进行定期清洗，特别是轨道类设备；

③ 显影液引入，对于显影化学试剂或冲洗用水需要过滤以去除沾污源。

显影后表面缺陷的类型及可能原因如表 16.3 所示。

表16.3 显影后表面缺陷的类型及可能原因

缺陷类型	可能原因
光刻胶表面划伤	晶圆传送错误或与自动传送系统有关的微调错误
颗粒、污点	胶体排风、喷涂器对准、喷涂压力、选择速度等
光刻胶图形的侧墙条痕	没有使用或不正确使用抗反射层
	驻波效应引起
胶缺少、胶过多或胶有残渣	不正确的显影时间
	不正确的显影液量和位置
	显影后不正确的冲洗过程
	不正确或不均匀的烘焙

关键尺寸方面的问题类型及可能原因如表 16.4 所示。

套准对准方面的问题主要是不正确地对准或与上一层套准，可能的原因有：

① 步进机引起的问题；

② 不当的温度和湿度控制；

③ 错误的工艺步骤或掩膜版图的使用。

表16.4　显影后关键尺寸方面的问题类型及可能原因

问题类型	可能原因
关键尺寸偏小	曝光时间过长或能量过多
	显影时间过长或显影液过强
	曝光或显影步骤中工艺不正确
关键尺寸偏大	步进聚焦不正确
	曝光时间或能量不足
	显影时间不足或显影液浓度过低
	曝光或显影步骤中工艺不正确

光刻胶图形不及预期的症状主要有：

① 顶部变圆，如图 16.44（a）所示，因为光刻胶顶部受到过多的显影造成；

② T 型顶，如图 16.44（b）所示，由光刻胶受到空气中氨分子对其光酸分子在表面的中和造成；

③ 底部内切，如图 16.44（c）所示，可能原因是光刻胶和衬底折射率不匹配或抗反射膜类型不匹配；

④ 底部站脚，如图 16.44（d）所示，由光刻胶和衬底酸碱不平衡造成；

⑤ 侧墙角，如图 16.44（e）所示，这是由光刻胶对光的吸收导致光刻胶底部接收到的光要比顶部少造成的；

⑥ 倒胶，如图 16.44（f）所示，这是因为光刻胶与衬底的黏附性不好或者 HMDS 气相成底膜没有做好。

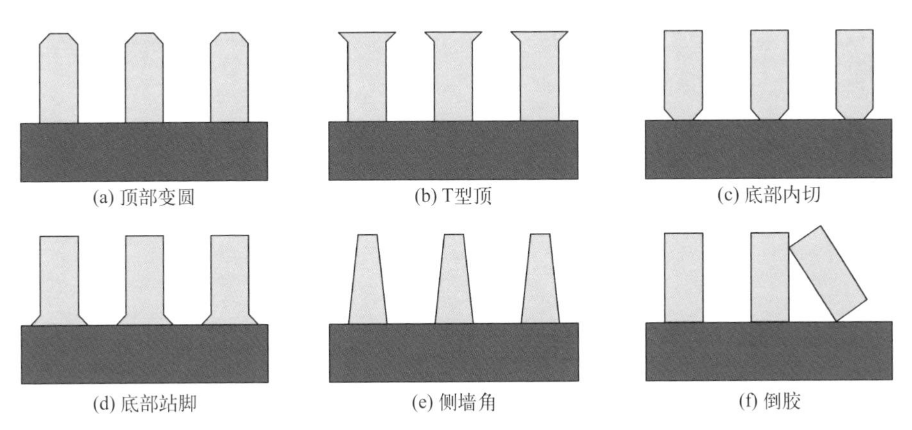

图16.44　光刻胶图形不及预期的6种表现

16.15 光刻安全

在光刻时，安全方面主要应关注化学、电学、机械及辐射方面的安全问题。

在化学安全方面，需要使用强腐蚀性的浓硫酸和强氧化性的双氧水对硅晶圆进行清洗，需要使用易燃、易爆的二甲苯作为溶剂和负性光刻胶的显影液，有毒、有腐蚀性的TMAH作为正性光刻胶的显影液，易燃、易爆的HMDS作为气相成底膜的物质。此外，用来产生紫外光时，高压汞灯里的汞蒸气具有高度毒性，准分子激光器里涉及的氯气和氟气也具有毒性和腐蚀性。因此需要关注这些化学物品带来的安全问题。

在电学安全方面，需要注意静电释放以及高压电源。

在机械安全方面，需要关注移动部件，尤其需要注意各个烘焙阶段的热板表面。

在辐射安全方面，由于紫外光能够破坏化学键，人体内的有机分子具有较长的链结构，更容易受到紫外光的破坏。人们正是利用紫外光的这个特性进行杀菌消毒处理，同样也是出于这个原因，人们夏天在太阳下需要使用遮阳伞。在紫外光刻时，需要防止紫外光对我们的伤害，尤其是需要对眼睛进行保护，因此有时需要佩戴防紫外护目镜。

第17章 极紫外（EUV）光刻

高性能逻辑芯片、DRAM（动态随机存储器）和闪存的需求驱动着光刻技术的发展。一次又一次为突破工艺极限做出杰出贡献的光刻机就好像一台台时光机器，连接着芯片的过去、现在和未来。根据瑞利判据（Rayleigh criterion）公式，为了获取更小的特征尺寸，曝光光源的波长一路缩小，从高压汞灯产生的436nm、365nm，到KrF准分子激光器产生的248nm，再到ArF准分子激光器产生的193nm。由于193nm沉浸式光刻技术的成功及没有157nm深紫外光对应的合适透镜材料，157nm的光刻项目已经夭折。从157nm再向下已经找不到较好的深紫外光源，于是，人们就找到了波长为13.5nm的极紫外（extreme ultra-violet, EUV）光。本章将依次从EUV光刻的原理、优点、面临的挑战、设备及未来技术展望等角度来讨论极紫外光刻技术。

17.1 EUV光刻原理

在真空腔体中，对高温熔融锡施加电磁场使其处于等离子体状态，并从喷枪中等间隔喷出。当锡滴经过腔体中心区域时，安装在激光腔壁上的高分辨率相机捕捉到经过的锡滴，并反馈给计算机，计算机立即控制二氧化碳激光器连续发射两个脉冲击中锡滴。其中第一个激光脉冲可使锡滴压扁为饼状，第二个脉冲紧随其后再次击中饼状锡滴，两次高能激光脉冲可将该锡滴瞬间加热至50000K，从而使内部粒子加至高能态，当其回落至基态时多余的能量会释放出波长为13.5nm的极紫外光。喷枪每秒大约释放50000个锡滴，每一个锡滴都被重复上述过程，从而源源不断地产生EUV光线。这种光通过一个直径为0.65m的椭球反光镜送进光刻机内。

EUV 光刻机是一种全新形式的光刻机。DUV 光刻机中使用传统的玻璃透镜将光聚焦到晶圆上。但是 EUV 光会被玻璃吸收，更糟糕的是，EUV 光甚至会被空气吸收，因此需要开发基于反射系统的新设备，且运行在真空环境中。在 EUV 反射镜的表面涂上交替的硅和钼层，每层只有几纳米厚，可以反射多达 75% 的 EUV 光。由于目标是刻蚀以 nm 为单位的芯片组件，因此每个镜子都必须非常光滑，哪怕最微小的缺陷也会使 EUV 光子“误入歧途”。

EUV 光经过由周期性多层薄膜反射镜组成的聚焦系统入射到反射掩膜版（图 17.1）上，反射出的 EUV 光波再通过反射镜组成的投影系统，将反射掩膜上的集成电路几何图形成像到硅晶圆表面的光刻胶上，从而形成集成电路所需要的纳米图形结构。EUV 光刻机工作原理其实像一部单反相机，本质上是一个极其庞大复杂的光学投影系统。

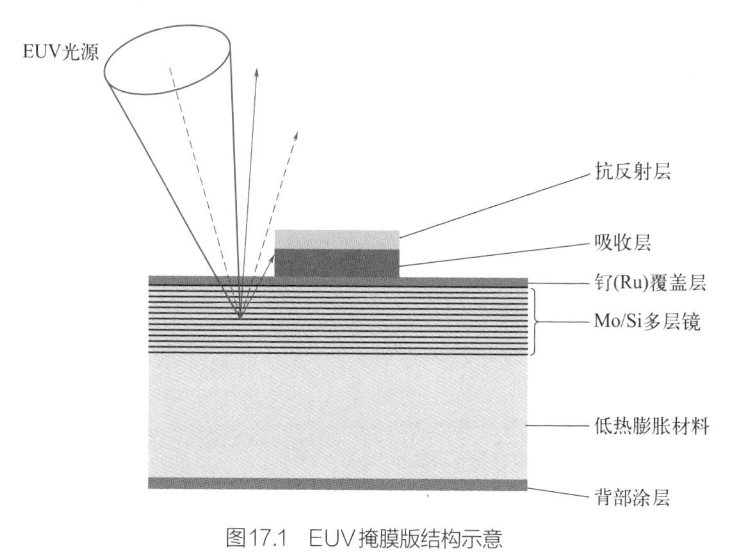

图17.1 EUV掩膜版结构示意

17.2 EUV 光刻优点

相比于 DUV 光刻技术，EUV 光刻主要技术优势有：

① 避免了光的衍射效应。由于 EUV 光波长极短，因此不需要像 DUV 技术那样需要考虑光的衍射效应，EUV 技术不需要进行克服光的衍射效应而进行的光学临近效应修正。

② 更高的光刻分辨率。现阶段 193nm 沉浸式 DUV 光刻技术借由多重曝光也能实现 7nm 工艺，这也是台积电早期 7nm 所采用的技术，但该技术更复杂，对良率、设备、成本等都有很大挑战。但是如果要再往下加工 5nm 以下的特征尺寸，DUV 光刻就很难再胜任了，这时必须由 EUV 光刻来实现。分辨率高是 EUV 技术相较 DUV 技术的最大优点。

③ 光刻工艺相对简单，总体工艺成本降低。从 22nm/20nm 节点开始，芯片制造商开始在使用 193nm 浸没式 DUV 光刻的同时配合使用各种多重图案化技术。多重图案化使用多次光刻、刻蚀和沉积步骤的工艺来实现一层图案。多重图案化是有效的，但步骤更多，因此会增加流程的成本和周期时间。周期时间是指晶圆厂加工一块晶圆从开始到结束的总时间。为了解决这些问题，芯片制造商需要 EUV 光刻。EUV 光刻只需一次光刻、刻蚀就能实现上述流程，这样就大大简化了工艺流程，可将花在晶圆上的周期时间减少，使生产效率得到提高。EUV 光刻机的引入让总体工艺成本降低了 12%，工艺过程的简化促进良率提升 9%，同时更好的成像性能使得集成电路性能比采用浸没式光刻机更加优异。

17.3 EUV 光刻面临的挑战

尽管 EUV 光刻技术具有上述优点，但该技术同样面临诸多挑战，如果克服下述难题，EUV 技术将会大放异彩。

① 随机效应问题。芯片行业中芯片持续缩小的愿望将不可避免地遇到物理限制，此时量子问题开始出现。在 EUV 光刻中，光子撞击光刻胶发生反应且这一动作重复多次，这些过程充满不可预测性和随机性，可能会产生新的反应，也就是说 EUV 光刻工艺容易出现所谓的随机性，是具有随机变量的事件，这些变化被统称为随机效应。随机效应有时会导致芯片中出现不必要的接触缺陷或有粗糙度的图案，两者都会影响芯片的性能。这些问题在传统的光刻技术中基本被忽略了。但对于 EUV 光刻而言，随机效应成为主要问题之一，越高级的节点，随机效应越严重。尽管该行业已经找到了通过改进光刻胶和工艺来缓解问题的方法，但随机效应引发的缺陷依然会突然出现，给芯片制造商带来麻烦。使用 EUV 机器的芯片制造商必须与“随机错误”（EUV 光线自然误入歧途，在芯片上产生不正确的图案）搏斗。随着芯片特征尺寸的缩小，芯片制造商们会越来越皱眉。随机效应可能会导致“接吻接触”（kissing contacts）缺陷——微小的

一个或多个接触孔或通孔发生合并；随机效应也会导致线边缘粗糙度（line edge roughness, LER）——随机产生一些边缘粗糙的图案。定位和预测芯片中随机效应引起的缺陷是必不可少的。在晶圆厂中，有许多方法可以定位这些缺陷，包括光学检测、电子束技术和电气测试，还有各种软件工具。

② 能量损失比较大，产量有待提高。EUV 光刻时需要提升晶圆的产量，但是一个比较大的挑战是光能量的损失仍旧是比较大的，这是由于极紫外光容易被媒介吸收，理论上使用 Mo/Si 多层反射层的镜子可达到的最大反射率也只能在 75% 左右。这方面的损失就需要通过提升 EUV 的光源功率来弥补。大功率的 EUV 光源是 EUV 光刻机的核心基础。对于 10mJ/cm^2 感光度的光刻胶，实现 100 片 /h 的产能，中间焦点处的光强要达到 200W。目前先进的 EUV 光刻机产量为 160 片 /h，而浸没式光刻机 NXT:2050i 可达到 295 片 /h。

③ 光学系统设计与制造复杂。光刻机内需加入各种各样的凸透镜、凹透镜、非球面镜等，运用各种透镜组合，力求不断缩小镜头的光学误差，从而提高分辨率和成像质量。德国光学公司蔡司进行着反射镜的研制工作。如果浴室里的镜子放大到德国那么大，它会有大约 5m 高的凸起。蔡司的工程师们为太空望远镜制造的反射镜如果被放大到德国那么大后，凸起只有 2cm 高。而用于 EUV 光刻机内的镜子必须还要平滑好几个数量级，如果它们也有德国那么大，它们最大的缺陷可能不到 1mm 高。毫无疑问，EUV 光刻机里的反射镜是世界上最精确的反射镜。蔡司工作的很大一部分是检查镜子以寻找缺陷，然后使用离子束将单个分子敲掉，经过数月的工作逐渐平滑镜子表面。

④ 对掩膜版表面质量要求高。由于光刻的本质还是复制掩膜版上的图案，因此无论哪种光刻技术都要求掩膜版表面的缺陷尽可能地少。由于 EUV 光刻加工的特征尺寸非常小，因此对掩膜版表面质量的要求最为严苛，希望表面缺陷为零，为此需要进行严格的检查、修复、保护等工作。EUV 光刻掩膜版比复杂光学掩膜版要贵 8 倍之多。但据 ASML 称，随着 EUV 光刻投入大规模制造，EUV 光刻掩膜版的成本可能会下降至比光学掩膜版贵不足 3 倍的水平。

⑤ 光刻机成本较高。现在每台售价高达 2 亿美元，而下一代高数值孔径（high NA）EUV 光刻机将更加昂贵，其成本超过一架飞机，预计售价将超过 3 亿美元，甚至 4 亿美元。由于 EUV 光刻系统过于昂贵，大多数公司都买不起。这会把很多厂商排除在市场之外，包括芯片制造商格罗方德，由于成本太高，格罗方德于 2018 年宣布停止 7nm 及以下先进制程的研发。目前使用 EUV 光刻系统的公司只有五家：台积电、三星、英特尔、SK 海力士和美光。

17.4 EUV 光刻设备

先进光刻机的研发难度与制造原子弹以及航天航空技术相比不遑多让，每一代光刻机都在不断挑战人类工业制造能力的极限，因此光刻机也被称为“工业皇冠上的明珠”。EUV 光刻机可以称为人类建造的最复杂的机器之一，它是芯片制造不可或缺的设备，并促进摩尔定律发展。EUV 光刻机是一个由来自全球近 800 家供货商的多个模块和数十万个零件组成的“庞然巨物”，它是人类迄今为止最精密、最昂贵的设备。

EUV 光刻机由光源和光刻机主体构成。光刻机主体包括反射镜组、主真空腔体、磁悬浮硅片平台、掩膜版平台、平台驱动装置和硅片输送装置等。EUV 光刻机有三大核心部件，即 EUV 光源、光学镜头和双工件台。

产生 EUV 光源的途径有：自由电子激光器（free electron laser, FEL）、激光产生的等离子体（laser produced plasma, LPP）、同步辐射装置（synchrotron radiation facility, SRF）、放电产生的等离子体（discharge produced plasma, DPP）。其中 SRF 方法由于需要用到大型同步辐射装置，成本极高，并不适合大规模生产芯片。DPP 方法由于腐蚀的电极材料会产生碎片沾污，从而降低收集镜的寿命，其竞争力也大大削弱。目前应用比较多的是 LPP 方法，二氧化碳激光器发射激光脉冲轰击锡滴，促使形成波长为 13.5nm 的 EUV 光。

阿斯麦（ASML）是目前唯一能够制备 EUV 光刻机的公司，它位于荷兰南部靠近比利时边境的小镇费尔德霍芬（Veldhoven）。ASML 的竞争对手佳能和尼康在几年前已经放弃开发 EUV 光刻机。ASML 花费了 90 亿美元和 17 年的研究来开发 EUV 光刻机。这种机器重达 200t，并装有 100000 个微小的协调机构，向客户运送一台这样的设备需要 3 ～ 4 架波音 747 货机，40 余个专用箱保持恒温恒湿，并使用专业防振的气垫车运输。

TWINSCAN NXE:3600D 是 ASML 目前最新型的 EUV 光刻机系统（图 17.2），可以在 300mm 直径的晶圆上实现 5nm 和 3nm 节点逻辑芯片及先进 DRAM 芯片的制备，最大曝光场大小为 26mm×33mm。在剂量为 30mJ/cm^2 时，产量达到 160 片 /h。与之前的产品相比，该新型光刻机成像能力和套刻精度都得到了大幅度提升。在后 3nm 制程时代，ASML 与合作伙伴正在开发全新的 EUV 光刻设备 TWINSCAN EXE:5000 系列。

图17.2 ASML光刻机TWINSCAN NXE:3600D

该公司开始进军EUV光刻研发离不开英特尔、三星和台积电的重大投资与参与，他们这三家公司也是阿斯麦的大客户。2021年，台积电、三星和英特尔占阿斯麦业务量的84%。1984年，阿斯麦刚成立时是荷兰电子巨头飞利浦的子公司。在荷兰飞利浦办公大楼旁边一间漏水的小屋子里，阿斯麦推出第一台用于半导体光刻的设备。这家公司的成长经历颇为传奇，成立初期便遇上半导体产业低谷期，一台设备都卖不出去，亏损近十年，一度徘徊在生死边缘，成为老东家飞利浦眼里食之无味、弃之可惜的鸡肋。但顽强的ASML最终挺了过来，成功逆袭，成为当下光刻机领域的绝对王者，目前在高端光刻机市场占据90%以上的份额，并成为现在最先进EUV光刻机唯一的供应商。飞利浦做梦都没有想到当年脱胎于自己的ASML日后能成为欧洲市值最大的公司之一。

近年来，芯片制造商对阿斯麦EUV光刻机的需求大幅提升。自2018年底以来，阿斯麦的股价已经飙升超过340%，这使得该公司的市值超过英特尔等一些大客户。EUV光刻机已经成为芯片制造的支柱，台积电和三星等晶圆厂这几年不断追逐5nm和3nm等先进工艺，本身就是EUV光刻机采购大户，再加上现在这几大晶圆厂纷纷扩产建厂，无疑又加大了对EUV光刻机的需求。而现在除了晶圆厂等逻辑厂商之外，存储厂商也逐渐来到EUV光刻机采用阶段，甚至与ASML签下多年的大单。

ASML在成立之初就定下公司的定位：一家只进行研发和组装的公司。正是由于ASML这种开放的理念，反而让ASML变得更加高效，把光刻机拆分成各个模块，专业团队并行开发每个模块，每个模块都有自动通信接口，最终模块组装成整个光刻机。这种模块化研发安排，大大提高了效率。ASML的理念就是开放创新，同时管理好供应商的物料，高效、低成本地解决所有问题。ASML 的光源来自美国 Cymer，光学模组来自德国蔡司，计量设备来自美国，但属于德国科技，它的传送带则来自荷兰 VDL 集团。一台光刻机 90% 零件都是通过全球采购，当中涉及四个国家十多家公司，而下游客户的利益也与 ASML 牢牢捆绑。这也是 ASML 成功的原因之一。ASML 取得成功的另一个原因是保持双线作战，当它看不清未来的走势时，它会两边共同发展，例如它曾同时进行 157nm 深紫外光刻和 13.5nm 极紫外光刻技术的研发。

ASML 的成功离不开双工件台，这也是 EUV 光刻机的核心部件之一。因为有了在线量测技术，ASML 做出了 TWINSCAN 系统，即双工件台，这个系统可以一边做量测准备工作，一边做曝光，从而使得系统效率大幅提高。与之竞争的日本尼康公司因受制于专利和技术，一直是单件台方案，即量测和曝光在一个工件台上依次进行，结果在竞争中一落千丈。光刻机的对准精度已经达到纳米级，令人惊奇的是这样的精度是在双工件台瞬间急加速，然后瞬间急停下达到的。如果按照瞬时的加速度计算，已经超过火箭发射升空的速度，而且还需要在下一刻精准地停在特定位置上，不能出现丝毫差错。双工件台就这样不断地加速 - 急停 - 加速 - 急停，同时保持长期稳定的工作状态。有人曾形象地比喻，这好比两架高速飞行的飞机，其中一架飞机上的一人拿出刀在另外一架飞机米粒大小的面积上刻字。

17.5 EUV 光刻技术展望

ASML 现在开发的 EUV 光刻机的数值孔径（*NA*）为 0.33，该公司研发人员正在开发 *NA* 为 0.55 的下一代 EUV 光刻机。ASML 和蔡司报告称，虽然开发大 *NA* EUV 光刻机的工作正在进行中，但第一次系统安装预计要到 2023 年。届时，将实现 *NA* 从 0.33 到 0.55 的转变。

有专家表示即使将多种图案化技术应用于 EUV，套刻也将非常困难，同时从经济角度来看，双重模式也面临高成本的考验，因此在 3nm 及以上节点中应尽可能地避免双重或多重 EUV 曝光工艺。目前来看，为了能让摩尔定律能够继续延续下去，最优解就是高 *NA* EUV 技术，高 *NA* EUV 甚至有望实现到埃级的水平。ASML 和大多数观察家认为 EUV 将帮助芯片发展至少到 2030 年。行业专家认为未来 ASML 将继续探索更高数值孔径的设备，使它们能够将 EUV 聚焦在越来越小的点上。光刻机向 high NA 迈进似乎已经成为“续命”摩尔定律的必经之路，在 SPIE（国际光学工程师协会）举办的 Advanced Lithography and Patterning（高级光刻和图案化）会议上，英特尔光刻硬件和解决方案总监马克·菲利普斯甚至开始讨论如何转向 NA 为 0.7 的 EUV。

高 *NA* 最根本的挑战是，较大的数值孔径会导致 EUV 光子以较低的入射角照射晶圆，从而降低焦深 DOF，因此需要改进聚焦控制来实现高数值孔径 EUV 光刻。虽然光学光刻（365 ～ 193nm）系统利用折射光学，但 EUV 系统依赖于反射光学。入射的 13.5nm 波长的光子照射到目前由钼 / 硅双层构成的多层反射镜上，并以所需角度反射回来，通过在反射光子的路径中放置吸收层来创建其图案。在通过光掩膜的吸收图案后，EUV 光子遇到晶圆及其光刻胶层。聚焦深度的减小使得更难同时保持抗蚀剂叠层顶部和晶圆平面的聚焦。

除了在镜头上努力外，还需开发配套的新型 EUV 光刻胶，使其具有高灵敏度、较低的线条边缘粗糙度、无图案缺陷和低水平的随机性缺陷，同时保持较高的分辨率。在光源方面，需要有足够高输出功率的光源，以提高生产效率。ASML 的 EUV 光刻机使用激光产生的等离子体光源实现了 400 ～ 500W 的输出，工程师们还在进一步努力实现更高的光输出，EUV 光源的功率要求将不断提升，预计未来需要达到千瓦级。人们还认为自由电子激光器是 LPP 光源的替代品，因其具有较高的功率和效率。

根据国际器件与系统路线图（International Roadmap for Devices and Systems, IRDS）组织预测，未来 3nm、2.1nm、1.5nm 技术节点的光刻手段可以采用双重曝光的 EUV 技术、高数值孔径的 EUV 技术、高数值孔径双重曝光的 EUV 技术、三重或四重 EUV 技术，也可能采用下章介绍的纳米压印技术。

第18章 纳米压印——下一代光刻技术

投影光刻技术虽然能够制造出高精度的纳米尺度图形，但是随着芯片内特征尺寸不断向下拓展，光的衍射这一客观规律不容规避，时刻影响着紫外光刻技术，摩尔定律受到挑战。因此下一代光刻（next generation lithography, NGL）技术的需求应运而生。NGL 技术是一组可能采用的候选技术，它有别于传统的光学光刻。随着 DUV 技术的改进，下一代光刻技术的内涵也在不断发生变化。但有两种技术，一直霸占着榜单。其中一种就是上一章介绍的极紫外（EUV）光刻技术。而另一种技术就是本章将介绍的纳米压印（nanoimprint lithography, NIL）技术。纳米压印技术因为其高分辨率、高产量、低成本的优点被国际器件与系统路线图（IRDS）组织选中作为候选的下一代光刻技术。本章将依次介绍纳米压印技术的原理、发展、应用及设备。

18.1 纳米压印技术的原理

纳米压印技术是由美国工程院院士、普林斯顿大学华裔教授周郁（Stephen Y. Chou）于 1995 年首次提出的。压印其实并不神秘，它是一门古老的图形转移技术，中国古代的活字印刷术就是最初的压印技术。纳米压印类似于日常生活中的敲章，就像是把一个刻有凹凸结构的章压在印泥上。只不过在纳米压印时，印章上的图案尺寸非常小，可以小至 5nm 以下。这个印章也称为模板、模具。而纳米压印中用来转移图案的高分子聚合物，称为纳米压印胶，对应我们盖章时的印泥。

周郁提出的纳米压印技术需要加热压印胶，因此也称为热纳米压印（thermal nanoimprint lithography, T-NIL）技术。热纳米压印技术利用高温、高压将具有微纳米结构的模板压在涂有压印胶的基底上，将模板的图案传递至流动的压印胶上，对具有微纳图案的压印胶通过冷却进行固化，在模板与压印胶分离后，对基底进行刻蚀，去除残余压印胶，便得到了一份与模板图案结构相反的微纳米结构。纳米压印只需在图案所在处旋涂压印胶，并且压印系统中没有复杂的光学器件，生产成本低，同时效率也较高。

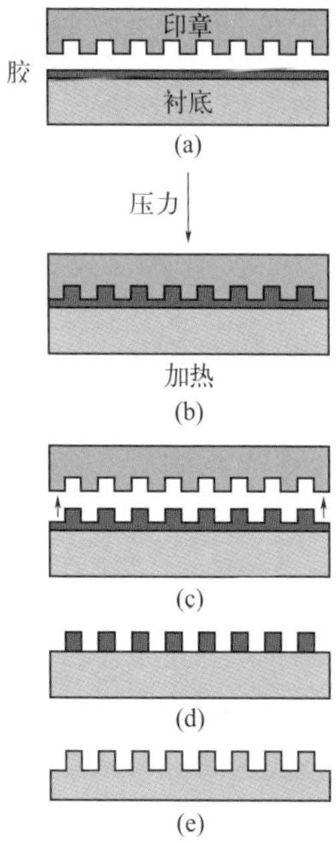

热纳米压印技术的详细工艺流程如图18.1所示。其中：

（a）为压印准备阶段，在这个阶段需要制备印章上的图案结构，制备的方法通常是用电子束扫描结合反应离子刻蚀来完成。首先在印章上甩胶，然后用电子束直写的方式在胶上形成纳米图案，显影后以胶图案为掩膜对印章进行反应离子刻蚀，最后去掉残留胶就得到了印章上的图案结构。值得注意的是，因为纳米压印是直接接触式压印，印章上的缺陷会被直接复制到后续的材料中，因此印章上图案的质量非常关键，同时印章图案的分辨率直接决定了最终复制结构的分辨率。另外需要注意的是由于直接接触，有黏性的胶将不可避免地影响到印章上的纳米结构，并且导致脱模困难，解决的办法就是在印章表面进行抗粘连处理，通常是施加含氟的物质，这与我们日常生活中不粘锅的原理类似。与此同时，在待压印的衬底上旋涂压印胶。

图18.1 热纳米压印工艺流程

（b）为压印实施阶段。在压印前首先要将印章、胶、衬底叠层一起加热到胶的玻璃转化温度以上，让胶软化，然后开始施加压力，驱使胶填充到印章的空腔中。

（c）为脱模阶段。在此阶段降温，使得胶冷却固化，去除压印力脱模后印章上的纳米结构就被复制到胶上。

（d）和（e）为图案转移阶段，这里采用的是反应离子刻蚀方法。（d）将残留层刻蚀去除，在压印前需要先设计好甩胶的厚度，以便压印后能有一薄层胶的残留层，这样设计的目的是保护昂贵的印章，以免接触到硬衬底导致印章受损。在完成压印、脱模后，不再需要这层残留层，就需要去除掉。（e）以胶的图案为掩膜，对衬底进行反应离子刻蚀，从而得到衬底的图案。和光学光刻一样，一般我们不需要胶的图案，胶的图案只是一个桥梁，我们的目的是得到衬底图案或衬底上薄膜的图案，目标达成后就可以去掉所有光刻胶。通常我们的衬底上已经有其他薄膜层了，那么我们得到的便是衬底上薄膜的图案，只需要在流程图中的衬底和胶之间再加一层需要图案化的薄膜层，读者可以尝试自己画一画。

图案转移技术有两种。一种是图示的刻蚀技术（etching），它以压印胶的图案为掩膜，对压印胶下层材料进行选择性刻蚀，从而得到下层材料的结构图案。另一种称为剥离技术（lift-off），这种技术首先在压印胶图案结构的表面形成一层金属层，然后利用有机溶剂进行溶解，有压印胶的地方就会被溶解，连同它上面的金属一起剥离，这利用的原理就是“皮之不存，毛将焉附”，最后在衬底表面留下金属图案。下一步可以直接利用金属图案，也可以以金属图案为掩膜进一步向下层刻蚀。

18.2 纳米压印技术的发展

周郁提出的纳米压印技术具有跨时代的意义，为人们提供了一种全新的解决光刻技术瓶颈的方案，纳米压印实际上是把机械的方法引进去做纳米。它的优点是对压印胶要求不高，使用热塑性高聚合物即可，如常用的聚甲基丙烯酸甲酯（polymethyl methacrylate, PMMA，又称亚克力或有机玻璃）。

热纳米压印技术能够简单地进行大面积微纳图案制备，但是随着图案尺寸越来越小，它的缺点逐渐显现出来，主要问题就出在高温高压上。第一，高聚合物的相对分子量较大，即便处在熔融状态中黏度仍然偏高，流动性低，导致一些高深宽比的空腔底部无法完全填充，无法用于高深宽比结构的生产，并且高温高压处理后，脱模处理比较困难，容易损坏结构。第二，高温高压的条件需要时间，在生产过程中会降低生产效率，生产成本也有所增加。第三，高温高压不但会使压印胶产生形变，同时模具和基底同样存在计划外的形变，使图案转移效果不理想，同时也会损伤模板图案，降低模板再利用率。

为了解决热压印中的问题，1999 年紫外纳米压印技术（ultra violet nanoimprint lithography, UV-NIL）作为一种可以在室温进行、不需要高温高压处理的纳米压印技术被首次提出。这种压印工艺使用低黏度聚合物作为压印胶，该聚合物需对紫外光敏感，在紫外光照射下能完成固化。同时印章模板需要选用透紫外光的

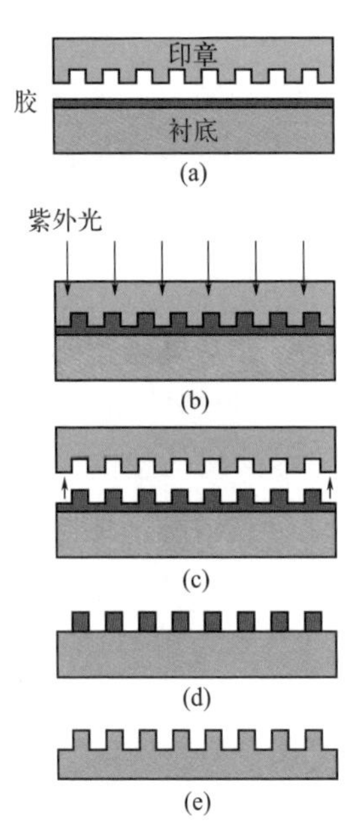

图18.2 紫外纳米压印工艺流程

材料制作，使紫外光能够轻易照射至压印胶上，使其固化，常用的模板材料是石英和聚二甲基硅氧烷（polydimethylsiloxane, PDMS）。

紫外纳米压印的工艺流程如图18.2所示。该工艺路线和热纳米压印的工艺路线大同小异，主要区别在于印章和胶的材料选择，以及压印和固化的方式。其中（a）为压印准备阶段。要求印章或衬底必须有一方是透紫外光的材料，以便后期紫外光固化时能够辐照到胶上，通常紫外光是从上向下照射的，这就要求印章材料必须能够允许紫外光透过，如果是反向照射那么衬底就必须允许紫外光透过；胶的黏度要小，以便在不大的压印力下能够容易流动。（b）为压印实施阶段，在此阶段不需要加热，需要加的压力也较小，胶体填充印章空腔后，利用紫外光辐照，使得胶体固化，纳米形貌得以保留。（c）为脱模阶段，（d）和（e）为图案转移阶段，与热压印相似。

紫外纳米压印胶在常温条件下依旧具有较低的黏度和较好的流动能力，因此可以制作高深宽比的图案结构，同时也解决了模板的损耗问题，实现了印章的多次重复压印使用。紫外纳米压印技术拥有高精度和高保真度的特点，适用领域十分广泛，是纳米压印领域的重要研究方向与发展趋势。

在过去的几十年中，紫外纳米压印技术凭借其良好的发展潜力和优秀的市场产业化优势，成为了纳米压印领域的研究重点，得到了巨大的发展，但是在国际上现有的纳米压印设备主要是以非柔性基底为基础的系统，压印制备速度较慢，生产速度和良率已远远不能满足实际应用。为了进一步提高生产效率，在传统的纳米压印方法中，对整块的、大面积的图案转移压印方式进行改进，创造出了更适合生产的方法，如步进-闪光式压印（step-flash imprint lithography, S-FIL）、滚动式纳米压印（roller nanoimprint lithography, RNIL）以及卷对板纳米压印（roll-to-plate nanoimprint lithography, R2P-NIL）和卷对卷纳米压印（roll-to-roll nanoimprint lithography, R2R-NIL）等。

传统的纳米压印在压印胶固化阶段是整体对晶片进行操作，在整体固化过程中，易受到外界因素的影响，导致压印胶图案转移的效果较差，给后续的脱模和刻蚀带来困难，因此推出了步进-闪光压印（S-FIL），将整块晶圆的压印工作分割成多个部分，完成一个部分的固化脱模工作后，再进行下一个区域的固化脱模。在进行大数量相同结构的压印工作中，仅需制作单个或少个结构的模板印章，减少了价值较高的模板制作成本，也增加了模板的利用效率。步进 - 闪光式纳米压印工作原理类似于紫外光刻技术中步进式光刻的原理。

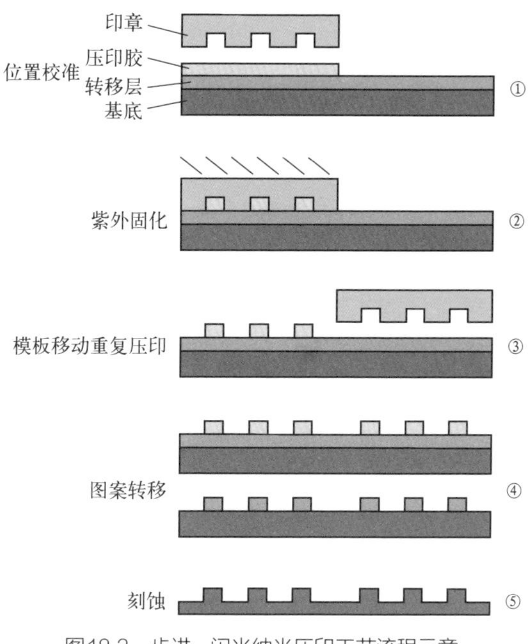

图18.3　步进 - 闪光纳米压印工艺流程示意

步进 - 闪光纳米压印的主要工艺步骤如图 18.3 所示。其主要步骤有：

① 压印前对需压印区域进行对准，并在相关区域涂上压印胶。

② 施加压力，将印章特征图案压入压印胶，紫外光辐照固化压印胶，压印胶特征图案定型。

③ 进行脱模处理，完成当前位置的压印胶图案转移，移动印章和光源，重复步骤①～③。

④ 当所有区域完成压印胶的固态立体结构，将压印胶的图案转移至转移层。

⑤ 以转移层图案为掩膜，继续向下对基底进行刻蚀，最后去除转移层。

在传统板对板热压印中，压印需要很大的压印力，印章表面复杂的凹凸结构使印章表面更加粗糙，在压印胶填充完整后，产生很大的附着力，使得脱模过程变得困难。此外，在板对板纳米压印工艺中，经常观察到气泡残留，尤其是在大面积的压印中更为明显，导致压印结构上的缺陷。在多步压印中，Haatainen 等人在研究中发现，使用更小尺寸的印章以矩阵形式在大尺寸的晶圆上逐步压印，压印所需的压印力下降，气泡残余减少。然而这样的步进式系统更为复杂，需要高精度的位置对准技术。基于这种情况，同时也为了增加压印的速度，周郁等人提出了滚动式纳米压印（RNIL）的概念。

在滚动式纳米压印工艺中，压印力主要由滚筒提供，滚筒在与基底接触时，接触面积只是底部接触部分的线性区域，而非整块印章，在需要同等压强作用时，缩小的接触面积能使需要施加的压印力减小，基于滚动的纳米压印工艺具有减少气泡残留、厚度均匀和防止灰尘污染等优势，大大提高了图案复制的效率与精准性。

卷对板纳米压印技术（R2P-NIL）也首先由周郁团队提出，并提供了两种压印模型，针对使用不同类型的印章材料。最简单的一种方法是使用辊压机对同为平面结构的印章和基底施压，该系统适用于印章与基底都是刚性材料，其中压印力是由辊压机提供，而不是对整个印章区域进行施压。另一种则是在印章使用刚性接触特性的柔性材料情况下，将柔性印章缠绕至辊轮上，辊压机在向前滚动的同时，向下施加压印力，使辊轮上的印章结构压入压印胶中。另外对于刚性印章和柔性基底的 R2P 纳米压印也有相应的系统被提出，在该系统中，将印章放于辊压机底部，涂有压印胶的基底缠绕在辊压机上，通过辊压机下方与印章接触，使图案转移至压印胶上。

为了提升纳米压印的产率，郭凌杰等人在制造双分子层金属线栅偏振器时研发了一种改进的纳米压印技术，即卷对卷纳米压印技术（R2R-NIL）。该技术具有传统纳米压印的高分辨率特性，同时将纳米图案化的速度至少提高了 1 ～ 2 个数量级。R2R-NIL 系统中最重要的部分就是压印部分。其压印模块是由一个压印滚轴和两个支撑滚轴组成。在滚筒转动过程中，低黏度的压印胶在受到压力滚轴的挤压后，迅速填充到印章模具中。在紫外光照射区域存在一种屏蔽辐射的盒状装置，这是为了防止压印胶在到达压印区域前过早固化。R2R-NIL 技术中使用柔性氟聚合物，即乙烯 - 四氟乙烯共聚物（ETFE）作为模具的材料，因为该技术要求模具应该具有足够的模量和强度，同时要求具有低表面能。相比于 PDMS，ETFE 具有更加优异的防粘性能，因此也更易于后续的脱模操作。该工艺流程具有高产量和过程连续的优势，在大规模工业生产中具有很好的前景。

此外，纳米压印技术还发展出了激光辅助纳米压印（laser-assisted direct imprint, LADI）技术，这是一项不需要使用压印胶的纳米压印技术，它直接使用激光扫描加热基底，使基底上部产生一层熔融层，来代替压印胶。该技术利用具有高能量的准分子激光，透过模板印章，直接照射至基底，使基底表面产生具有流动性的熔融层，然后将印章压入熔融层中，使其带有目标图案，待熔融层冷却固化后，进行脱模，熔融层便重新成为基底一部分，该项技术更是省去了刻蚀步骤，便能直接在基底上获得目标特征图案。该项技术中的准分子激光需选用合适的波长，同时模板材料也需考虑激光吸收率，避免能量被模板吸收，影响基底熔融层的形成。根据报道利用激光辅助熔化 Si 基板进行压印已经可以做到将特征线宽降至 10nm 以下。激光辅助纳米压印技术加热基底的方式效率更高、速度更快，整个加热过程只需毫秒级的时间，同时图案从模板直接转移至基底，不需要常规刻蚀操作，大大节省了工艺时间与成本。

由于纳米压印技术简单、方便，工艺灵活多样，对图案复制方法稍加改进就可以变化出多种新的技术，可谓“多才多艺”。除了上述主要的改进技术外，还有诸如反向纳米压印、微接触印刷、软刻蚀技术等，限于篇幅，这里不再展开。

18.3 纳米压印技术的应用

随着纳米压印概念的提出，越来越多诸如光学、功能材料、电子学、生物学、仿生学等不同领域的研究人员察觉到了其大规模、低成本的产业优势，引入该项技术投入生产，尤其是在纳米电子元件、微纳流体、超高存储密度磁盘、微光学元件等领域。早在1997年，周郁就利用纳米压印技术制造出了微电子器件和纳米级的存储芯片，同时也成功完成了对硅量子点状、线状、环状等晶体管的压印制备。如今纳米压印技术可以进行大批量的射频识别模块等微电子器件的生产制作。柔性透明导电电极是柔性电子的基本元件，而嵌入式金属网由于具有良好的透明性、导电性和灵活性，被认为是透明导电电极的一种很有前途的候选材料。2017年，Z. Wang等人提出了一种用于柔性透明电极金属网格图案大面积生产的连续制造方法，即卷对卷紫外纳米压印技术，通过该技术能够大面积地在材料为聚对苯二甲酸乙二醇酯（polyethylene terephthalate, PET）的衬底上制造嵌入式银质网眼式电极。

在集成电路领域，纳米压印可以用来制作场效应晶体管，也能够制作纳米级尺度的特定功能电子元器件和先进集成电路，同时也为存储领域提供了低成本的新型解决方案，用于CD存储器和磁存储器。光刻的成本因素正驱动着闪存厂商开拓纳米压印技术的应用。用纳米压印技术可以用来制备3D闪存芯片，但目前面临的主要挑战有：缺陷及缺陷修复、母板的制备和检查、大规模生产的能力等。

在光电子方面，纳米压印也成功地生产出纳米凸透镜阵列、等离激元纳米结构、太阳能电池等器件，同时纳米压印技术辅助研发相关新型器件如增强拉曼光谱传感器、自支撑抗反射薄膜等。在太阳能应用方面，Hauser等人利用NIL在多晶硅太阳能电池板表面制造蜂巢形结构，与传统电池板表面结构相比，大大增强了光捕获能力，提高了能量转换效率。

在结构工程领域，纳米级的孔膜可以使用纳米压印实现生产，用于过滤与筛选。

总之，“多才多艺”的纳米压印技术为纳米尺度结构的制造创造了新的机遇，成为了富有前景的纳米图案化工艺之一，不光在集成电路领域，其在光电器件、光学器件、能源、纳米级传感器、生物医学等领域都有着广泛的应用前景。

18.4 纳米压印设备

在国际上拥有成熟纳米压印技术的设备制造厂商有 5 家，同时也是发展历史最久的，分别为美国的 Nanonex、Molecular Imprints，奥地利的 EV Group，德国的 SUSS MicroTec 和瑞典的 Obducat。

Nanonex 于 1999 年由普林斯顿大学教授、纳米压印技术先驱周郁创立，向用户提供完整的 NIL 技术解决方案，包括设备、压印胶和压印印章。拥有纳米压印设备 NX-B100/200、NX-1000、NX-2000、NX-2500、NX-2600/2600BA、NX-3000，能够实现高达 8 英寸晶圆的压印和小于 10nm 的结构分辨率。其中 NX-2000 不仅能够进行热纳米压印，还能够进行紫外纳米压印，每片晶圆压印时间不到 60 秒。NX-3000 更是增加了步进式压印系统。该公司具有与市场其他厂商不同的独特优势，例如整个晶圆上的纳米结构具有极高的保真度和均匀性，同时也提供了精确的对准和极快的处理时间。

Molecular Imprints 是由得克萨斯大学奥斯汀分校的教授 Sreenivasan 和 Willson 创立，主要研究技术是步进 - 闪光式纳米压印技术。该公司提供的设备有 Perfacta TR1100、Imprio 300、Imprio 1100、Imprio HD220，是高分辨率、低拥有成本纳米压印系统和解决方案的技术领导者，能够提供 20nm 以下尺寸的压印光刻解决方案。最新交付的压印模块中，采用了增强型的放大控制和曝光技术，以及更好的机上压印胶过滤、实时精密控制的压印胶喷射系统，能够大幅度降低缺陷率，提高产量和覆盖准确度，降低总拥有成本。在 2014 年，该公司被日本东京的佳能收购后，进一步研究尖端高分辨率纳米压印光刻机，并为显示器、硬盘驱动器、生物技术及其他新兴市场提供低成本的纳米结构制造解决方案。

EV Group 公司的产品包括光刻、晶圆键合、纳米压印、薄晶圆处理、测量设备等，在所有晶圆键合设备中占据主导地位，并且是先进封装和纳米光刻领域的领导者。该公司具有热纳米压印设备、紫外纳米压印设备和微接触压印设备。热压印系统有 EVG 510HE 和 EVG 520HE，可用于 50nm 以下特征尺寸结构制造。

该公司开发的SmartNIL工艺可提供高图案保真度、高度均匀的图案层和少的残留层，并具有易于调整的晶圆尺寸和产量，可适用于紫外纳米压印，如EVG 620NT、EVG 6200NT等型号。智能化全场域压印设备EVG 720、EVG 7200、EVG 7200LA，复制最大面积达550mm×650mm。EVG 7300支持最大12英寸晶圆，具有高精度对准、先进工艺控制和高产量等优势，可以满足各种自由曲面和高精度微纳米光学元件的大批量制造需求。步进式纳米压印系统EVG 770NT，能从最大30cm^{2}的模具中复制微小结构。推出的最新技术——软分子尺度纳米压印（soft molecular scale nanoimprint lithography, SMS-NIL）用于紫外纳米压印系统中，可以复制12.5nm的高分辨率图形，为客户提供可重复、低成本、大面积的制备工艺。

SUSS MicroTec公司，拥有70年半导体制造历史，能够提供多种高质量的微纳结构制造工艺解决方案。该公司可用于纳米压印的设备有MJB4、MA/BA Gen4、MA8 Gen5等。SUSS为设备提供了手动和半自动掩膜对准器选项，可以节省洁净室空间和投资成本，为工艺和设备开发提供灵活性，支持多种衬底材料和尺寸，最大达到200mm。在MA/BA Gen4中，能够对曝光工具进行调试，将可编程的紫外灯代替传统汞灯，以满足不同工艺要求。MA8 Gen5代表了SUSS MicroTec最新一代半自动的掩膜和键合对准机，新平台为标准、先进和高端的工艺引入了改进的压印工艺功能。

Obducat公司是微纳米图案复制加工光刻技术的主要供应商，该公司的纳米压印设备分为适用于科研和适用于生产2个系列。EITRE系列适用于科研，是半自动纳米压印工具，能够制造微米尺度和纳米尺度的结构，具体型号有EITRE 3、6、8，最大压印尺寸分别为3、6、8英寸，EITRE Large Substrates是该系列中适用于大尺寸制作的工具，能达到500mm×500mm。SINDRE系列适用于生产，是全自动纳米压印工具，能适用于多个应用领域的大批量制造，系列中能制造的最大尺寸为12英寸晶圆，拥有高重复性、低维护成本、高成品率的特点，同时还有完全集成的自动化NIL型号，能在同一个设备中进行基底清洗、涂层、压印处理。

在日本，KIOXIA、佳能、大日本印刷预计在2025年将纳米压印技术实用化，现阶段能制备的结构线宽为15nm，3家公司仍在做进一步的微细化，相比传统微纳光刻技术，拟实现制造成本降低4成，耗电量降低9成。

国内也有许多公司提供研究用或商业化的纳米压印设备，如苏州光舵微纳、苏大维格、青岛天仁微纳、无锡英普林、南京恩腾电子、杭州璞璘科技等。

第19章

其他光刻技术

本章将简要介绍其他几种光刻技术，分别是电子束光刻技术、离子束光刻技术、X 射线光刻技术、定向自组装技术。其中前三种和之前讲述的普通光学光刻技术、极紫外光刻技术和纳米压印技术一样，都是属于自顶向下（top-down）流派，也即通过不断刻蚀将大块物体刻蚀成小物体。定向自组装技术则独创一派，属于自底向上（bottom-up）流派，即通过搭建“小家伙”（如分子等）组成器件。前三种技术虽然曾经是下一代光刻技术的候选者，但在与极紫外光刻技术的较量中已经败下阵来；直接自组装技术虽然还在未来的下一代光刻技术榜单中，但竞争优势目前还不是很明显。

19.1 电子束光刻技术

电子束光刻（e-beam lithography, EBL）通过电子束直接刻写的方式改变电子束敏感胶的溶解特性，接着通过显影在胶上形成纳米图案，随后通过刻蚀将纳米图案转移至胶下面的衬底上，或者通过金属剥离工艺转移图案。由于电子束可以由电磁场进行偏转扫描，因此复杂的图案可以直接写到光刻胶上而无需掩膜版。

这种无掩膜光刻技术非常灵活，而且精度很高，分辨率可达 10nm 以下，可形成均匀的图案。这项技术的缺点是成本较高、效率低下，只能形成低深宽比的 2D 纳米图案。由于直写式的曝光过程是将电子束斑在衬底表面逐点扫描，每一个图形的像素点上需要停留一定的时间，这限制了图形曝光的速度。因此尽管这项技术曾经入选下一代光刻技术，但现在由于在产能上的瓶颈使得它只能作为一种辅助技术。人们也曾经努力提升电子束光刻的效率。例如台积电曾开发出一种直写式电子束加工设备，它用几千个电子束形成扫描阵列，加快了扫描速度。麻省理工学院开发出了一种新的投影式电子束加工系统，投影式系统是将电子束首先照射到掩膜版上，然后通过掩膜版上图案缝隙，将图案投影到硅片上，这种方法类似于传统的紫外光刻技术。同时，他们用新开发的光刻胶，降低了电子束散射造成的邻近效应，也加快了生产速度。但电子束光刻技术在与其他下一代光刻技术的竞争中还是失败了。

电子束光刻技术目前的用途限制在集成电路产业中掩膜版的制造，以及半导体器件的小批量生产、特殊半导体器件的研发中。直写式电子束光刻系统在纳米物性测量、原型量子器件和纳米器件的制备及研究方面显示出了重要作用。

19.2 离子束光刻技术

离子束光刻（ion beam lithography, IBL）采用聚焦离子束（focused ion beam, FIB）研磨的方式在衬底上形成纳米图案结构，这种技术同样不需要掩膜版，可以很容易获取复杂的三维纳米结构，它对基底的要求不高，可在任意固体表面形成均匀的图案，可形成最小 10nm 的结构。这种技术的缺点是效率较低、成本较高。

由于离子的质量远远大于电子，在相同的加速电压下，离子具有更短的波长，因此离子束曝光比电子束曝光有更高的分辨率，且离子束在光刻胶中散射范围极小，离子束曝光基本不存在邻近效应。由于离子射入光刻胶内的射程要比电子的短，入射离子的能量能被光刻胶更为充分地吸收，所以对于同样的光刻胶，离子束曝光的灵敏度要高于电子束曝光，也就是说曝光速率要高于电子束。

虽然离子束光刻速率比电子束光刻要高，但是在与其他下一代光刻技术的较量中仍处于下风。它在晶圆厂中往往被安置在失效分析部门，它的应用主要是修复掩膜版和芯片的失效分析，也用于特殊器件的修整。

离子束光刻也可以采用离子束投影曝光（ion projection lithography, IPL）的形式来实现，它的结构和工作原理与紫外光刻中的投影曝光类似，所不同的是曝光粒子是离子，而掩膜版则由可通过和吸收离子的材料制备。离子束投影曝光系统一般也采用 4∶1 缩小的投影方式。

19.3 X 射线光刻技术

X 射线光刻（X-ray lithography, XRL）技术通过专用的 X 射线掩膜版，在 X 射线敏感的胶上形成图案（图 19.1），随后通过刻蚀转移至下面的衬底上。它的效率比电子束和离子束光刻要高，可形成低至 10nm 的均匀图案。该技术适合用于制备高深宽比的微纳米结构，采用深度 X 射线（如波长为 0.2nm）曝光时，深宽比甚至可以达到 100 左右。

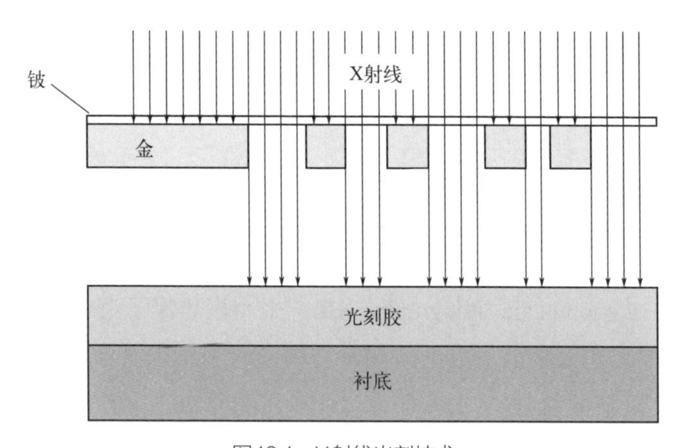

图19.1　X射线光刻技术

为 X 射线光刻提供射线源有两种方法：一种是同步辐射源，它可以供多台光刻机使用；另一种是仅由单台光刻机使用的点光源。同步辐射源是目前亮度最高的软 X 射线源，具有输出能量高、稳定性高和准直性好的优点，可以获得高分辨率，但这种装置需要耗费巨资建设电子直线加速器和电子存储环，因此更适合于科学研究。一般公司只适合发展点 X 射线源。具体的曝光方式有接近式和投影式两种。

X 射线光刻技术的缺点是需要制造专门的 X 射线掩膜版，它的掩膜版材料选择与普通紫外光刻的掩膜版材料完全不一样，如图 19.2 所示，紫外光刻掩膜版采用石英衬底，铬图案用来阻挡紫外光通过，而 X 射线掩膜版是由低原子序数的轻元素材料形成衬底（如碳化硅、金刚石、铍等）和附着在该衬底上的高原子序数 X 射线吸收体（如钽、钨、金等）图形组成。此外 X 射线光刻时如果胶比较厚，则需要较长的曝光时间。

X 射线光刻具有工艺宽容度大、分辨率高、焦深大等优点。但发展的困难在

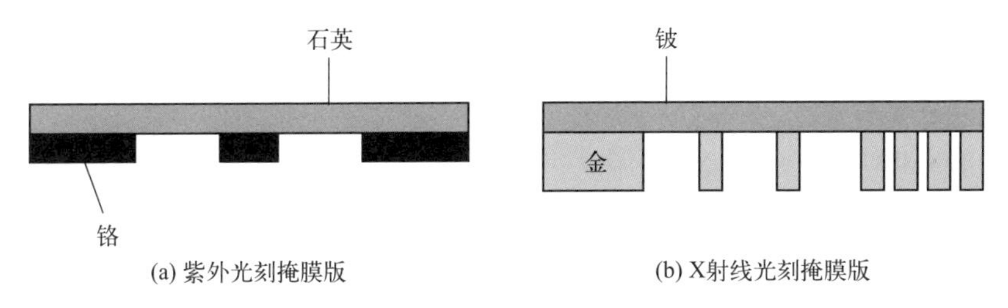

图19.2 紫外光刻掩膜版与X射线光刻掩膜版对比

于系统体积庞大、价格昂贵。目前使用的 X 射线技术由于穿透力会产生大量的折射，这些折射使得光刻机的效率变低，在分辨率方面和量产经济性方面，远不如 EUV 光刻机稳定和高效。俄罗斯宣布要自己研发 X 射线光刻机，由莫斯科电子技术学院承接，用于研发基于同步加速器和（或）等离子体源的无掩膜 X 射线光刻机。

19.4 定向自组装技术

所谓自组装（self-assembly）是指基本结构单元（分子、纳米材料、微米或更大尺度的物质）自发形成有序结构的一种技术。在自组装过程中，基本结构单元在基于非共价键的相互作用下自发地组织或聚集为一个稳定、具有一定规则几何外观的结构。自组装过程并不是大量原子、离子、分子之间弱作用力的简单叠加，而是若干个体之间同时自发地发生关联并集合在一起形成一个紧密而又有序的整体，是一种整体的、复杂的协同作用。

自组装能否实现取决于基本结构单元的特性，如表面形貌、表面功能团和表面电势等。自组装发生的内部驱动力是实现自组装的关键，这些内部驱动力包括氢键、静电力、范德瓦耳斯力等只能作用于分子水平的非共价键力和那些能作用于较大尺寸范围的力，如毛细管力和表面张力等。自组装完成后最终的体系结构呈现最低的自由能。

自组装原理在大自然中随处可见，比如人体的脂质膜到细胞结构，再到 DNA 能够复制，并且一代代遗传下去，就是一种自然组装技术。自组装技术也可以应用到芯片制造当中。实现自组装的方式有多种，如定向自组装（directed self-assembly, DSA），分子自组装（molecular self-assembly, MSA）等。目前，被列为下一代光刻技术候选者的正是定向自组装技术，亦称为直接自组装技术。

定向自组装DSA技术往往借助于嵌段共聚物（block copolymer）自组装材料来实现，因此也称为嵌段共聚物定向自组装光刻（directed self-assembly of block copolymer lithography）技术。该技术采用化学性质不同的两种单体聚合而成的嵌段共聚物作为原材料，在热退火下分相形成纳米尺度的图形，再通过一定的方法将图形诱导成为规则化的纳米线或纳米孔阵列，从而形成刻蚀模板进行纳米结构的制造。

与其他一些技术相比，DSA无需光源和掩膜版，因此具有低成本、高分辨率的优势，正逐渐得到人们的广泛关注，包括Intel、IBM、IMEC（比利时的微电子研究中心）在内的众多国际公司与研究机构已对此项技术开展了相应的研究。早在2012年，IMEC就在自己的工厂里安装了世界上首个自组装生产线，科学家和工程师们改进材料和设计，减少自组装结构的误差。此外，纽约州立大学也在阿尔巴尼（Albany）的纳米尺度工程中心（Center for Nanoscale Engineering）里运营着一条自组装的生产线。在2014年的Semicon West半导体行业会议上，IMEC的流程技术研发副总裁安·斯特更曾表示，自组装技术看起来可以作为极紫外光刻的替代方法。几年前，直接自组装技术被测试用来制备内存芯片图案，但效果不及基于DUV光刻的多重图案曝光技术。之后，直接自组装技术的研究变得迟缓起来，但直接自组装技术相关的一些新研究表明这些技术可以被用来纠正EUV光刻图案中的缺陷，这表明该技术可能将在未来的逻辑芯片制备流程中占有一席之地。

第 6 篇

未来的集成电路工艺

本篇将主要讨论集成电路工艺的发展趋势及集成电路产业中的“卡脖子”问题，并探讨我国的发展现状与应对之策。

第20章 集成电路工艺发展趋势

集成电路作为国家的支柱性产业，也是引领新一轮科技革命和产业变革的关键力量，它的应用范围非常广泛。本章将讨论未来集成电路潜在的应用领域及对应的集成电路工艺发展趋势。

20.1 未来集成电路的应用领域

目前，集成电路的应用领域广泛覆盖计算机、消费电子、汽车电子、工业控制等传统产业领域。未来，集成电路将在物联网、云计算、无线充电、新能源汽车、可穿戴设备等新兴市场获得新的机遇。

物联网产业具有典型的长尾效应，应用范围广泛、细分领域众多，针对更丰富的衍生场景，专用 SOC 芯片能够满足差异化的开发需求，支持物联网应用层创新。近年来，人工智能技术飞速发展，人工智能在架构上可分为基础层、技术层和应用层，其中基础层的核心是算力，技术层的核心是算法，算力和算法的核心均在于芯片。随着芯片算力提升，高性能 AI 芯片将更好地支撑大规模并行计算，成为万物互联的重要载体。

高性能的芯片必然依赖于集成电路工艺的不断进步。而集成电路工艺的进步又会促使一些新的应用领域的诞生，这两者之间是相辅相成的关系。

20.2 未来的集成电路工艺发展趋势

未来集成电路工艺的进步必然和其应用场景相适应，需求显然会促进技术的进步。因此伴随着不同的应用场景，未来集成电路工艺的发展趋势主要有以下几点。

（1）高集成度与结构三维化的趋势

在消费电子设备轻薄短小的趋势下，消费者希望产品在功能丰富的同时，体积更小、重量更轻。除了通过各种先进光刻技术寻求特征尺寸的不断缩小来增加集成度外，芯片设计人员也正在研究改进芯片的策略，这些策略不那么依赖于进一步的小型化，而是向上扩展架构并通过堆叠芯片层构建成三维结构。当技术节点到 1.5nm（IRDS 预测在 2028 年实现）以后，芯片特征尺寸的缩小由于物理限制将很难继续进行，此时将主要通过三维结构的方式来增加器件的数量，以此来提高器件密度，或者改变半导体器件结构来提升器件的集成度。例如，英特尔推出了一种新型晶体管架构，通过将 NMOS 和 PMOS 堆叠在一起，在制程不变的情况下，晶体管密度提升了 30% ～ 50%。通过这项技术，芯片制程缩小到 10nm 以下，最多能达到 5nm。

当先进制程微缩至 3nm 时，FinFET 会产生电流控制漏电的物理极限问题。因此 3nm 制程以下，需要研究新的晶体管结构。目前，已有几家半导体巨头着手开发基于下一代更小制程的新器件结构及新工艺。

全环绕栅极（gate-all-around, GAA）晶体管被广泛认为是鳍式结构（FinFET）的下一代接任者。2022 年 6 月，三星在官方声明中表示，已经开始在其位于韩国的华城工厂大规模生产采用 GAA 晶体管架构的 3nm 芯片，三星声称其新型 3nm GAA 晶体管的性能提高了 23%。台积电的 3nm 工艺还是基于成熟的 FinFET 晶体管技术，GAA 晶体管要到 2nm 工艺上才会使用。另一家芯片制造巨头，英特尔将在其 5nm 工艺引入 GAA 架构，最快在 2023 年实现量产。可以看出，高层数通道的 GAA 晶体管结构可能成为未来主流。GAA 晶体管克服了 FinFET 晶体管的尺寸和性能限制，在通道的各个侧面都有栅极，以提供全面覆盖。相比之下，FinFET 有效地覆盖了鳍状通道的三个侧面。实际上，GAA FET 将三维晶体管的想法提升到了一个新的水平。

对于 2nm 技术节点的晶体管结构，台积电在 2021 ISSCC 国际会议上展示了三层堆叠的纳米片（stacked nanosheets），可以提供更优的性能。英特尔宣布将在 2024 年以 Ribbon FET（纳米带场效应晶体管）作为 20A 技术节点的结构。Ribbon FET 技术是英特尔官方宣布的一种新型 GAA 晶体管技术。FinFET 的想法是尽量用栅极围绕通道，但因为通道材料是底层半导体衬底的一部分，所以无法让通道完全分离。但是，Ribbon FET 器件将通道从基底材料上抬高，形成一块栅极材料的通道线。由于通道线的形状像带状，因此被称为带状晶体管，栅极完全围绕通道，形成四层堆叠结构。这种独特的设计显著提高了晶体管的静电特性，并减小了相同节点技术的晶体管尺寸。

此外，三星和IBM公布了垂直传输场效应晶体管（vertical-transport field effect transistor, VTFET）的研究方案。新的VTFET设计旨在取代FinFET技术，其能够让芯片上的晶体管分布更加密集。这将使芯片能够在指甲大小的空间中容纳多达500亿个晶体管。这样的布局将让电流在晶体管堆叠中上下流动。相较传统将晶体管水平放置，VTFET将能增加晶体管堆叠密度，使运算速度提升2倍，同时借助电流垂直流通，有望使电力损耗在相同性能下降低85%。

7nm节点制备的芯片中，单个晶体管包含的硅原子数量约为5000万个。随着集成电路工艺尺寸的持续缩小，单个晶体管中包含的硅原子数量肯定会越来越少。那么，少到什么时候是尽头呢？可以预测的是单原子晶体管，其最小结构宽度仅为一个原子，通过操作单个原子来控制晶体管的导通和截止。

（2）高效低功耗的趋势

随着消费电子行业的不断发展，消费者在要求产品性能优良的同时，还希望获得更长的续航时间，在此背景下，在设备性能不断提升的前提下维持低功耗越来越受到厂商和消费者的关注。集成电路工艺的发展必然朝着这个方向努力。如果以单原子晶体管构建的芯片能够成功量产，那就意味着，现在每天一充的手机，可能需要几个月甚至几年才充一次电。

在进行低功耗设计过程中，为了能够实现功耗的有效降低，会利用工艺技术进行改善。在设计过程中，使用较为先进的工艺技术，如缩小晶体管沟道的长度或改进封装技术，能够让器件的功耗有效缩减。

（3）集成电路工艺与新型集成电路材料相得益彰

正如现在的集成电路工艺与集成电路材料是紧密联系在一起的，未来的集成电路工艺技术上的进步也依赖于一些新型的集成电路相关的材料。新型材料甚至会颠覆现行的标准集成电路工艺流程，出现比较大的集成电路工艺革新。随着摩尔定律逼近物理极限，传统的器件特征尺寸缩小变得愈加困难，人们开始探索以碳基材料为代表的新材料、以量子计算为代表的新原理集成电路技术。尤其是碳基的新材料，如石墨烯（graphene）等。

石墨烯是一种由碳元素组成的二维材料，结构示意如图20.1所示。石墨烯具有优异的光学性能、电学性能、热性能和力学性能，在材料学、微纳加工、能源、生物医学和药物传递等方面具有重要的应用前景，被认为是一种未来革命性的材料。实际上石墨烯本身就存在于自然界，只是难以剥离出单层结构。石墨烯一层层叠起来就是石墨，厚 1mm 的石墨大约包含 300 万层石墨烯。铅笔在纸上轻轻划过，留下的痕迹就可能是几层甚至仅仅一层石墨烯。2004 年，英国曼彻斯特大学的两位科学家安德烈 • 盖姆（Andre Geim）和康斯坦丁 • 诺沃消洛夫（Konstantin Novoselov）发现他们能用一种非常简单的方法得到越来越薄的石墨薄片。他们从高定向热解石墨中剥离出石墨片，然后将薄片的两面粘在一种特殊的胶带上，撕开胶带，就能把石墨片一分为二。不断地这样操作，于是薄片越来越薄，最后，他们得到了仅由一层碳原子构成的薄片，这就是石墨烯。他们因此共同获得了 2010 年诺贝尔物理学奖。这以后，制备石墨烯的新方法层出不穷，如氧化还原法、SiC 外延生长法、化学气相沉积法等。由于石墨烯众多优异的性能，石墨烯的应用领域不断被拓展。

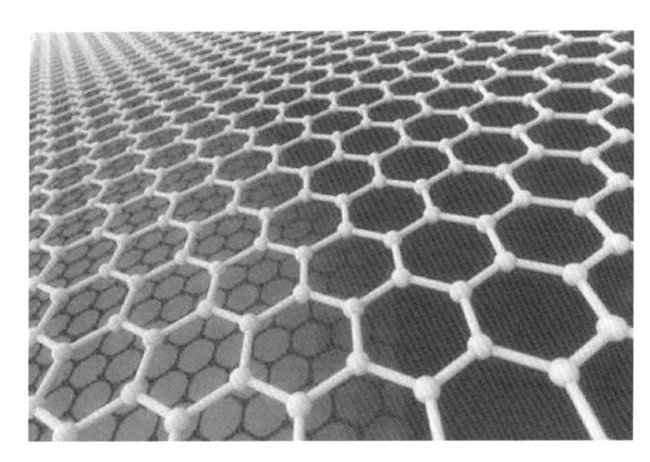

图20.1 石墨烯结构示意

在 2021 年召开的全球 IEEE（电气和电子工程师协会）国际芯片导线技术会议上，IMEC 提出了延续摩尔定律、打破 2nm 芯片物理极限的方法。其中就提到了石墨烯材料，并将石墨烯定位为下一代新型半导体材料，将碳基芯片定义为下一个芯片时代的主流。石墨烯在室温下的载流子迁移率是硅材料的十几倍，且与很多材料不一样，石墨烯的电子迁移率受温度变化的影响较小。用石墨烯制造的芯片时间延迟约为普通芯片的 1/1000，性能可以得到大幅提升。石墨烯中的载流子遵循一种特殊的量子隧道效应，在碰到杂质时不会产生背散射，这是石墨烯局域超强导电性及高载流子迁移率的原因。

利用碳基芯片开发柔性电子产品将会开拓半导体芯片的应用领域，如折叠屏、可穿戴设备等。由于人也是基于碳元素的，因此未来的碳基芯片或许可以植入人体，这一点是硅基芯片所不能比拟的。

（4）集成电路工艺与MEMS工艺协同发展

微机电系统（micro-electro-mechanical system, MEMS），也称微电子机械系统，它是用微加工技术制造的小型化机械电子器件，初始概念是微机械与微电子的集合，即将机械部分同步缩小，这样可以与微电子部分一起组成微系统。微电子相对于人的大脑，微机械则相对于人的感官和手脚，只有一起缩小，系统才能协调。微机电系统是集微传感器、微执行器、微机械结构、微电源/微能源、信号处理和控制电路、高性能电子集成器件、接口、通信等于一体的微型器件或系统。随着微电子进入到纳米尺度，微机电系统也演变为纳机电系统（nano-electro-mechanical system, NEMS）。微纳机电系统是典型的交叉学科，涉及微电子、机械、材料、力学、化学等诸多学科领域。它的学科面涵盖微尺度下的力、电、光、磁、声、表面等物理、化学、机械的各分支。

常见的MEMS产品包括MEMS加速度计、MEMS麦克风、MEMS压力传感器、MEMS湿度传感器、MEMS陀螺仪、微马达、微泵、微振子、MEMS光学传感器、MEMS气体传感器等。MEMS器件不仅性能优异，而且其生产方法利用了集成电路工艺中的批量制造技术，这使得可以在相对较低的成本上实现出色的器件性能。

未来，如能把微型化的传感器、执行器和结构与IC更好地集成到同一硅基或其他新型材料基底上，MEMS的真正潜力就会得到充分发挥。MEMS的电子器件部分采用集成电路工艺（如CMOS工艺等）制造，微机械部件采用MEMS特色工艺制造，两种工艺协同发展。

MEMS特色工艺有很多，如体硅刻蚀工艺、表面牺牲层工艺、LIGA工艺、键合工艺等。体硅刻蚀工艺就是对硅片本身用化学溶液进行腐蚀的微机械加工，其目的往往是选择性地将一定量的硅材料从衬底中移走，从而形成下凹的结构或在衬底某一侧形成薄膜、沟槽等。在微机械结构加工中，为了获得有空腔和可活动的微结构，常采用“牺牲层”技术。即在形成空腔结构过程中，将两层薄膜中的下层薄膜设法腐蚀掉，便可得到上层薄膜，并形成一个空腔。被腐蚀掉的下层薄膜在形成空腔过程中，只起分离层作用，故称其为牺牲层（sacrificial layer），相应的工艺则称为牺牲层工艺。LIGA技术由德国人发明，LIGA是德文lighografie, galvanofomung, abformung的缩写，对应深层同步辐射X射线光刻、电铸成型及塑铸成型三个重要的工艺步骤；LIGA技术可加工多种材料，如硅、金属、陶瓷、塑料、橡胶等；LIGA工艺的特色是加工三维结构及高深宽比结构，其深宽比可大于100。键合是微机械加工中非常重要的一个工艺，指的是将两片或更多的硅片或其他基片相互固定连接在一起的一种工艺，有了这种工艺，可以先进行不同晶圆的加工，然后通过实施键合工艺，将它们组合在一起。通过这些特色可选择性地刻蚀硅片的某些部分或添加新的结构层以形成机械和机电装置。

总之，MEMS 工艺和集成电路工艺如果能够更好地兼容在一起，MEMS 产品的应用前景和使用领域将会非常广阔，也许以后的 MEMS 产业将会和现在的微电子产业一样大放异彩。

第21章 集成电路产业中的“卡脖子”问题

我国的集成电路行业存在市场需求大但本土供应能力不足，以及国产消费类芯片竞争力强但高端通用芯片自给率低等问题。

近年来，我国先后推出一系列政策，明确支持集成电路产业发展，让半导体产业迎来了加速成长的新阶段。未来，国家政策红利的持续指引将会让集成电路产业获得更深入的关注和更持续的资本助力，加速集成电路产业的变革与发展，有助于我们尽快解决“卡脖子”问题。

本章从集成电路制造和集成电路设计两个角度来介绍我们当前面临的“卡脖子”问题，及发展现状与应对策略。

21.1 集成电路制造领域

目前，我国在光刻机领域值得一提的是上海微电子装备（集团）股份有限公司，简称SMEE。该公司主要致力于半导体装备、泛半导体装备、高端智能装备的开发、设计、制造、销售及技术服务。公司设备广泛应用于集成电路前道、先进封装、MEMS、平板显示器（flat panel display, FPD）面板、发光二极管（light emitting diode, LED）等制造领域。上海微电子装备股份有限公司于2002年在上海张江高科技园区成立。2008年，“十五”光刻机重大科技专项通过了科技部组织的验收。2009年，首台先进封装光刻机产品SSB500/10A交付用户。2016年6月，国内首台前道扫描光刻机交付用户。2017年，公司承担的国家02重大科技专项任务“浸没光刻机关键技术预研项目”通过了国家正式验收。2018 年，该公司 SSX600 系列 IC 前道投影光刻机荣获第 20 届中国国际工业博览会银奖，SSX600 系列步进扫描投影光刻机采用 4 倍缩小倍率的投影物镜、工艺自适应调焦调平技术，以及高速高精的自减振六自由度工件台掩膜台技术，可满足 IC 前道制造 90nm、110nm、280nm 关键层和非关键层的光刻工艺需求。该设备可用于 8 英寸线或 12 英寸线的大规模工业生产。有报道称上海微电子 28nm 光刻机已经研制成功，这种 28nm 的光刻机，经过多重曝光之后，还可以生产 14nm 甚至 10nm 的芯片。如果能顺利生产 28nm 光刻机，我国大部分的芯片制造都可以自足，这对于我国芯片制造业来说是一个非常振奋人心的消息。

目前，我国在半导体材料领域已经取得可喜的进步。中科院在 2020 年自主研发完成了 8 英寸石墨烯晶圆。不管是性能还是尺寸，都处于国际顶尖水准。碳元素稳定、易导电、耐高温，具有易于成型和机械加工的特性，碳基芯片的制造有可能绕开复杂的 EUV 光刻设备，如果借助石墨烯晶圆这一物质能够实现碳基芯片的量产，中国就能在芯片领域化被动为主动，获得全新的地位。清华大学 2022 年公布的信息显示，集成电路学院任天令教授团队打破传统芯片的常规，摒弃主要原材料硅，采用石墨烯和硫化钼材料首次打造出具备可控电气性能的亚 1nm 晶体管，他们将石墨烯作为栅极，利用石墨烯薄膜超薄的单原子层厚度和优异的导电性能，通过其侧向电场来控制垂直的二硫化钼沟道的开关，从而实现等效的物理栅长为 0.34nm。该技术发表在国际顶级期刊《自然》上。

21.2 集成电路设计领域

除了半导体设备、集成电路工艺和材料外，集成电路设计软件，即 EDA（electronic design automation, 电子设计自动化）工具，同样是迫切需要国产化替代的领域。

EDA 设计软件用来完成超大规模集成电路（VLSI）、巨大规模集成电路（GSI）芯片的功能设计、综合、验证、物理设计（包括布局、布线、版图、设计规则检查等）等环节。在 20 世纪 70 年代，芯片复杂程度较低，芯片设计人员可以通过手工操作完成电路图的输入、布局和布线。此后，随着芯片行业的高速发展，芯片设计人员开始通过计算机辅助进行集成电路版图编辑、PCB 布局布线等工作，EDA 行业也逐渐发展壮大起来。目前，芯片设计离不开 EDA 软件，EDA

软件成为了集成电路领域最重要，也是必需的软件工具，而 EDA 行业也成为了整个芯片产业最上游的产业。因此 EDA 软件被称为“芯片之母”，没有 EDA 软件，芯片设计及后面的制造就无从谈起。

我国在 20 世纪 80 年代中后期开始投入 EDA 产业研发。1993 年国产首套 EDA 熊猫系统问世。然而随后的国内 EDA 发展曲折而缓慢。令人欣喜的是在 2008 年中国 EDA 产业终于迎来曙光，EDA 重新获得了国家的鼓励和支持，被列入《国家中长期科学和技术发展规划纲要（2006—2020 年）》所确定的 16 个重大专项之一。2008 年 4 月，国家“核高基”（核心电子器件、高端通用芯片及基础软件产品）重大科技专项正式进入实施阶段，这期间，华大九天、芯愿景、概伦电子等第一批国产 EDA 企业相继成立并被重点扶持。其中，华大九天的 EDA 部门被独立出来，专注于 EDA 软件的研发。华大九天承载了熊猫系统的技术，在液晶领域这一还未被巨头们重视的地方找到了突破口，如今华大九天是全球唯一一个能够提供全流程 FPD 平板设计解决方案的供应商。之后十年发展中，华大九天、国微集团、芯华章、广立微、概伦电子、芯和半导体等几个企业从国产 EDA 阵营中展露生机。国内 EDA 企业难以提供全流程产品，但在部分细分领域具有优势，个别领域的工具功能强大。

2022 年 8 月 18 日，世界半导体大会在南京国际博览中心举办，大会以“世界芯，未来梦”为主题，共同探讨了半导体产业的发展。在该届大会上，江苏省工业和信息化厅副厅长表示，当年上半年江苏省集成电路产业主营业务企业总产值达到了 1350 亿元，同比增长 10.5%。未来，江苏省将加快国家级集成电路特色工艺和封装测试创新中心、国家第三代半导体技术创新中心，以及南京无锡国家芯火双创基地等国家级创新平台载体的建设。目前，国家集成电路设计自动化技术创新中心获科技部批复，成为我国集成电路设计领域第一个国家技术创新中心。此外，国产 EDA 龙头华大九天于 2022 年 7 月 29 日登陆深交所创业板，成为创业板上首家 EDA 行业上市公司。

在人才培养上，我们国家也十分重视。国务院学位委员会、教育部印发通知明确，设置“交叉学科”门类，并于该门类下设立集成电路科学与工程和国家安全学一级学科。这一举措，被认为是培养创新型人才，解决制约我国集成电路产业发展的“卡脖子”问题的有力举措。清华大学、北京大学、华中科技大学相继成立集成电路学院。江苏还专门成立了南京集成电路大学，成为中国首家“芯片大学”。

附 录

专业术语缩略语表

缩写	英文全称	中文全称
AFM	atomic force microscopy	原子力显微镜
ALCVD	atomic layer chemical vapor deposition	原子层化学气相沉积
ALD	atomic layer deposition	原子层沉积
ALE	atomic layer epitaxy	原子层外延
APCVD	atmospheric pressure chemical vapor deposition	常压化学气相淀积
ARDE	aspect ratio dependent etching	深宽比相关刻蚀
ASIC	application specific integrated circuit	专用集成电路
BCD	bulk chemical distribution	批量化学材料配送
BEOL	back end of line	后道工序
BGA	ball grid array	球栅阵列封装
BGD	bulk gas distribution	批量气体配送
BHF	buffered HF	缓冲氢氟酸溶液
BJT	bipolar junction transistor	双极型晶体管
BOE	buffered oxide etch	缓冲氧化硅腐蚀液
BPSG	boro-phospho-silicate glass	硼磷硅玻璃
CARs	chemically amplified resists	化学放大胶
CD	critical dimension	关键尺寸
CDSEM	critical dimension scanning electron microscope	关键尺寸扫描电子显微镜
CESL	contact etch stop layer	接触刻蚀阻挡层应变技术
CMOS	complementary metal oxide semiconductor	互补金属氧化物半导体晶体管
CMP	chemical mechanical polishing	化学机械抛光
COO	cost of ownership	拥有成本
CPM	coherence probe microscope	相干探测显微镜
CSP	chip scale package	芯片尺寸封装
CVD	chemical vapor deposition	化学气相沉积
CZ	Czochralski	切克劳斯基法 / 提拉法
DHF	diluted HF	稀释氢氟酸溶液

续表

缩写	英文全称	中文全称
DIP	dual in-line package	双列直插式封装
DOF	depth of focus	焦深
DPL	douple patterning lithography	双重图案曝光
DPP	discharge produced plasma	放电产生的等离子体
DRAM	dynamic random access memory	动态随机存储器
DSA	directed self-assembly	定向自组装
DSP	digital signal processing	数字信号处理器
DUV	deep ultra-violet	深紫外
EBL	e-beam lithography	电子束光刻
ECP	electro-chemical plating	电化学电镀
EDA	electronic design automation	电子设计自动化
ESD	electro-static discharge	静电释放
EUV	extreme ultra-violet	极紫外
FC	flip chip	倒装芯片封装
FD-SOI	fully depleted silicon on insulator	完全耗尽型绝缘体上硅
FEL	free electron laser	自由电子激光器
FEOL	front end of line	前道工序
FET	field effect transistor	场效应晶体管
FIB	focused ion beam	聚焦离子束
FinFET	fin field-effect transistor	鳍式场效应晶体管
FPD	flat panel display	平板显示器
FZ	floating zone	区熔法
GAA	gate-all-around	全环绕栅极
GPU	graphics processing unit	图形处理器
GSI	giga scale integration	巨大规模集成电路
HDPCVD	high density plasma chemical vapor deposition	高密度等离子体化学气相淀积
HMDS	hexa-methyl-disilazane	六甲基二硅胺烷
IBE	ion beam etching	离子束刻蚀
IBL	ion beam lithography	离子束光刻
IDM	integrated design and manufacture	垂直整合制造
IGBT	insulated gate bipolar transistor	绝缘栅双极型晶体管
IMD	inter-metal dielectric	金属间介质层
IMP	ionized metal plasma	离子化的金属等离子体

续表

缩写	英文全称	中文全称
IPL	ion projection lithography	离子束投影曝光
IRDS	International Roadmap for Devices and Systems	国际器件与系统路线图（组织）
JFET	junction field-effect transistor	结型场效应晶体管
JLFET	junctionless field-effect transistor	无结场效应晶体管
LADI	laser-assisted direct imprint	激光辅助纳米压印
LDD	lighted doped drain	轻掺杂漏
LED	light emitting diode	发光二极管
LELE	litho etch litho etch	两次光刻和两次刻蚀
LER	line edge roughness	线边缘粗糙度
LOCOS	local oxidation of silicon	局部氧化硅
LPCVD	low pressure chemical vapor deposition	低压化学气相淀积
LPP	laser produced plasma	激光产生的等离子体
LSI	large scale integration	大规模集成电路
LTP	laser thermal processing	激光热处理
MBE	molecular beam epitaxy	分子束外延
MEMS	micro-electro-mechanical system	微机电系统
MESFET	metal-semiconductor field-effect transistor	金属 - 半导体场效应晶体管
MFC	mass flow controller	质量流量控制器
MIC	mobile ion contamination	可动离子沾污
MOCVD	metal-organic chemical vapor deposition	金属有机化学气相淀积
MOS	metal-oxide-semiconductor	金属 - 氧化物 - 半导体
MOSFET	metal-oxide-semiconductor field-effect transistor	金属 - 氧化物 - 半导体场效应晶体管
MOVPE	metal organic vapor phase epitaxy	金属有机化合物气相外延法
MPL	multiple patterning lithography	多重图案曝光
MSA	molecular self-assembly	分子自组装
NA	numerical aperture	数值孔径
NEMS	nano-electro-mechanical system	纳机电系统
NGL	next generation lithography	下一代光刻（技术）
NIL	nanoimprint lithography	纳米压印
OPC	optical proximity correction	光学临近修正
PDMS	polydimethylsiloxane	聚二甲基硅氧烷
PEB	post exposure bake	曝光后烘焙
PECVD	plasma enhanced chemical vapor deposition	等离子增强化学气相淀积

续表

缩写	英文全称	中文全称
PET	polyethylene terephthalate	聚对苯二甲酸乙二醇酯
PGA	pin grid array package	插针网格阵列封装
PIII	plasma immersion ion implantation	等离子体浸没离子注入工艺
PLC	programmable logic controller	可编程逻辑控制器
PLCC	plastic leaded chip carrier	带引线的塑料芯片载体封装
PMD	pre-metal dielectric	金属前介质层
PMMA	polymethyl methacrylate	聚甲基丙烯酸甲酯
PSG	phospho-silicate glass	磷硅玻璃
PSM	phase-shift mask	相移掩膜技术
PVD	physical vapor deposition	物理气相淀积
QFP	quad flat package	方型扁平式封装
R2P-NIL	roll-to-plate nanoimprint lithography	卷对板纳米压印
R2R-NIL	roll-to-roll nanoimprint lithography	卷对卷纳米压印
RIE	reactive ion etching	反应离子刻蚀
RNIL	roller nanoimprint lithography	滚动式纳米压印
rpm	resolution per minute	转每分
RTA	rapid thermal annealing	快速热退火
RTL	register transfer level	寄存器转换级
RTO	rapid thermal oxidation	快速热氧化
RTP	rapid thermal processing	快速热处理
SAB	self-aligned block	自对准硅化物阻挡层
SACVD	sub-atmosphere chemical vapor deposition	亚常压化学气相淀积
sccm	standard cubic centimeter per minute	标准毫升每分
SEM	scanning electron microscope	扫描式电子显微镜
S-FIL	step-flash imprint lithography	步进 - 闪光式压印
SIA	Semiconductor Industry Association	半导体行业协会
SIMOX	separation by implantation of oxygen	通过注入氧进行隔离
SIMS	secondary ion mass spectrometry	二次离子质谱仪
SIP	system in a package	系统级封装
slm	standard liter per minute	标准升每分
SMIC	Semiconductor Manufacturing International Corporation	中芯国际
SMS-NIL	soft molecular scale nanoimprint lithography	软分子尺度纳米压印
SMT	stress memorization technique	应力记忆技术

续表

缩写	英文全称	中文全称
SoC	system on a chip	系统级芯片
SOD	spin-on dielectric	旋涂介质
SOG	spin-on glass	旋涂玻璃
SOI	silicon on insulator	绝缘体上硅
SOJ	small out-line J-leaded package	J 形引脚小外型封装
SOP	small outline package	小外型封装
SRF	synchrotron radiation facility	同步辐射装置
SRO	silicon rich oxide	富硅氧化物
STI	shallow trench isolation	浅槽隔离
TEM	transmission electron microscopy	透射式电子显微镜
TEOS	tetra-ethyl-oxy-silane	正硅酸乙酯
T_g	glass transition temperature	玻璃转化温度
TMAH	tetramethyl ammonium hydride	四甲基氢氧化铵
T-NIL	thermal nanoimprint lithography	热纳米压印
TSV	through silicon via	硅通孔封装
ULK	ultra lok *k*	超低 *k* 材料
ULSI	ultra large scale integration	特大规模集成电路
UPW	ultra pure water	超纯水
USG	undoped silicate glass	未掺杂硅玻璃
USJ	ultra shallow junction	超浅结
UV	ultra-violet	紫外光
UV-NIL	ultra violet nanoimprint lithography	紫外纳米压印
VLSI	very large scale integration circuit	超大规模集成电路
VPE	vapor phase epitaxy	气相外延
VTFET	vertical-transport field effect transistor	垂直传输场效应晶体管
WIW	within the wafer	片内
WLCSP	wafer level chip scale packaging	晶圆级芯片封装
WLP	wafer level packaging	晶圆级封装
WTW	wafer to wafer	片间
XRL	X-ray lithography	X 射线光刻

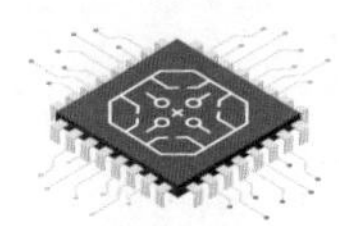

参考文献

[1] 张汝京，等 . 纳米集成电路制造工艺 [M]. 2 版 . 北京：清华大学出版社，2017.

[2] 温德通 . 集成电路制造工艺与工程应用 [M]. 北京：机械工业出版社，2018.

[3] 萧宏 . 半导体制造技术导论 [M]. 2 版 . 北京：电子工业出版社，2013.

[4] 奎克，塞尔达 . 半导体制造技术 [M]. 韩郑生，等，译 . 北京：电子工业出版社，2015.

[5] 刘新，彭勇，蒲大雁 . 集成电路制造工艺 [M]. 北京：机械工业出版社，2015.

[6] 张兴，黄如，刘晓彦 . 微电子学概论 [M]. 北京：北京大学出版社，2000.

[7] 秦曾煌，姜三勇 . 电工学 - 电子技术 [M]. 北京：高等教育出版社，2009.

[8] 叶超，宁兆元 . 纳电子器件中的超低介电常数材料与多孔 SiCOH 薄膜研究 [J]. 物理，2006，35(4): 322-329.

[9] 田民波．薄膜技术与薄膜材料 [M]. 北京：清华大学出版社，2006.

[10] 曹健 . PECVD 的原理与故障分析 [J]. 电子工业专用设备，2015, 44(2): 7-10.

[11] 刘春玲，沈今楷，王星杰 . 离子注入温度对 NPN 晶体管的影响探究 [J]. 集成电路应用，2019, 36(7): 34-36.

[12] 韦亚一 . 超大规模集成电路先进光刻理论与应用 [M]. 北京：科学出版社，2016.

[13] Wu M, de Marneffe J F, Opsomer K, et al. Characterization of Ru4-xTax (x = 1,2,3) alloy as material candidate for EUV low-n mask[J]. Micro nad Nano Engineering, 2021, 12：100089.

[14] Chou S Y, Krauss P R, Renstrom P J. Imprint of sub-25 nm vias and trenches in polymers[J]. Applied Physics Letters, 1995, 67(21): 3114-3116.

[15] Colburn M, Johnson S C, Stewart M D, et al. Step and flash imprint lithography: a new approach to high-resolution patterning[J]. Proc Spie, 1999, 3676: 379-389.

[16] Tan H, Gilbertson A, Chou S Y. Roller nanoimprint lithography[J]. Journal of Vacuum Science & Technology B: Microelectronics and Nanometer Structures Processing, Measurement, and Phenomena,1998, 16(6): 3926-3928.

[17] Ahn S H, Guo L J. High-speed roll-to-roll nanoimprint lithography on flexible plastic substrates[J]. Advanced Materials, 2008, 20(11): 2044-2049.

[18] 崔铮 . 微纳米加工技术及其应用 [M]. 北京：高等教育出版社，2013.

[19] 王昆林 . 材料工程基础 [M]. 北京：清华大学出版社，2004.

[20] 彼得 • 范 • 赞特 . 芯片制造——半导体工艺制程实用教程 [M]. 韩郑生，译 . 6 版 . 北京：电子工业出版社，2020.